石油高等院校特色规划教材

油气数学地质方法及应用

丁熊　陈雷　张昆　尹相东　编著

石油工业出版社

内 容 提 要

本书主要介绍油气地质变量和数据、相关分析和回归分析、聚类分析、判别分析、因子分析、模糊数学地质方法、油气数学地质预测模型、常用油气数学地质软件等在油气地质和矿产地质应用中常用的数学地质方法。

本书可作为高等院校资源勘查工程、地质工程、地球化学等相关专业本科生和研究生专业基础课教材，也可作为油气地质工作者和相关研究人员的参考用书。

图书在版编目（CIP）数据

油气数学地质方法及应用／丁熊等编著．-- 北京：石油工业出版社，2025.6. --（石油高等院校特色规划教材）．-- ISBN 978-7-5183-7562-2

Ⅰ．P618.130.2；P628

中国国家版本馆 CIP 数据核字第 2025LE1293 号

出版发行：石油工业出版社
（北京市朝阳区安华里二区 1 号楼　100011）
网　址：www.petropub.com
编辑部：（010）64523697
图书营销中心：（010）64523633
经　　销：全国新华书店
排　　版：三河市聚拓图文制作有限公司
印　　刷：北京中石油彩色印刷有限责任公司

2025 年 6 月第 1 版　2025 年 6 月第 1 次印刷
787 毫米×1092 毫米　开本：1/16　印张：12
字数：287 千字

定价：28.00 元
（如发现印装质量问题，我社图书营销中心负责调换）

前言

数学地质是由数学、地质学和计算机应用技术相结合而形成的一门边缘地质学科。我国石油高校自 20 世纪 80 年代初开始就陆续为本科生开设数学地质课程，迄今已有 40 多年的历史，为我国石油地质人才的培养和数学地质方法的推广及完善做出了重要贡献，极大地促进了油气勘探、开发等领域利用数学方法解决油气地质问题的快速发展。

本教材本着**“强基础，细步骤，重实践，明思政”**的原则，参考和引用了王雅春和朱焕来（2015）等国内外颇具代表性的油气数学地质教材和最新的油气数学地质研究成果，从油气数学地质基础理论介绍入手，分别对目前常用的油气数学地质方法及其实际应用做了较全面的讲解，构成了从基础到实践应用的油气数学地质方法体系。主要具有以下三方面的特点：

（1）本教材强调以基础理论知识为主，细化复杂的数学公式推导步骤，使学生更加容易理解各种方法并用于实践。

（2）每章附有学习提要、思政目标及参考、思考题，以启发学生思维，不仅有助于学生对每章重点内容的掌握、理解和应用，还为授课教师提供了思政参考素材，也有利于学生明确每章学习目的。

（3）编著者通过总结在教学和科研中探索的成果和经验，以简明扼要的方式编写了教材中的应用实例，使复杂步骤得到简化，让学生更易消化理解，在此基础上，发挥学生潜能，激励学生去创新。

本教材由西南石油大学丁熊、陈雷、张昆和尹相东共同完成。其中绪论、第五章、第六章由丁熊编写，第一章、第四章由张昆编写，第二章、第七章由陈雷编写，第三章、第八章由尹相东编写。全书由丁熊统稿，张昆负责整理了参考文献。

在教材编写过程中，参考和引用了赵鹏大院士和赵旭东、陆明德、刘绍平、赵永军、杨永国等专家学者编写的有关内容，受到了颇多启发；中国石油西南油气田公司陈骁、刘冉高级工程师，西南石油大学黄旭日教授对教材的编写和部分章节提供了有益的指导和建议；西南石油大学教务处和地球科学与技术学院的领导和同事们给予了大力帮助和支持；研究生韩凤丽、熊敏、何鑫洋、宋毅、徐忠凡、廖崇杰、张砚超、刘宇阳等参与了文字、图件、附表的录入和校对工作，在此一并表示衷心感谢。

由于水平有限，书中的错漏与不足在所难免，敬请各位专家、同仁和广大读者批评指正。

编著者

2025 年 1 月

目录

绪论

[本章学习提要]

本章重点介绍油气数学地质的概念，油气数学地质的核心任务、基本内容、研究方法、基本流程等，要求学生了解油气数学地质的概念、基本内容、意义、发展概况。

[本章思政目标及参考]

通过介绍赵鹏大院士等我国数学地质学家对地质定量化贡献等，培养学生明确该课程学习目的。

第一节　油气数学地质的产生与发展

一、油气数学地质的概念

地质学研究历史悠久、内容复杂多变，与其他学科相比，以定性研究为主，定量分析程度较低。为了充分利用原始地质数据信息深入研究并解决油气地质问题，地质人员在地质学中引入定量研究方法，即促使地质学与数学结合。自 20 世纪 60 年代以来，数学地质开始形成并快速发展成为一门边缘学科。数学地质是利用数学思维、数学逻辑、数学模型和计算机科学的理论和方法，定量化研究地质过程中所产生的地质体和资源体的学科。

油气数学地质是数学地质在油气勘探、开发及油气资源评价等领域中的应用，其核心任务是查明油气地质系统的数学特征，定量研究油气地质系统中与地质过程有关的因素及它们之间的相互关系，建立油气地质作用过程及其产物的数学模型，解决油气地质的基础理论和油气地质学及其勘探开发实践中的问题。

二、油气数学地质的产生

随着油气勘探、开发的发展，先后面临着寻找新油气田的难度越来越大，需要更多的新方法与新技术进行测试、分析，积累的地质、物理、化学数据信息资料越来越多等众多问题。

油气地质学从原来的定性分析已逐步发展到定量化的新阶段。作为向定量化方向发展的学科，需要满足最基本的要求：

（1）准确定义油气地质体或其地质现象；

（2）在解决各类油气地质现象时，需给予数量的准则；

（3）通过建立数学模型，检验油气地质理论或假说；

（4）通过合适的数学方法，正确处理地质数据，阐明地质变量间关系。

由此可见，数学是定量化研究油气地质问题的重要工具和得力助手，可以从定量的角度深刻揭示油气地质对象所蕴含的规律性。随着计算机技术的发展和应用，油气地质学与数学、计算机相结合，油气数学地质逐步成为一门独立的学科发展并应用起来。

三、油气数学地质的发展阶段

数学地质的思想可追溯到18世纪中叶，但20世纪50年代才形成一门独立的边缘学科，至20世纪60年代，数学地质方法开始在油气勘探、开发工作中推广，油气数学地质开始成为一门独立的学科，其发展过程主要分为以下两个阶段：

（1）形成阶段（1960—1970年）：数学方法和电子计算机在地质学中广泛应用。从1965年公布第三代电子计算机试制成功，电子计算机在地质学中应用的文章首次超过了100篇。1967年美国石油地质工作协会建立了电子计算机数据储存和索取委员会。1968年在巴黎召开的国际地质会议上成立了国际数学地质协会。1968年出版国际数学地质杂志，出版数学地质计算程序公报。多元统计分析在油气地质学中大量应用，油气数学地质已成为一门独立的学科。

（2）推广、发展阶段（1971年至今）：油气数学地质向更高水平发展，地质统计学取得明显进展，由法语国家向英语国家逐渐推广，并且水平不断提高，地质多元统计有形成独立分支的趋势。数学和油气地质学的不断结合推动了油气数学地质的进展。在这个过程中，第四、第五代计算机的问世，为模拟数据库和专家系统提供了先进技术手段。新的多元统计方法、新的数学理论和方法继续不断地与油气地质相结合。油气地质过程的计算机模拟得到广泛的应用和加强。油气地质数据库大量建立和应用。油气地质人工智能专家系统的研制和应用日益受到重视。

四、油气数学地质的现状与发展趋势

油气数学地质是地球科学中新的研究方向和研究领域，是具有较强生命力和具有自身特色的新学科。油气数学地质的最新进展趋势为：

（1）油气地质体及其地质过程的数学模拟。主要分为理论模拟和实际应用两个方面，在理论方面为了油气地质数据标准、词典与技术的发展和现状、空间数据库，建立油气地质体和其地质过程的数学模型，应用各种新的数学模型和方法，并将数学模拟的结果用于延伸油气地质解释和进行油气地质预测，同时在很多方面得到了实际应用。例如：将地下流体模拟结果用于油气资源勘探开发，将地质体和地质过程数学模拟结果用于油气资源评价、储层的开采和设计以及油气地质数据的三维可视化显示等。

（2）地质统计学在油气地质中的应用。目前，地质统计学仍然是油气数学地质的一个重要分支方向，2000—2010年在国内外的重要数学地质期刊有相当多数量的地质统计学论文发表，这些论文的内容主要涉及：快速克里格研究，协同克里格研究，普通克里格、泛克里格和距离加权的比较研究，条件克里格和非线性体积均值研究，地质统计学中的空间和时间模型研究，条件模拟研究以及变异函数研究，地质统计建模与不确定传播，油气地质统计模拟，多变量地质统计学和数据同化，油气地质与地质统计学的桥接和结合。

（3）地质多元统计研究。地质统计学是充分考虑数据空间分布特性的统计学方法，是一个在油气数学地质发展的早、中期就已经存在的研究方向。近年来仍有一些研究进展，如判别分析可靠性研究、空间因子分析的应用研究等。

第二节　油气数学地质的任务和研究内容

一、油气数学地质的任务

前已述及，油气数学地质的核心任务是查明油气地质系统的数学特征，定量研究油气地质系统中与地质过程有关的因素及它们之间的相互关系，建立油气地质作用过程及其产物的数学模型，解决油气地质的基础理论和油气地质学及其勘探开发实践中的问题。概括起来主要包括：

（1）查明油气地质体的数学特征，建立油气地质体的数学模型。

（2）定量化研究油气地质体形成的地质过程、油气地质体中各种变量（参数）及其相互关系，建立油气地质体形成过程的数学模型。

（3）研究适合油气地质任务和地质数据特征的数学分析方法，建立油气地质工作方法的数学模型，定量化解决油气勘探开发实践中的问题。

二、油气数学地质的研究内容

油气数学地质的研究对象可以归纳为油气地质系统和油气地质工作方法。油气地质系统可以定义为一个动态的由相互联系的若干油气地质成分（油气地质因素）组成的集合体。油气地质工作方法是通过适合地质数据特征的数学分析方法及数量化理论，建立油气地质（勘探、开发、研究等）工作方法的数学模型。建立各种油气地质工作方法的数学模型也是油气数学地质的基本任务。

油气数学地质是将油气地质问题转变为油气地质模型，通过建立对应的数学模型，利用计算机进行计算和信息处理，研究和解决油气地质问题，它涉及油气地质学、数学和计算机应用技术等多学科。它的研究内容主要涵盖以下 6 个方面。

（一）地质多元统计分析

地质多元统计分析是数学地质研究的基础，也是油气数学地质研究的主要方法。它是应用宏观统计方法研究油气地质问题的统称，其中的大多数方法是从数理统计方法中直接引用而来，少数方法是根据油气地质工作的实际需要在移植的基础上进一步发展演化来的。

目前常用的地质多元统计分析有回归分析、趋势面分析、聚类分析、判别分析、因子分析、克里格、时间序列分析、数字滤波等。地质多元统计分析长期应用于油气地质工作中，如地层的划分与对比、烃源岩分类、油源对比、储集岩的划分与判别、圈闭的分类、油气水层的判别等。可以说，地质多元统计分析方法已较完善，它对油气地质学的定量研究起到了极大的促进作用。但它在油气地质领域中应用的广度和深度还有待加强，而且较多常规油气地质人员对地质多元统计分析方法的应用还不太熟悉。

（二）模糊数学理论的应用

模糊数学理论由美国加利福尼亚大学教授 L. A. Zadeh 于 1965 年创立，它突破了传统数学绝不允许模棱两可的约束，使过去那些与数学毫不相关或关系不大的学科都有可能用定量化和数学化加以描述和处理。模糊数学理论中的隶属函数、模糊综合判别、模糊模式识别、模糊聚类、模糊控制等方法已在油气地质研究中有着广泛的应用，如烃源岩评价、储层评价、圈闭评价等。

（三）油气资源评价预测

从 20 世纪 70 年代开始，矿产资源的定量评价预测就已成为数学地质的重要研究内容之一。对一个探区进行矿产资源评价预测，需要解决的基本问题是“找什么”、“哪里找”和“怎么找”。随着这“三要素”的发展和变化，找矿理念也随之而变，所以，“三要素”是找矿理念变化的驱动力，也是找矿方法和技术发展的驱动力。

矿产资源评价预测在油气部门称为油气资源评价预测，主要内容包括探区油气资源量的估算、确定探区中的油气有利勘探区、油气勘探的经济分析等。

根据实际需要，我国油气部门针对油气地质特征，一直不断地研究发展油气资源评价预测理论及其计算方法和应用软件，如 WENG 旋回模型、油田规模序列、蒙特卡罗模拟、盆地数值模拟、历史趋势外推等含油气盆地数值模拟理论和方法，已在油气资源评价中起到重要作用。

（四）地质数据库

数据库是 20 世纪 60 年代末出现的数据管理技术，比较完善的数据库软件系统是 20 世纪 70 年代初完成的。地质数据库在美国、加拿大、法国、德国等西方国家发展很快，现已基本上普及应用。自 20 世纪 80 年代以来，我国先后建立起数千个各种类型的地质数据库。21 世纪以来，国内各大油气田也在逐渐建设完善地质数据库和实现油气田数字化。

油气勘探开发领域中所涉及的数字信息包括基础地理信息和油田专业数据信息，如油田基础地理空间信息库（油田各种地质信息如构造区划分、地球物理工区、石油矿区区划、矿产登记管理区和油田专用地名等）、探区数据库（盆地、坳陷、凹陷和构造的要素数据等）、单井数据库（综合录井信息、井的试油测试结果数据、岩石分析数据、测井曲线数据和采油数据等）、地震勘探数据库（地震测线的测量数据、地震的施工方法数据及地震剖面数据等)、储量数据库（油气储量和储量参数数据）等。

地质数据库是根据油气田需要，分门别类地将油气地质信息、数据存储在一起的相关数据集合。数据的存储独立于应用程序，对于插入新数据、修改或检索原有数据均可以按照公用的和可控的方式进行。因而，一个完善的地质数据库应涵盖油气地质数据的存储、检索、更新、处理、显示、通信及网络等多种功能。

（五）油气地质过程的数学模拟

应用数学方法模拟油气地质过程是研究油气地质理论的重要途径之一，是油气数学地质的另一个重要内容。油气地质过程的数学模拟研究主要包含确定性数学模拟和随机过程模拟两类，前者应用精确的可以得到确定解的数学方法模拟油气地质过程，而后者则应用随机过程方法模拟地质过程。通过数学模拟在电子计算机上再现油气地质过程，充分利用电子计算机内存大、速度快的特点，提高油气地质过程模拟研究的效率，缩短地质过程模拟研究的周期，会大大提高地质理论研究的进程，甚至所得成果，有可能从根本上改变某些旧的地质结果。

（六）其他数学方法的应用

应用于油气地质研究的数学方法还有很多。例如，邓聚龙教授于 1982 年创立的灰色系统理论，在问世后得到了迅速推广和应用，一些油气地质工作者将他的理论和方法引入油气地质问题的研究；模式识别方法是将多维空间信息降维到四维空间信息的一种信息加工技术，将数学地质和模式识别方法结合起来，开展地球化学模式识别等系列研究，已成为一种油气资源定量预测的方法；神经网络、混沌理论以及信号处理中的傅里叶分析、频谱分析和小波分析等数学方法也在地质学中得到了有效的应用。

此外，应用计算机辅助设计技术来编绘油气地质图件，既能保证绘图质量，减少编图、制图和编修的工序和时间，还有利于图形的存储、保管和使用，保证实现图形数据共享。目前，计算机图形学已发展成为一门新的学科，计算机绘制地质图也呈现独立学科的趋势，利用油气地质制图软件可实现等值线图、剖面图、平面图、栅状图、曲面图等常用油气地质图件的绘制。

上述六个内容是目前油气数学地质主要的研究内容，它们既相互独立又相互联系，虽然每个方面具有自身独立的侧重点，但它们都加快了油气地质研究的定量化和智能化进程。

第三节　油气数学地质的研究流程

根据油气数学地质的核心任务，其目的是解决油气地质的基础理论和油气地质学及其勘探开发实践中的问题，因此，油气数学地质的研究可以归纳为图 0-1 所示的流程：

（1）确定油气地质问题：根据研究对象和目的确定需解决的油气地质问题。

（2）建立油气地质概念模型：针对确定的油气地质问题，根据所对应的油气地质系

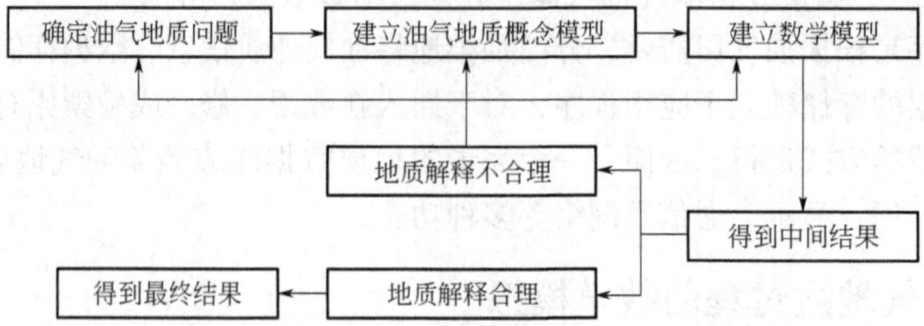

图 0-1　油气数学地质研究思路流程框图

统的实际观测、原始数据分析、归纳相关的经验知识等建立油气地质概念模型。

（3）建立数学模型：根据已建立的油气地质概念模型，优选数学地质方法来描述或逼近油气地质概念模型，建立起与研究目的相适应的数学模型。

（4）得到中间结果：采用建立的数学模型，将原始数据输入数学模型或计算机进行数据分析，计算出中间结果。

（5）进行地质解释：根据实际生产测试数据等，检验所得到的中间结果是否能进行合理的地质解释，如地质解释合理，则中间结果可为最终结果；反之，地质解释不合理，则返回前面 3 步重新开始。

思考题

1. 简述油气数学地质的概念。
2. 简述油气数学地质的核心任务。
3. 简述油气数学地质的研究内容。
4. 简述油气数学地质的研究流程。

第一章　油气地质变量和数据

[本章学习提要]

掌握油气地质变量和油气地质数据的概念、类型、特点，掌握油气地质变量的选择和取值，灵活运用油气地质数据预处理的方法。

[本章思政目标及参考]

通过讲授油气地质变量和数据在国家能源战略中的重要性，以及我国优秀地质学家在石油勘探开发中的杰出成就，激发学生对祖国能源资源的珍视与利用的责任感。

第一节　油气地质变量

一、油气地质变量的概念

在油气地质研究过程中，反映地质系统中各成分标志或特征在时间上和空间上变化情况的变量就是油气地质变量，如生油岩的厚度、地层埋藏深度、有机质的类型、储层厚度等。油气地质变量是参与建立数学模型的成分和参数。

二、油气地质变量的分类

由于地质现象的复杂性，导致了油气地质变量的多样性，一般根据油气地质变量所取数据的方法及性质，可将其分为观测变量（定性变量和定量变量）和综合变量。

（一）观测变量

通过对地质指标或特征直接进行观测、分析或度量所获得的各种原始观测值，称为观测变量，如地层厚度、原油密度和石油颜色等。观测变量是数学地质中最常用的一类变量，而其观测值是地质研究过程中的基本数据对象。

（二）综合变量

两个或两个以上观测变量按特定的方式综合后形成的新地质变量称为综合变量，它具有特定的地质意义。这类变量的地质意义是通过地质人员的综合分析和解释以后确定的。

它们可以提供某些新的、重要的和隐蔽的地质信息，还可以起到减少变量、简化数学模型的作用。例如区分天然气成因类型的甲烷系数 M。

$$M = C_1 \bigg/ \sum_{i=1}^{5} C_i \tag{1-1}$$

当 $M>99\%$时，认为是生物成因气，否则认为是热解成因气。

三、油气地质变量的特征

地质观测工作是地质研究的基础，观测结果就是各种地质资料，因此地质资料中包括了大量基本的地质信息。对于特定的地质研究对象而言，不是所有的地质信息都能成为有效的油气地质变量。作为油气地质变量，必须具有一定的特征。

（一）油气地质变量具有明显的地质意义

油气地质变量的地质意义是指油气地质变量与研究的地质对象的某些特征有关，就油气资源评价研究而言，应包括以下几方面的含义：

（1）对油气地质变量所代表的地质特征的认识，如沉积盆地内生油岩的时代、历史上最大的沉降深度、地温梯度、圈闭的闭合面积和闭合高度等。

（2）对油气地质变量所代表的地球化学特征的认识，如有机质的类型和丰度、干酪根的生油量、TTI 值、OEP 值、频率因子、活化能分布、油气化学勘探指标异常等。

（3）对油气地质变量所代表的地球物理特征的认识。

（4）对油气地质变量所代表的其他方面特征（如遥感地质、测量、渗流力学等方面的特征和标志）的认识，如地层异常压力和流体势等。

（二）油气地质变量具有明显的统计特征

油气地质变量具有随机性和确定性双重特征。研究随机的统计分布可以从某个变量的角度去预测油气分布的规律性。油气地质变量的统计特征越明显，它所反映的规律性就越强。

（三）油气地质变量与研究对象之间存在着密切的关系

油气地质变量与研究对象之间的关系越密切，该油气地质变量反映地质规律的能力就越强。如碎屑岩储层中流体的饱和度与有效渗透率有关，其中之一发生变化时，另一个也发生变化，但这种变化关系因岩性不同而不同。在建立饱和度与有效渗透率间的数学关系模型时，应考虑影响两者关系的主要因素，如黏土的膨胀作用、吸附膜、抗水表面及亲水表面、非混合性的其他流体以及气体压力等。如果以这些因素为油气地质变量，来搞清这些因素与渗透率及饱和度之间的数量关系，最终就有可能建立起描述饱和度与有效渗透率之间定量关系的数学模型，这些因素就成为研究饱和度与有效渗透率之间定量关系的地质变量。对那些研究对象与地质指标之间数量关系不明确的地质信息，一般不能作为有效地质变量来使用。

四、油气地质变量的选择

（一）变量选择的目的

实际地质系统中与研究对象和目的有关的油气地质变量可能很多，但它们之间的密切程度互不相同，其中有的关系比较密切，有的则不密切，甚至还起干扰的作用。从众多的变量中筛选有用变量的过程称为变量选择。

变量选择的目的有如下几个方面：

（1）要获得一批地质意义明确、统计特征明显且与研究对象和目的有着密切关系的地质变量。

（2）要达到变量结构的最优化，也就是要具有最优的变量组合。这样可以减少空间维数，以尽可能相互独立的变量组成 $n(=1,2,\cdots)$ 维空间的数学模型，从而既简化了计算，又便于结果的分析和解释。

（3）使实际地质系统的有用信息损失达到最小。

（4）有利于建立最优的地质概念模型和数学模型，从而获得最佳的地质效果。

（二）变量选择的途径和方法

1. 地质途径

选择变量的地质途径就是要应用与石油地质勘探有关的各地质分支学科的基本理论和方法来对实际地质系统进行地质观测，并收集与其有关的地质资料，建立地质概念模型，选择变量。由于地质观测结果是用地质资料来表示的，或者说地质资料是地质观测结果的体现，因此，通过地质途径来选择地质变量就意味着根据这些地质资料可以有效地进行油气地质变量的选择。

在油气数学地质研究工作中常用的地质资料包括以下各类，它们是进行油气数学地质研究最重要的基础资料。

（1）地面地质调查资料：包括不同比例尺的地质概查、地质普查、地质详查、地质细测等各类地质资料。

（2）地球物理勘探资料：包括重力、磁力、电法、地震勘探等物探资料。

（3）地球化学勘探资料：包括各种微量金属元素、烃类含量等化探资料。

（4）遥感地质测量资料：包括航空和航天遥感测量资料。

（5）钻井地质勘探资料：包括岩屑、钻时、钻井液、气测录井、岩心分析、中途测试等。

（6）试油试采资料：包括油气水产量、地层压力、地层温度等。

（7）地球物理测井资料：包括电阻、电位、感应声波、地震、放射性、井径测井等。

（8）岩矿分析资料：包括薄片鉴定、重矿物分析、粒度分析等。

（9）油层物性资料：包括储层孔隙度、渗透率、含油饱和度等。

（10）油气水性质资料：包括原油密度、黏度、馏分，天然气密度、成分，地下水矿化度、离子成分、微量元素含量等。

（11）生油指标分析资料：包括有机碳含量、氯仿沥青“A”含量、环境指标、干酪根类型、OEP 值等。

（12）古生物鉴定资料：包括大型古生物、微体古生物、牙形石鉴定等。

（13）其他化验分析资料：包括扫描电镜、电子探针、热解色谱、差热分析、X 射线衍射分析、热模拟、泥岩压实模拟、包裹体测定等。

2. 数学途径

油气地质变量的选择可以采用数学的方法，使变量的选择建立在最优化准则和定量计算的基础之上，能充分提供地质规律性的有用信息，常用的方法有：

（1）相关系数法，如简单相关系数、偏相关系数、复相关系数等。

（2）统计推断法，如回归分析、判别分析、因子分析等。

（3）地质特征矢量长度分析法，这是一种关于筛选二态变量的方法。

第二节　油气地质数据

一、油气地质数据的概念及其分类

油气地质数据是表示地质信息的数字、字母和符号的集合，它是用来表示地质客观事实这一地质信息的。从广义的角度来看，油气地质数据既可以是定量的、定性的数据，也可以是文字的说明，甚至是图形的显示，因此，它几乎等同于原始的地质观测结果或地质资料。但是从狭义的角度来看，油气地质数据主要是指定量的和定性的地质数据。油气地质数据主要包括观测数据、综合数据、经验数据。

（一）观测数据

观测数据是指利用各种观测手段对研究对象进行观测或度量所获得的数据，是地质数据的主要类型。这类数据一般未进行任何加工处理，所以也称为原始数据。观测数据根据其本身的特点可分为定性数据和定量数据。

1. 定性数据

用代码（A,B,C,…）或字符（1,2,3,…）等来表示某一地质特征（标志）及其相互间关系的一种“数据”，这种数据不具备数值数据所具有的数量上的概念。定性数据包括名义型数据和有序型数据两大类。

1）名义型数据

地质学中有许多标志，如岩石的颜色、结构、构造、化石、重矿物等常需要用名义型数据来加以表示。这种数据是通过“鉴定”区分不同的对象或个体并赋予不同的代码后才形成的。对于同一个标志的表征则可用二态变量来描述，即存在为 1，不存在为 0。而对同类状态的对象或个体则可通过计量或计数来赋予数量的概念。

2）有序型数据

有序型数据为一组有次序的数码或代码并用次序来表示数码或代码间的一种单调的升降关系。例如，表示不同矿物硬度差别的摩氏硬度计分为10级，但各级硬度之间的绝对硬度差是不同的。

2. 定量数据

一种具有数量概念的数值数据，包括间隔型数据和比例型数据。

1）间隔型数据

这种数据的特点是彼此间不仅能比较其大小，而且可以定量地表示数据间的差异，它无自然零值，但是有负值，如海平面高程值。

2）比例型数据

它是具有绝对零值和没有负值的间隔型数据。大多数定量数据如储量、产量、有机碳含量等数据都属于比例型数据，这种数据所反映的数据概念最完整、意义最明确，因而是最重要的一类数据。

定性数据通常为离散型数据，定量数据以连续型数据为主，但也有些属离散型数据。

（二）综合数据

综合数据是指由定量数据（或经定量化处理后的定性数据）经有限次算术运算后得到的具有明确地质意义的综合性数据。综合数据也是定量数据，例如，总烃含量、时间—温度指数TTI、干酪根类型指数KTI、碳优势指数CPI、奇偶优势比OEP等。另外，随机变量的各种数值特征，如平均值、标准差、极差、相关系数等，都可以认为是综合数据。

（三）经验数据

经验数据是在研究地质系统的变化规律时，根据大量实际观测值归纳出来，或根据经验公式计算而得出的经验值，它们通常反映了一系列地质因素对地质实体变化规律影响的总和。有时经验数据的地质意义是十分明确的，但是具体的地质影响因素及它们之间的相互关系却是不确定或不清楚的，如单储系数、排烃系数等。当经验数据是根据某些经验公式计算而得时，不仅其地质意义是明确的，而且影响它的主要地质因素和它们之间的相互关系也是比较清楚的，但是这些地质影响因素常常是不完全的。

二、油气地质数据的特点

地质系统、地质条件和地质作用的复杂多变，以及各种技术测试手段之间的较大差异等，造成了油气地质数据本身的许多特点，主要包括以下几个方面：

（1）油气地质数据的类型多，性质不一，反映的地质内容十分广泛，数量的多少和数据的精度相差悬殊。

（2）油气地质数据往往反映了多种地质因素综合作用的结果，具有混合分布的特征。使用这些数据时，往往根据研究目的，将其各种作用分析清楚，并将各种作用下的数据进行筛选分类。

（3）定量数据仍是油气地质数据的主要类型，应加强对地质定性数据的定量化研究和应用。随着计算机技术的发展和油田数字化的需求，定性数据需不断定量化。

上述特点说明：油气地质数据不是单一性质的集合，而是具有多种来源的复杂数据集合，这些特点是客观存在和不易改变的。使用油气地质数据时，要特别注意其适用性和数据间的相关性，对不同的使用目的要选用不同的数据，同时还要加强和改进数据的加工和处理技术，只有这样才能有效使用油气地质数据，使数学地质方法取得较好的地质效果。

三、油气地质数据的属性

为了有效地利用油气地质观测数据，首先要对它们进行科学的整理和分析，这样就必须了解其属性。通常把观测数据内蕴含的变化规律称为数据的属性。由于地质事件既受概率性法则的支配，又受确定性法则的支配，作为反映地质实体信息的地质数据必然会反映这两方面的属性。为了清楚起见，借用放射性物质的原子核衰变规律来说明如下。

（一）统计规律性

当观测一定数量放射性物质的原子核衰变时，如果仅仅看其中某一个原子核，它在何时发生衰变其偶然性是很大的，因此放射性物质的衰变过程是一个随机过程。但若把放射性物质作为集体来观察其全部原子核（数量极大）的衰变时，就可以发现它有明显的规律性，即它的衰变速度是一个常数。原子核发生衰变的概率可用泊松分布律来加以描述，即

$$P_k = \frac{\lambda^k}{k!}e^{-\lambda} \quad (k=0,1,2,\cdots,n) \tag{1-2}$$

式中 k——单位时间内发生衰变的原子核个数；

λ——单位时间内原子核的平均衰变数，且 $\lambda>0$，为常数；

P_k——单位时间内 P_k 个原子核发生衰变的概率。

这个规律称为放射性物质的衰变规律。它是一种统计规律，其特点是在一次性试验或观察单个个体时偶然性很大，而当多次重复试验，即观察大量同类现象时表现出来的规律性即统计规律性。统计规律性给出的规律性结论是统计平均性的。如对某一个放射性元素来说它的衰变速度是一个常数（衰变常数）。

（二）函数规律性

函数规律与统计规律不同，只要给定自变量值 x，则函数 y 值就被完全确定了。例如利用上述的统计规律可得计算衰变产物即子元素数量的公式如下：

$$r = n_0 e^{-\lambda t} \tag{1-3}$$

式中 t——衰变所经历的时间，a；

n_0——在衰变开始时原子核的总数（母元素总数）；

r——经过时间 t 后所剩下的母元素的数量。

利用式(1-3) 即可推导出计算矿物或岩石绝对年龄的计算公式：

$$t = \frac{1}{\lambda}\ln\left(\frac{n_0}{r}\right)$$

令 D 为衰变产物（子元素）的原子数，则

$$n_0=D+r$$

$$t=\frac{1}{\lambda}\ln\left(1+\frac{D}{r}\right) \tag{1-4}$$

由于不同的放射性元素都有自己恒定的平均衰变数 λ，这样就可以把式(1-3) 及式(1-4) 当作确定型数学模型来对待。因为在这些公式中 t，D，r 之间的关系是一种确定型的函数关系。

由上述内容可知，地质数据往往既表现出统计规律的属性，又蕴含着函数规律的属性，而且两者之间还存在着密切的关系。

四、油气地质数据的误差

任何的地质观测结果都不可能得到与实际情况（真值）完全相符的测定值。这是因为在野外观测、样品采集管理、分析化验、仪器读数、资料整理的过程中，由于工作人员的主观因素、测量或分析仪器精度的限制、周围环境或随机性因素及人为过失等的影响，会使观测结果与真值之间产生偏差，形成误差。误差是衡量数据品质好坏的重要依据。误差按其性质可分为以下三类。

（一）随机误差或偶然误差

这是一种在观测或测量过程中由不可控制的、无规律的偶然因素引起的误差，它服从正态分布律。其特点是误差的大小及符号各不相同，不能人为地加以控制，当观测次数增加时其算术平均值将逐渐趋近于零，这种误差往往导致观测数据在一定范围内出现波动，故称为观测数据的波动性或统计性涨落。

（二）系统误差

这是由于观测系统本身所引起的误差，如仪器不准确、测量方法不合理、测量条件（如温度、压力）的非随机性变化、不同观测者的不同习惯等因素引起的误差都属于系统误差。这种误差的特点是在大多数情况下都表现为常数（如增大或减小），在观测过程和数据整理过程中可以通过一定的方法来识别和消除这类性质的误差。

（三）过失误差（失真）

在地质数据获取的过程中往往会由于各种干扰或人为的过失，使地质数据失去自身的“真实性”和“代表性”。这种因受非地质因素影响而失去了真实性和代表性的数据称为外来值（也有人称其为“被污染”的数据），同时把数据的这种误差统称为“失真”或“过失误差”。

五、数据矩阵

为便于数据处理，地质数据常用数据矩阵表示。假设有 n 个样品，每个样品有 m 个

量，那么样品变量的观测值可用以下数据矩阵 $\boldsymbol{X}$ 表示：

$$\boldsymbol{X}=(x_{ij})_{n\times m}=\begin{bmatrix} x_{11} & x_{12} & \cdots & x_{1m} \\ x_{21} & x_{22} & \cdots & x_{2m} \\ \vdots & \vdots & & \vdots \\ x_{n1} & x_{n2} & \cdots & x_{nm} \end{bmatrix} \tag{1-5}$$

式中　x_{ij}——第 i 个样品第 j 个变量的观测值。

有时也将数据矩阵记为

$$\boldsymbol{X}=(x_{ij})_{m\times n}=\begin{bmatrix} x_{11} & x_{12} & \cdots & x_{1n} \\ x_{21} & x_{22} & \cdots & x_{2n} \\ \vdots & \vdots & & \vdots \\ x_{m1} & x_{m2} & \cdots & x_{mn} \end{bmatrix} \tag{1-6}$$

式中　x_{ij}——第 i 个变量第 j 次观测值。

【例 1-1】 某探区发现了 5 个构造圈闭，为了描述这些圈闭的地质特征，选用了圈闭面积、闭合高度、长短轴比、埋藏深度共 4 项地质变量，5 次观测数据如表 1-1 所示，用矩阵表示这组数据。

表 1-1　地质圈闭数据表

圈闭编号	圈闭面积（10^2m^2）	闭合高度（m）	长短轴比	埋藏深度（m）
1	1000	100	1.0	3000
2	500	75	1.5	2000
3	250	50	2.0	1500
4	125	25	2.5	2000
5	50	10	3.0	2500

解：将上述数据整理为 5 行 4 列的数据矩阵：

$$\boldsymbol{X}=[x_{ij}]_{5\times 4}=\begin{bmatrix} 1000 & 100 & 1.0 & 3000 \\ 500 & 75 & 1.5 & 2000 \\ 250 & 50 & 2.0 & 1500 \\ 125 & 25 & 2.5 & 2000 \\ 50 & 10 & 3.0 & 2500 \end{bmatrix}$$

第三节　油气地质数据预处理

前已述及，地质数据的类型多，量纲各异，数据量多寡不一，时空上分布不均匀，且常有数据失真的情况发生，所以以原始数据形式出现的地质数据在大多数情况下都要经过预处理，以便构置成方法数据矩阵后才能供计算机进行处理。

一、油气地质数据预处理的定义

油气地质数据预处理指在定量研究地质问题前，预先对原始数据进行的各种处理。其主要内容为定量数据的标准化、定性数据的定量化、原始数据的网格化、原始数据的简缩和增补、可疑数据的鉴别与处理等。

二、定量数据的标准化

定量数据的标准化是对变量的观测值进行标准化。其目的是消除或抑制不同变量观测值数量级的巨大差异，使它们在同一尺度范围下参与地质研究。标准化方法有标准差标准化、极差标准化、极差正规化、总和标准化、最大值标准化、模标准化和中心标准化等。其中最常用的是标准差标准化、极差标准化和极差正规化。

（一）标准差标准化

标准差标准化是将变量的每个观测值减去该变量所有观测值的平均值，再除以该变量观测值的标准差，即

$$x'_{ij}=\frac{x_{ij}-\bar{x}_j}{\sigma_j}\quad(i=1,2,\cdots,n;j=1,2,\cdots,m)\tag{1-7}$$

$$\bar{x}_j=\frac{1}{n}\sum_{i=1}^{n}x_{ij}$$

$$\sigma_j=\sqrt{\frac{1}{n}\sum_{i=1}^{n}(x_{ij}-\bar{x}_j)^2}\quad(n\geqslant 30)$$

$$\sigma_j=\sqrt{\frac{1}{n-1}\sum_{i=1}^{n}(x_{ij}-\bar{x}_j)^2}\quad(n<30)$$

式中　σ_j——j 变量的标准差。

数据变换后的特点：(1) 变换后数据又称为规格化数据，每个变量观测值变换后的平均值等于0，标准差均为1；(2) 样品只有两个时，标准差标准化后每个点 x、y 坐标之和为0，变换后点必然落在 $x+y=0$ 的直线上，且落在以原点为圆心、半径为$\sqrt{2}$的圆 $x^2+y^2=2$ 上。

（二）极差标准化

将变量的每个观测值减去该变量观测值的平均值，再除以变量观测值的极差。变换公式为

$$x'_{ij}=\frac{x_{ij}-\bar{x}_j}{\max\limits_{1\leqslant i\leqslant n}x_{ij}-\min\limits_{1\leqslant i\leqslant n}x_{ij}},\bar{x}_j=\frac{1}{n}\sum_{i=1}^{n}X_{ij}\quad(i=1,2,\cdots,n;j=1,2,\cdots,m)\tag{1-8}$$

（三）极差正规化

极差正规化是将变量的每个观测值减去该变量所有观测值的最小值，再除以变量观测

值的极差，即

$$x'_{ij}=\frac{x_{ij}-\min\limits_{1\leqslant i\leqslant n} x_{ij}}{\max\limits_{1\leqslant i\leqslant n} x_{ij}-\min\limits_{1\leqslant i\leqslant n} x_{ij}} \quad (i=1,2,\cdots,n;j=1,2,\cdots,m) \tag{1-9}$$

三、定性数据的定量化

定性数据的定量化是指把定性数据变换为数值。根据定性数据状态的多少，可分为二态定性数据和多态有序定性数据。两类定性数据的定量化方法都是对定性数据的状态赋值。

（一）二态定性数据的变换

只有两种对立状态的定性数据为二态定性数据。可用 0 和 1 表示这两个状态，从而实现定性数据的定量化。如某观测点有无某种化石，就只有两种可能，若有则用 1 表示，若无就用 0 代表。一般来说，按表 1-2 赋值处理。

表 1-2　二态定性数据表

二态定性数据	状态	肯定或有利	否定或不利
	赋值	1	0

（二）多态有序定性数据的变换

多态有序定性数据是指状态多于两个，并且状态又可按一定次序排列的定性数据。如储层岩心的含油性，按含油程度可分为四级，采用等差方式赋值（表 1-3）。

表 1-3　含油性四态有序定性数据表

四态有序定性数据	状态	不含油	油斑	含油	饱含油
	赋值	0	1	2	3

又如，按颜色可将泥岩分为四级，为区分各级泥岩的生油能力，可采用非等差方式赋值（表 1-4）。

表 1-4　泥岩颜色四态有序定性数据表

四态有序定性数据	状态	红色	浅灰色	灰色	黑色
	赋值	0	1	3	5

多态有序定性数据可按表 1-5 状态赋值。

表 1-5　多态有序定性数据状态赋值表

多态有序定性数据	状态	状态 1	状态 2	状态 3	…
	赋值	x_1	x_2	x_3	…

四、原始数据的网格化、简缩和增补

（一）原始数据的网格化

原始数据的网格化是把平面上无规则分布的数据点 $M_i(x_i, y_i, z_i)$ 上的值分配到规则矩形网格交点上（图 1-1），产生规则分布的定量数据。这是计算机绘制等值线图和地质随机建模必须要做的工作。

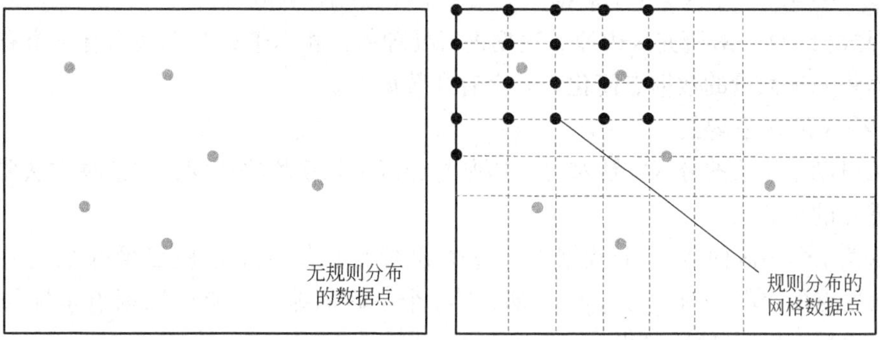

图 1-1　无规则分布的地质数据和网格化分布的地质数据

网格化方法较多，其中象限距离加权平均法简单常用，具体做法是：

（1）在以某一网格点为坐标原点的坐标系的 4 个象限中，各选 1 个距该点最近的数据点，假设其平面距离值分别为 d_1，d_2，d_3，d_4，相应的数据值分别为 z_1，z_2，z_3，z_4，另外取 $d_i(i=1,2,3,4)$ 的倒数作为权。

（2）预测网格点的数据值 z，按下式预测：

$$z = \sum_{i=1}^{4} \frac{z_i}{d_i} \Big/ \sum_{i=1}^{4} \frac{1}{d_i} \qquad (1\text{-}10)$$

（3）对于某些网格点（边界网格点），不能在 4 个象限中都找到数据点，则在有数据点的象限中取距离最近点进行加权平均，这时被加权平均的数据个数小于 4 个，但至少有 1 个数据。也可在每个象限中选取多个离群数据点进行加权平均。

注意：$d_i=0$ 时，网格点上的数据与之相同。

（二）原始数据的简缩和增补

1. 原始数据的简缩

当分布在研究区上的数据点很多（可能出现反映相同地质特征的多个近似数据点）时，或者是数据在区域上的分布极不均匀时，不仅会使计算量增加，而且也无助于最终的成果解释，甚至在计算过程中还会出现不可预料的计算病态问题。因此，就需要对作用不大或相近、可有可无的多余数据予以舍弃，这就是数据的简缩。

数据的简缩方法一般包括分区加权平均法、分区滑动平均法和随机删点法。

1）分区加权平均法

假设研究区内每个地质数据点有 m 个变量，根据实际需要将研究区划分成大小相等

或不等的 n 个小区，并且每个小区内至少有一个数据点，那么第 i 个小区内第 j 个数据点上第 k 个地质变量的观测值为

$$z_{jki}(j=1,2,\cdots,n;k=1,2,\cdots,m;i=1,2,\cdots,n_j)$$

而第 j 个小区内第 k 个地质变量的简缩值为

$$z_{jk}=\frac{1}{n_j}\sum_{i=1}^{n_j}z_{jki}\quad(j=1,2,\cdots,n;k=1,2,\cdots,m;i=1,2,\cdots,n_j)\tag{1-11}$$

式中 z_{jk}——第 j 个小区第 k 个变量观测值的简缩值；

n_j——第 j 个小区地质数据点数；

z_{jki}——第 j 个小区第 i 个数据点上第 k 个变量的观测值。

按照式(1-11) 对研究区内原始数据进行处理后，相当于每个小区内有一个有效数据点，从而将原来大量的数据点简化为 n 个有效数据点。

2) 分区滑动平均法

分区滑动平均法的分区方法和分区原则与分区加权平均法相同，但这种方法要考虑简缩后数据点的位置。

如果第 j 个小区内有 n_j 个数据点，每个数据点上有 m 个地质变量的观测值，其中第 i 个数据点的坐标为 (x_{jki}，y_{jki})，那么第 j 个小区简缩后的有效数据点坐标值及变量由式(1-12)、式(1-13) 给出：

$$\begin{cases}x_{jk}=\sum_{i=1}^{n_j}x_{jki}\cdot z_{jk}\Big/\sum_{i=1}^{n_j}z_{jki}\\ y_{jk}=\sum_{i=1}^{n_j}y_{jki}\cdot z_{jk}\Big/\sum_{i=1}^{n_j}z_{jki}\end{cases}\tag{1-12}$$

$$z_{jk}=\sum_{i=1}^{n_j}z_{jki}/n_j\tag{1-13}$$

$$(j=1,2,\cdots,n;k=1,2,\cdots,m)$$

式中 x_{jk}, y_{jk}——第 j 个小区第 k 个地质变量观测值简缩后的横坐标和纵坐标；

z_{jk}——第 j 个小区第 k 个地质变量的简缩值；

x_{jki}, y_{jki}——第 j 个小区第 k 个地质变量观测值的第 i 个数据点的横坐标与纵坐标；

z_{jki}——第 j 个小区第 k 个地质变量观测值的第 i 个数据；

n_j——第 j 个小区地质数据点数。

按上述公式算出的坐标有 m 个，如果需要一个统一的坐标点，则可根据地质变量观测值的大小，采用加权平均的方法算出。另外，根据实际需要，也可采用其他的计算方法。

3) 随机删点法

对于探区内的局部数据点密集区，随机删去一些数据点，既可减少计算工作量，又可提高计算过程的稳定性。删除点的方法是对数据点编号，用随机抽样法删去其中的一些数据点。

2. 原始数据的增补

研究区内出现数据点空白区时，在空白区内补充一些数据点，这就是数据的增补。补

点方法有：据临近点数据的变化趋势补充适量的数据点；用插值方法补充一定数量的数据点。

地质研究中，选择合适的地质变量有利于建立最优的地质模型，获得最优的地质解释结果。因此，选择变量时应遵循以下原则：

（1）要以地质概念模型为基础，选择具有明确地质意义的地质变量。例如，要研究某地层的生油能力，则应选择最能反映生油能力的地质变量。

（2）要考虑变量与研究对象间的联系，选择与地质体有密切成因联系的变量。例如，通过某些地质变量来预测储层含油性，那么就选择与含油性密切相关的诸如岩性、物性变量等。

（3）选择可数字化、变量值易于获取、可操作性强、有明显统计特征的地质变量。

五、可疑数据的鉴别和处理方法

地质数据失真会导致平均值过高（或过低），不能反映数据的总体特征。失真的地质数据也称为可疑数据或外来值。在实际工作中不能随意将可疑数据舍去或保留，可用统计学方法对可疑数据进行鉴别和处理。下面介绍两种常用的鉴别检验方法。

（一）肖维纳（Chauvent）检验法

该法步骤如下：

（1）计算观测值的算术平均值（应包括可疑数据在内）。

（2）计算单次观测的概率误差 $Q=0.6745\sigma$，σ 为观测值的标准差。Q 的数学意义为：在一组测量中任意选出一个观测值，其误差在 -0.6745σ 与 $+0.6745\sigma$ 之间的概率为 50%；也可以说，在一组测量中，若不计正负号，误差大于 Q 的观测值与误差小于 Q 的观测值将各占观测次数的 50%。

（3）计算可疑数据与平均值的偏差 D，并求其与 Q 的比值 D/Q。

（4）根据表 1-6 所列的观测次数 n 以及与其对应的 D'/Q' 的比值决定数值的取舍。

表 1-6　观测次数与对应偏差/概率误差表

n	5	10	15	20	50	100
D'/Q'	2.5	2.9	3.2	3.3	3.8	4.2

（5）若 $D/Q>D'/Q'$，则舍去这一观测值。肖维纳数值舍去准则为：在多个观测值中，设任一观测值与平均值的偏差为 D，凡等于或大于 D 的所有偏差出现的概率均小于 $1/(2n)$ 时，则此观测值应弃去。例如在一组测量中，观测次数为 10（即 $n=10$），其概率误差为 Q，当某一观测值与平均值的偏差大于 $2.91Q$ 时，则此观测值为离群数据应弃去，这时所有等于或大于 $2.91Q$ 的偏差，其出现的概率均将小于 $1/(2n)$。表 1-6 中，D'/Q' 表示 D/Q 随 n 变化的临界值。

（二）格罗伯斯（Grubps）检验法

当数据 x_1，x_2，…，x_n（按由小到大排序）服从正态分布时，可用下述统计量（U）

来检验数据是否为外来值。

$$U=\frac{x_n-\bar{x}}{s} \tag{1-14}$$

其中，$s=\sqrt{\sum_{i=1}^{n}(x_i-\bar{x})^2/n-1}$。

U 为极值（异常值）减去均值形式的统计量。

当 $U>U_{n,a}$ 时，则 x_n 为外来值，不同显著性水平和不同 n 下的临界值 $U_{n,a}$ 可由表1-7查得。

表1-7　格罗伯斯检验临界值表

n	a				n	a			
	0.01	0.025	0.05	0.10		0.01	0.025	0.05	0.10
3	1.155	1.155	1.153	1.148	15	2.705	2.546	2.408	2.247
4	1.492	1.481	1.463	1.425	16	2.747	2.585	2.443	2.279
5	1.749	1.715	1.672	1.602	17	2.785	2.620	2.475	2.309
6	1.944	1.887	1.822	1.729	18	2.821	2.651	2.504	2.336
7	2.097	2.020	1.938	1.828	19	2.849	2.676	2.527	2.358
8	2.198	2.104	2.011	1.890	20	2.884	2.708	2.557	2.358
9	2.323	2.215	2.109	1.977	21	2.912	2.733	2.580	2.408
10	2.410	2.290	2.176	2.036	22	2.939	2.758	2.603	2.429
11	2.485	2.355	2.234	2.088	23	2.963	2.781	2.624	2.449
12	2.550	2.412	2.285	2.134	24	2.987	2.802	2.644	2.467
13	2.608	2.461	2.331	2.175	25	2.997	2.792	2.682	2.450
14	2.659	2.507	2.371	2.213					

思考题

1. 什么是油气地质变量？油气地质变量主要有哪几种？油气地质变量有什么特征？
2. 简述油气地质数据的概念及其分类。
3. 油气地质数据有什么特点？
4. 简述油气地质数据矩阵的一般形式。
5. 什么是油气地质数据的预处理？为什么要对油气地质数据进行预处理？
6. 简述对油气地质数据进行标准化的常用方法、变换公式及变换后的数据特点。
7. 怎样把定性数据转化为定量数据？
8. 试述对原始数据进行网格化、简缩和增补的目的和方法。

第二章　相关分析和回归分析

[本章学习提要]

本章重点讲述地质变量之间的相关关系、回归分析和趋势面分析。本章难点是回归分析方程的求取及其地质应用、趋势面分析的步骤和地质解释。通过本章学习，要求学生掌握对地质变量间的相关分析、回归分析以及趋势面分析的过程，并能将其应用于石油地质问题分析。

[本章思政目标及参考]

通过讲授不同地质变量之间的相关关系，引导学生学会从数据中找寻科学规律。

第一节　概述

在油气地质勘探中，地质体的各个变量往往或多或少受到了相同的地质作用，导致地质变量之间存在相互依存又相互联系的关系。在实际的油气勘探与开发中，人们发现地质变量之间往往存在两种关系——函数关系和相关关系。

函数关系（functional relationship）：也称为确定性关系，是指变量之间存在着一种严格的对应关系，当一种现象确定时，相联系的另一种现象会随之确定，把这种关系用函数 $y=f(x)$ 表示，其中 x 称为自变量，y 称为因变量，如圆的面积与半径之间的关系（$s=\pi r^2$）以及匀速直线运动的距离与速度和时间的关系（$L=vt$）等。具有这种关系的变量称为数学变量。

相关关系（correlation）：指变量之间确实存在着关系，但不是严格对应的依存关系，而是一种不确定的依存关系，当一种现象发生变化时，会引起另一种现象的变化，当一种现象确定时，另一种现象不会随之完全确定，如岩石的孔隙度和渗透率之间的关系，页岩中有机质含量和含气量之间的关系等。这些变量是相互联系和相互制约的，它们之间存在着一定的关系，称为相关关系。具有相关关系的变量称为随机变量（random variables）。

相关关系具有如下特征：

（1）变量间关系不能用函数关系精确表达；

（2）一个变量的取值不能由另一个变量唯一确定；

（3）当变量 x 取某个值时，变量 y 的取值可能有几个；

（4）现象之间客观存在的不严格、不确定的数量依存关系。

相关分析（correlation analysis）是研究两个变量之间关系密切程度及方向的一种方

法，其结果用相关系数 r 表示。相关分析是研究变量之间的相关关系的一种统计分析方法。

回归分析（regression analysis）的主要任务是在大量试验与观察数据的基础上，进行分析研究，以找出它们之间的内在规律。把这种变量之间的相关关系称为回归关系。有关回归关系的计算方法和理论称为回归分析。回归分析的内容很多，在油气地质勘探中主要解决以下几个方面的问题：

（1）对于具有相关关系的地质变量，找出它们之间的数学表达式。

（2）根据一个或几个相对而言较易测定或控制的地质变量值，来预测或控制另一个地质变量的取值，并确定这种预测的精度。

（3）在共同影响某个特定地质变量的许多变量（因素）之间找出哪些是主要因素，哪些是次要因素，以及这些因素之间有什么关系，从而提供解决油气地质问题的方法，如确定优质储层发育的主控因素、确定非常规油气勘探中“甜点区”发育的主控因素等。

第二节　相关分析及应用

一、相关关系的确定

变量之间是否存在着相关关系？关系是否密切？是线性相关还是非线性相关？要回答这个问题，最简单的办法是绘制变量散点分布图。设 $(x_i, y_i)(i=1,2,\cdots,n)$ 是从总体中抽取的一个样本，以 x 为横坐标，y 为纵坐标，将 $(x_i, y_i)(i=1,2,\cdots,n)$ 绘制在直角坐标系中，由散点分布图大致可以看出相关关系的形式、密切程度和方向。图 2-1 是几种常见的散点图的形式。当 y 随着 x 的增大而增大称为正相关，当 y 随着 x 的增大而减小称为负相关，点越是分布在直线附近关系越密切。

二、相关系数的计算

由散点分布图大致可以看出相关关系的形式、密切程度和方向，而相关系数是确切表示变量之间相关关系密切程度的指标。最常用的相关系数是英国统计学家卡尔·皮尔逊（Karl Pearson）提出的相关系数，该相关系数是在线性相关条件下衡量两个变量之间相关关系密切程度的指标，公式如下：

$$r=\frac{s_{xy}}{s_x s_y}=\frac{\frac{1}{n}\sum_{i=1}^{n}(x_i-\bar{x})(y_i-\bar{y})}{\sqrt{\frac{1}{n}\sum_{i=1}^{n}(x_i-\bar{x})^2\cdot\frac{1}{n}\sum_{i=1}^{n}(y_i-\bar{y})^2}} \tag{2-1}$$

式中　s_{xy}——变量 x 和 y 的样本协方差；

s_x、s_y——变量 x 和变量 y 样本标准差；

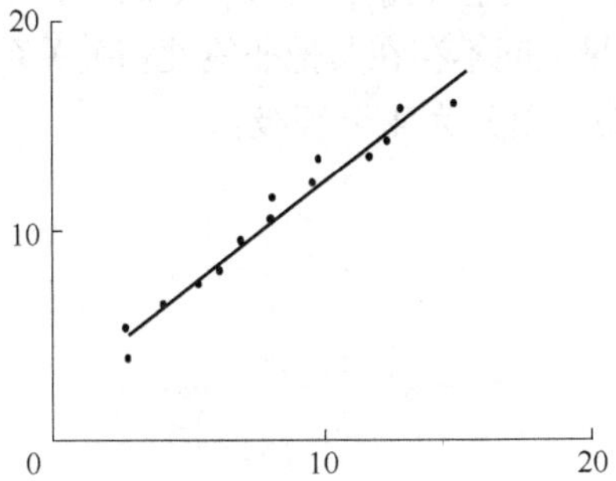

(a) 正线性相关

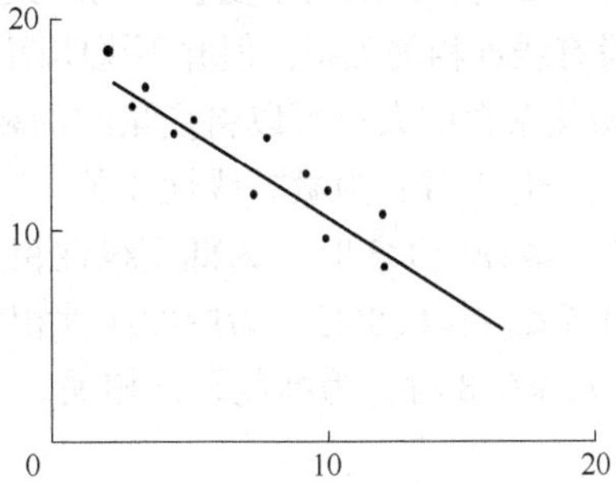

(b) 负线性相关

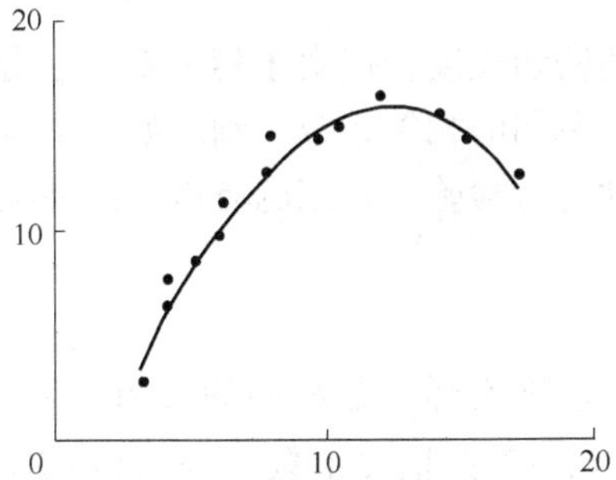

(c) 非线性相关

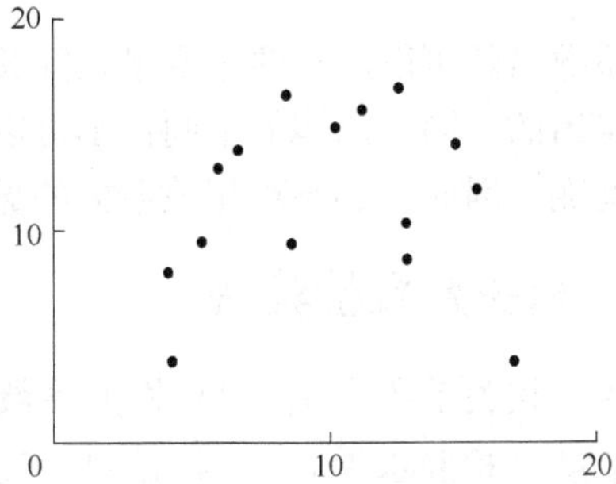

(d) 不相关

图 2-1　常见的变量相关关系散点图

$\bar{x}$、$\bar{y}$——变量 x 和变量 y 的样本平均值。

其中
$$\bar{x} = \frac{1}{n}\sum_{i=1}^{n} x_i, \quad \bar{y} = \frac{1}{n}\sum_{i=1}^{n} y_i$$

上式经过简化后还可以表示为

$$r = \frac{\sum_{i=1}^{n}(x_i - \bar{x})(y_i - \bar{y})}{\sqrt{\sum_{i=1}^{n}(x_i - \bar{x})^2 \cdot \sum_{i=1}^{n}(y_i - \bar{y})^2}} = \frac{L_{xy}}{\sqrt{L_{xx}L_{yy}}} = \frac{L_{xy}}{L_x L_y} \tag{2-2}$$

其中

$$L_{xy} = \sum_{i=1}^{n}(x_i - \bar{x})(y_i - \bar{y}), \quad L_x = \sqrt{\sum_{i=1}^{n}(x_i - \bar{x})^2}, \quad L_y = \sqrt{\sum_{i=1}^{n}(y_i - \bar{y})^2}$$

式(2-2) 进一步可以简化为

$$r = \frac{L_{xy}}{L_x L_y} = \frac{\sum_{i=1}^{n} x_i y_i - n\overline{xy}}{\sqrt{\left(\sum_{i=1}^{n} x_i^2 - n\bar{x}^2\right) \cdot \left(\sum_{i=1}^{n} y_i^2 - n\bar{y}^2\right)}} \tag{2-3}$$

相关系数有如下特点：

(1) 相关系数的取值范围在-1～+1，即$-1 \leqslant r \leqslant 1$。

(2) 当 $r>0$ 时，表明变量之间呈正相关；当 $r<0$ 时，表明变量之间呈负相关。

(3) 当$|r|$越接近 1，说明两个变量之间的相关关系越强；$|r|$越接近 0，说明相关关系

越弱；当$|r|=1$时，说明两个变量之间的关系属于确定性关系；当$|r|=0$时，说明两个变量之间完全没有线性相关关系，但并不说明两个变量之间不存在其他非线性相关关系。

根据相关系数的大小可以将变量间的相关关系划分为4个等级：

（1）$|r|<0.3$时，为微弱线性相关。

（2）$0.3\leqslant|r|<0.5$时，为低度线性相关。

（3）$0.5\leqslant|r|<0.8$时，为中度线性相关。

（4）$|r|\geqslant0.8$时，为高度线性相关。

三、相关系数的显著性检验

相关系数虽然可以反映两个变量之间关系的密切程度，但由于相关系数是由样本资料出发计算得出的，同一总体的不同样本可以算出不同的相关系数，到底哪一个能代表总体的相关程度呢？因此有必要对相关系数的显著性进行检验。常用的有以下两种检验法。

（一）相关系数检验法

设总体的相关系数为ρ，检验相关系数是否显著实际上是检验假设H_0：$\rho=0$是否成立。给定信度（检验水平）α，根据自由度为$f=n-2$查相关系数表得$r_\alpha(n-2)$，当$|r|>r_\alpha(n-2)$时拒绝原假设，认为相关系数显著，否则接受原假设，认为相关系数不显著。

（二）t检验法

设总体的相关系数为ρ，检验假设H_0：$\rho=0$，可以证明，当H_0：$\rho=0$假设成立时，统计量：

$$t=\frac{r\sqrt{n-2}}{\sqrt{1-r^2}}\sim t(n-2) \tag{2-4}$$

即服从自由度为$n-2$的t分布。所以给定信度α，根据自由度$f=n-2$为查t分布表得$t_{\alpha/2}(n-2)$，当$|t|>t_{\alpha/2}(n-2)$时拒绝原假设，认为相关系数显著，否则认为相关系数不显著。

【例2-1】 从某碳酸盐岩储层中取得20个样品，测得孔隙度$\phi(\%)$和渗透率$K(10^{-3}\mu m^2)$，数据见表2-1，试计算渗透率和孔隙度之间的相关系数并进行显著性检验。

表2-1　孔隙度和渗透率原始数据表

ϕ（%）	2.55	3.07	2.92	10.06	11.21	11.93	12	12.93	12.68	10.42
$K(10^{-3}\mu m^2)$	0.01	0.002	0.0015	0.107	0.247	0.317	0.241	0.312	0.443	0.138
ϕ（%）	14.9	13.9	10.91	9.1	7.23	6.88	9.16	4.86	3.73	4.21
$K(10^{-3}\mu m^2)$	0.62	0.51	0.143	0.145	0.169	0.247	0.307	0.0346	0.0007	0.0008

解：根据计算相关系数公式：

$$r=\frac{L_{xy}}{L_xL_y}=\frac{\sum_{i=1}^{n}x_iy_i-n\overline{xy}}{\sqrt{\left(\sum_{i=1}^{n}x_i^2-n\bar{x}^2\right)\cdot\left(\sum_{i=1}^{n}y_i^2-n\bar{y}^2\right)}}$$

（1）求两个变量的平均值：

$$\bar{\phi}=\frac{1}{20}\sum_{i=1}^{20}\phi_i=8.7355,\quad \bar{K}=\frac{1}{20}\sum_{i=1}^{20}K_i=0.19988$$

（2）求协方差：

$$L_{\phi K}=\sum_{i=1}^{20}\phi_iK_i-20\bar{\phi}\,\bar{K}=11.87986,\quad L_{\phi}=\sqrt{\sum_{i=1}^{20}\phi_i^2-20\bar{\phi}^2}=17.48228$$

$$L_K=\sqrt{\sum_{i=1}^{20}K_i^2-20\bar{K}^2}=0.7847$$

（3）求相关系数 r：

$$r=\frac{L_{\phi K}}{L_{\phi}L_K}=\frac{11.87986}{17.48228\times 0.7847}=0.866$$

（4）对相关系数进行显著性检验：

给定信度 $\alpha=0.05$，对于自由度 $f=n-2=18$ 查相关系数检验表得

$$r_{0.05}(18)=0.4438$$

而算出的相关系数 $r=0.866>r_{0.05}(18)=0.4438$，所以可以认为孔隙度与渗透率之间线性相关是显著的。

第三节　线性回归分析及应用

回归分析（regression analysis）是确定两种或两种以上变量间相互依赖定量关系的一种统计分析方法。回归分析按照自变量和因变量之间的关系类型，可分为线性回归分析和非线性回归分析；从计算方法上，它又可分为逐步回归分析和加权回归分析。如果在回归分析中只包括一个自变量和一个因变量，且两者的关系可用一条直线近似表示，这种回归分析称为一元线性回归分析。如果回归分析中包括两个或两个以上的自变量，且因变量和自变量之间是线性关系，则称为多元线性回归。

在石油地质学中，往往一个地质变量会受到其他一个或者多个地质变量的影响，相互之间存在一定程度的依赖性，但却无法写出它们之间所遵循的确定函数关系。例如，有机质生成油气的量，主要与埋深、地层的温度以及地层压力有关，另外也与有机质的类型及其他地质因素有关。又如，一个含油气地质单元中石油资源量（Q）将随着含油气地质单元内生油岩的体积（V_1）、储集岩的体积（V_2）、近油源圈闭面积（S）的增大和有机质转化率（R）的升高而增多，却随着含油气单元体积内经受的剥蚀次数（n）的增多而减少。

上述地质变量的共同特点是：某个地质因变量（y）对另外 $m(m\geqslant 1)$ 个地质自变量 $x_i(i=1,2,\cdots,m)$ 存在着一定程度的依赖性，但它们之间的数量关系却是不确定的，即不能由 $x_i(i=1,2,\cdots,m)$ 直接推测出 y 的值。回归分析可以很好地解决这类问题，即首先确定因变量和自变量间的因果关系，建立回归模型，并根据实测数据来求解模型的各个参数；然后评价回归模式是否能够很好地拟合实测数据，如果能够很好地拟合，说明根据实

测数据建立的回归模型科学可靠，否则不可用；进而可以根据自变量利用建立的回归模型作进一步预测。

相关分析和回归分析都是对变量间相关关系的分析，但两者有所不同。（1）相关分析只表明变量间相关关系的性质和程度，要确定变量间相关的具体数学形式依赖于回归分析；（2）只有当变量间存在相关关系时，用回归分析去寻求相关的具体数学形式才有实际作用；（3）相关分析中相关系数的确定建立在回归分析的基础上。

回归分析的主要内容包括四个方面：

（1）确定变量间关系模型的形式；

（2）估计模型中的参数；

（3）模型的验证；

（4）利用模型进行预测和控制。

回归分析建立的模型可以是线性的，也可以是非线性的。一元线性情况 $y=a+bx$ 在石油地质问题中直接遇到的不算很多，而在地质科学中遇到较多的则是可化为线性关系的非线性情况，因此本节仅介绍线性回归模型。

一、一元线性回归分析

（一）回归系数的确定

设 $(x_i, y_i)(i=1,2,\cdots,n)$ 是从总体中抽取的一个样本，称为观测值，若它们之间存在着线性关系，则线性表达式为

$$\hat{y}=a+bx \tag{2-5}$$

式中 a、b 是待确定的参数，称为待定系数。在式(2-5) 中，任给一组数 a、b，便可得到平面上的一条直线，当 a、b 取各种可能的值时，便可得到许许多多的直线，但究竟用哪一条直线来表示它们之间的关系最好呢？这就需要确定一个标准。一个常用的标准就是最小二乘原理（图 2-2）。

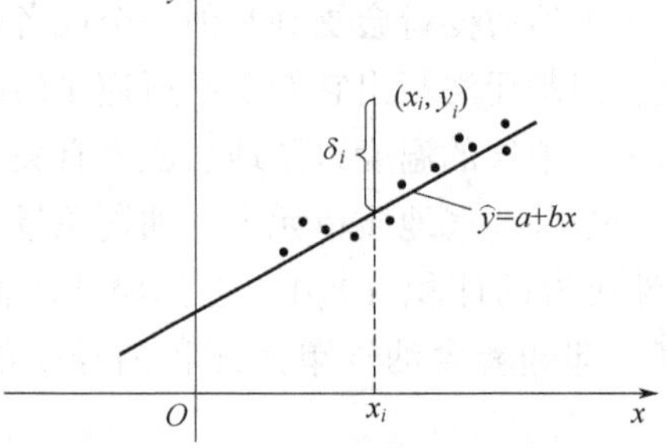

图 2-2 最小二乘原理中待定系数的函数关系图

用 $(x_i, y_i)(i=1,2,\cdots,n)$ 表示第 i 个样品点，如果用式(2-5) 表示这 n 个点之间的线性关系，则将 x_i 代入式(2-5) 得

$$\hat{y}_i=a+bx_i \quad (i=1,2,\cdots,n)$$

$\hat{y}_i$ 称为回归值（或计算值），它与观测值 y_i 之间的误差用 $\delta_i = y_i - \hat{y}_i$ 表示。“最小二乘”原理就是要使误差平方和

$$Q = \sum_{i=1}^{n} \delta_i^2 = \sum_{i=1}^{n} (y_i - \hat{y}_i)^2 = \sum_{i=1}^{n} (y_i - a - bx_i)^2 \tag{2-6}$$

达到最小，根据极值原理可知，只需将 Q 分别对 a，b 求偏导数并令其为0，即令

$$\begin{cases} \dfrac{\partial Q}{\partial a} = -2\sum_{i=1}^{n}(y_i - a - bx_i) = 0 \\ \dfrac{\partial Q}{\partial b} = -2\sum_{i=1}^{n}(y_i - a - bx_i)x_i = 0 \end{cases} \tag{2-7}$$

由式(2-6) 可以解出

$$a = \bar{y} - b\bar{x}$$

其中
$$\bar{x} = \frac{1}{n}\sum_{i=1}^{n} x_i, \quad \bar{y} = \frac{1}{n}\sum_{i=1}^{n} y_i$$

将式(2-6) 两边同乘以（$-\bar{x}$）再与式(2-7) 相加得

$$\sum_{i=1}^{n}(y_i - a - bx_i)(x_i - \bar{x}) = 0 \tag{2-8}$$

再将 $a = \bar{y} - b\bar{x}$ 代入式(2-8) 整理后可得

$$b = \frac{\sum_{i=1}^{n}(x_i - \bar{x})(y_i - \bar{y})}{\sum_{i=1}^{n}(x_i - \bar{x})^2} = \frac{L_{xy}}{L_{xx}} \tag{2-9}$$

其中

$$L_{xy} = \sum_{i=1}^{n}(x_i - \bar{x})(y_i - \bar{y}) = \sum_{i=1}^{n} x_i y_i - n\overline{xy}$$

$$L_{xx} = \sum_{i=1}^{n}(x_i - \bar{x})^2 = \sum_{i=1}^{n} x_i^2 - n\bar{x}^2$$

再由 $a = \bar{y} - b\bar{x}$ 可求出 a，便可得出 y 与 x 之间的关系

$$\hat{y} = a + bx$$

上式就称为 y 对 x 的回归方程，它所对应的直线就称为回归直线，同理，也可求出 x 对 y 的回归方程

$$\hat{x} = a^* + b^* y$$

（二）回归方程的显著性检验

由上文可看出，对任何一组样品点（x_i, y_i）($i = 1, 2, \cdots, n$)，均可按最小二乘原理配一条直线。如果变量 y 与 x 之间的关系是线性的，此时线性回归方程是显著的；反之，如果变量 y 与 x 之间不是线性关系，却按线性关系予以处理，此时线性回归方程就无多大意义。因此，必须对回归方程的显著性进行检验。下面介绍回归方程的显著性检验方法。

1. 相关系数检验法

首先计算总的离差平方和

$$L_{yy}=\sum_{i=1}^{n}(y_i-\bar{y})^2=\sum_{i=1}^{n}[(y_i-\hat{y}_i)+(\hat{y}_i-\bar{y})]^2$$

$$=\sum_{i=1}^{n}(y_i-\hat{y}_i)^2+\sum_{i=1}^{n}(\hat{y}_i-\bar{y})^2+2\sum_{i=1}^{n}(y_i-\hat{y}_i)(\hat{y}_i-\bar{y})$$

而

$$\sum_{i=1}^{n}(y_i-\hat{y}_i)(\hat{y}_i-\bar{y})=\sum_{i=1}^{n}(y_i-a-bx_i)(a+bx_i-a-b\bar{x})$$

$$=b\sum_{i=1}^{n}(y_i-a-bx_i)(x_i-\bar{x})$$

由式(2-8) 知

$$\sum_{i=1}^{n}(y_i-a-bx_i)(x_i-\bar{x})=0$$

故

$$L_{yy}=\sum_{i=1}^{n}(y_i-\bar{y})^2=\sum_{i=1}^{n}(y_i-\hat{y}_i)^2+\sum_{i=1}^{n}(\hat{y}_i-\bar{y})^2 \quad (2-10)$$

称 $L_{yy}=\sum_{i=1}^{n}(y_i-\bar{y})^2=\sum_{i=1}^{n}y_i^2-n\bar{y}^2$ 为总的离差平方和。

$Q=\sum_{i=1}^{n}(y_i-\hat{y}_i)^2$ 为偏差平方和。

$U=\sum_{i=1}^{n}(\hat{y}_i-\bar{y})^2$ 为回归平方和。

于是式(2-10) 便可写成

$$L_{yy}=U+Q \quad (2-11)$$

在上式中，L_{yy} 反映了观测值总的波动情况；U 是回归值与平均值之差的平方和，它反映了变量 x 与变量 y 关系的密切程度；Q 是观测值与回归值之差的平方和，它反映了观测值与回归值之间的偏差程度，也称为剩余平方和。

设 U 与 L_{yy} 的比值为 $r^2=\dfrac{U}{L_{yy}}$

将其开平方后得

$$r=\sqrt{\frac{U}{L_{yy}}} \quad (2-12)$$

称 r 为回归方程的复相关系数，给定信度 α，查相关系数表得 $r_\alpha(n-2)=r_\alpha$，若 $|r|>r_\alpha$，认为回归方程显著，否则就认为回归方程不显著。

复相关系数 r 也可以用式(2-13) 计算：

$$r=\sqrt{\frac{U}{L_{yy}}}=\sqrt{\frac{L_{yy}-Q}{L_{yy}}}=\sqrt{1-\frac{Q}{L_{yy}}} \quad (2-13)$$

2\. F 检验法

检验回归方程是否显著实际上是检验假设 H_0：$b=0$ 是否成立。可以证明，当假设 H_0：$b=0$ 成立时，统计量

$$F=\frac{U}{Q/(n-2)} \tag{2-14}$$

服从第一自由度为1、第二自由度为 $n-2$ 的 F 分布。这实际上就是方差分析。对于给定的信度 α，查 F 分布表可得相应的临界值 $F_\alpha(1,n-2)=F_\alpha$，如果 $F>F_\alpha$，则拒绝原假设，即认为回归方程显著，如果 $F<F_\alpha$，则接受原假设，即认为回归方程不显著。由此列出方差分析，见表2-2。

表2-2　方差分析表

方差来源	平方和	自由度	平均平方和	F 值
回归	$U=b^2L_{xx}$	1	U	$F=\frac{U}{Q/n-2}$
剩余	$Q=\sum_{i=1}^{n}(y_i-\hat{y}_i)^2$	$n-2$	$Q/(n-2)$	
总和	$L_{yy}=\sum_{i=1}^{n}(y_i-\bar{y})^2$	$n-1$		

从式(2-14) 容易得出统计量 F 与复相关系数 r 之间的关系：

$$F=\frac{(n-2)U}{Q}=\frac{(n-2)U}{L_{yy}-U}=\frac{(n-2)U/L_{yy}}{1-U/L_{yy}}=\frac{(n-2)r^2}{1-r^2} \tag{2-15}$$

（三）用回归方程进行预测

前面已解决了如何检验一个回归方程显著性的问题。如果回归方程是显著的，这就在一定程度上反映了两个相关变量之间的内在规律，于是就可以根据变量 x 的取值来预测或控制 y 的取值。那么用回归方程来预测 y 的精度如何呢？为了研究预测的可靠程度，可以采用类似于区间估计的方法，假定随机变量 y 服从正态分布 $N(\hat{y},\sigma^2)$，由正态分布的性质可知，对于任一固定的 x_i、y_i 有95%的概率落在区间（$\hat{y}_i-1.96\sigma$，$\hat{y}_i+1.96\sigma$）之内。

σ 的估计值为 $\hat{\sigma}=\sqrt{\frac{Q}{n-2}}$，可以在回归直线 $\hat{y}=a+bx$ 上下作二平行线：

$$y'=a+bx-1.96\hat{\sigma}$$
$$y''=a+bx+1.96\hat{\sigma}$$

可以认为，在全部可能出现的观测值 x_i、$y_i(1,2,\cdots,n)$ 中，大约有95%的点落在这两条直线所夹的范围内（图2-3）。

因此，为了预测 y 在范围（x_1，x_2）内时相应的 y 值在什么范围内，可如图2-4所示作出平行线来找到相应范围（y_1，y_2）；反之，要控制 y 在范围（y_1，y_2）内，可事先将影响 y 的因素 x 控制在范围（x_1，x_2）内。

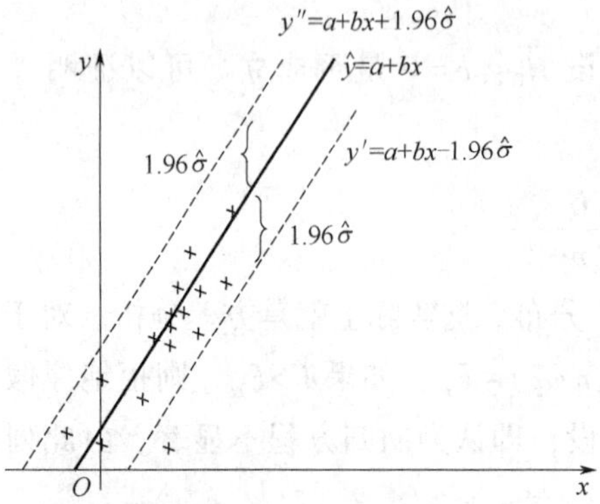

图 2-3　回归直线观测值的分布范围图

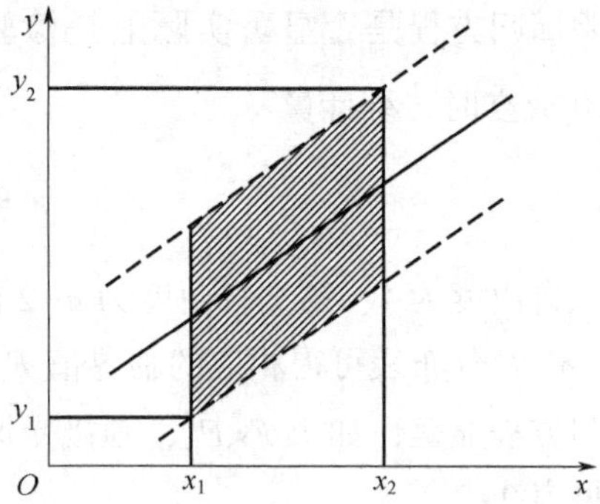

图 2-4　y 值的分布范围图

（四）化非线性为线性的问题

前面介绍的回归分析的计算方法是基于变量之间的关系是线性关系，但有时在实际中所遇到的变量之间的关系不一定是线性关系，为了计算的简便，可以将数据先进行变换，然后用变换后的数据进行回归，再代回到原来的变量，从而求得原变量之间的关系，下面仅考虑几种情况。

1. 指数关系

指数关系的关系式为

$$\hat{y}=ax^b$$

对 ax^b 取对数，得

$$\hat{y}=\ln a+b\ln x$$

令 $a'=\ln a$，$x'=\ln x$，则化为线性的

$$\hat{y}=a'+bx'$$

2. 对数关系

对数关系的关系式为

$$\ln\hat{y}=a+bx$$

令 $\hat{y}'=\ln\hat{y}$，则化为线性的

$$\hat{y}'=a+bx$$

3. 双曲线关系

双曲线关系的关系式为

$$\frac{1}{\hat{y}}=a+b\,\frac{1}{x}$$

令 $\hat{y}'=\dfrac{1}{\hat{y}}$，$x'=\dfrac{1}{x}$，则化为线性的

$$\hat{y}'=a+bx'$$

对其他的线性或非线性的关系，也可进行类似的变换，利用线性回归分析求得回归系数后再换算成原变量之间的关系。

【**例 2-2**】 利用表 2-1 的数据，试建立渗透率与孔隙度之间的回归方程并进行显著性检验。

解：设想可用如下关系式

$$\lg\widehat{K}=a+b\phi$$

来表示孔隙度和渗透率的关系，令 $\hat{y}=\lg\widehat{K}$，$x=\phi$，则可化为线性来处理。

（1）首先建立回归方程，经计算

$$\bar{x}=\frac{1}{n}\sum_{i=1}^{n}x_i=8.7355,\quad \bar{y}=\frac{1}{n}\sum_{i=1}^{n}y_i=-1.18232$$

$$L_{xy}=\sum_{i=1}^{n}x_iy_i-n\overline{xy}=64.82503,\quad L_{xx}=\sum_{i=1}^{n}x_i^2-n\bar{x}^2=305.6301$$

所以有

$$b=\frac{L_{xy}}{L_{xx}}=\frac{64.82503}{305.6301}=0.2121$$

$$a=\bar{y}-b\bar{x}=-1.18232-0.2121\times 8.7355=-3.0351$$

于是回归方程为

$$\hat{y}=-3.0351+0.2121x$$

换成原变量就是

$$\lg\widehat{K}=-3.0351+0.2121\phi$$

也就是

$$\widehat{K}=10^{-3.0351+0.2121\phi}$$

复相关系数为

$$r=\sqrt{\frac{U}{L_{yy}}}=\sqrt{\frac{\sum_{i=1}^{n}(\hat{y}_i-\bar{y})^2}{\sum_{i=1}^{n}(y_i-\bar{y})^2}}=\frac{13.7496}{18.5051}=0.86197$$

（2）对回归方程的显著性检验。

给定信度 $\alpha=0.05$，查 F 分布表得 $F_{0.05}(1,18)=4.41$，制成方差分析表，见表 2-3。

表 2-3 方差分析表

方差	平方和	自由度	平均平方和	F 统计量	F_α
回归	$U=13.7496$	1	13.7496	$F=\frac{U}{Q/n-2}=52.0424$	4.41
剩余	$Q=4.7555$	$n-2$	0.2642		
总和	$L_{yy}=18.5051$	$n-1$			

统计量 $F=52.0424\gg F_\alpha=4.41$，所以回归方程高度显著，而

$$\hat{\sigma}=\sqrt{\frac{Q}{n-2}}=\sqrt{\frac{4.7555}{18}}=0.514$$

$$1.96\hat{\sigma}=1.96\times0.514=1.0074$$

于是可以预料渗透率 K 将以 95%的概率落在两条曲线 L_1：$\hat{K}'=10^{-4.0425+0.2121\phi}$ 和 L_2：$\hat{K}''=10^{-2.0277+0.2121\phi}$ 之间。

二、多元线性回归分析

在石油地质问题中，往往遇到影响因变量的因素众多，如研究渗透率与孔隙度、粒度中值、泥质含量、分选系数等的关系，这就需要用多元回归分析方法。多元回归分析在石油地质学中应用广泛，其基本原理与一元回归分析相同，只不过由于因素众多，计算起来较复杂而已。下面介绍多元线性回归分析。

（一）多元线性回归方程的求法

设有 p 个自变量 x_1，x_2，…，x_p 与因变量 y，估计它们有如下的关系式

$$\hat{y}=b_0+b_1x_1+b_2x_2+\cdots+b_px_p \tag{2-16}$$

它表示 p 维空间的一“超平面”，与一元线性回归相同，应用最小二乘原理来确定式中的系数 b_0，b_1，b_2，…，b_p。这里 $b_i(i=1,2,\cdots,p)$ 称为偏回归系数。

设对变量 x_1，x_2，…，x_p，y 作了 n 次观测：

$$\underset{p\times n}{\boldsymbol{X}}=\begin{bmatrix} x_{11} & x_{12} & \cdots & x_{1n} \\ x_{21} & x_{22} & \cdots & x_{2n} \\ \vdots & \vdots & & \vdots \\ x_{p1} & x_{p2} & \cdots & x_{pn} \end{bmatrix},\quad \boldsymbol{Y}=\begin{bmatrix} y_1 \\ y_2 \\ \vdots \\ y_n \end{bmatrix}$$

将第 α 个样品代入式(2-16)，则有

$$\hat{y}_\alpha=b_0+b_1x_{1\alpha}+b_2x_{2\alpha}+\cdots+b_px_{p\alpha} \quad (\alpha=1,2,\cdots,n)$$

利用最小二乘原理，要使

$$Q=\sum_{\alpha=1}^{n}(y_\alpha-\hat{y}_\alpha)^2 \tag{2-17}$$

最小，将 $\hat{y}_\alpha=b_0+b_1x_{1\alpha}+b_2x_{2\alpha}+\cdots+b_px_{p\alpha}$ 代入式(2-17)，根据微积分中求极值的方法，将 Q 分别对 b_0，b_1，b_2，…，b_p 求偏导数，得到 $p+1$ 个方程：

$$\begin{cases} \dfrac{\partial Q}{\partial b_0}=2\sum\limits_{\alpha=1}^{n}(y_\alpha-b_0-b_1x_{1\alpha}-\cdots-b_px_{p\alpha})(-1)=0 \\ \dfrac{\partial Q}{\partial b_i}=2\sum\limits_{\alpha=1}^{n}(y_\alpha-b_0-b_1x_{1\alpha}-\cdots-b_px_{p\alpha})(-x_{i\alpha})=0 \end{cases} \tag{2-18}$$

$$(i=1,2,\cdots,p)$$

将式(2-18) 整理后再写成矩阵形式就是

$$\begin{bmatrix} n & \sum_{\alpha=1}^{n} x_{1\alpha} & \sum_{\alpha=1}^{n} x_{2\alpha} & \cdots & \sum_{\alpha=1}^{n} x_{p\alpha} \\ \sum_{\alpha=1}^{n} x_{1\alpha} & \sum_{\alpha=1}^{n} x_{1\alpha}^2 & \sum_{\alpha=1}^{n} x_{1\alpha}x_{2\alpha} & \cdots & \sum_{\alpha=1}^{n} x_{1\alpha}x_{p\alpha} \\ \sum_{\alpha=1}^{n} x_{2\alpha} & \sum_{\alpha=1}^{n} x_{2\alpha}x_{1\alpha} & \sum_{\alpha=1}^{n} x_{2\alpha}^2 & \cdots & \sum_{\alpha=1}^{n} x_{2\alpha}x_{p\alpha} \\ \vdots & \vdots & \vdots & & \vdots \\ \sum_{\alpha=1}^{n} x_{p\alpha} & \sum_{\alpha=1}^{n} x_{p\alpha}x_{1\alpha} & \sum_{\alpha=1}^{n} x_{p\alpha}x_{2\alpha} & \cdots & \sum_{\alpha=1}^{n} x_{p\alpha}^2 \end{bmatrix} \begin{bmatrix} b_0 \\ b_1 \\ b_2 \\ \vdots \\ b_p \end{bmatrix} = \begin{bmatrix} \sum_{\alpha=1}^{n} y_\alpha \\ \sum_{\alpha=1}^{n} x_{1\alpha}y_\alpha \\ \sum_{\alpha=1}^{n} x_{2\alpha}y_\alpha \\ \vdots \\ \sum_{\alpha=1}^{n} x_{p\alpha}y_\alpha \end{bmatrix} \tag{2-19}$$

解方程组(2-19) 可得回归系数 $b_0, b_1, b_2, \cdots, b_p$。

由式(2-18) 的第一个方程可以解出

$$b_0 = \bar{y} - b_1\bar{x}_1 - b_2\bar{x}_2 - \cdots - b_p\bar{x}_p = \bar{y} - \sum_{i=1}^{p} b_i\bar{x}_i \tag{2-20}$$

其中 $$\bar{y} = \frac{1}{n}\sum_{\alpha=1}^{n} y_\alpha, \quad \bar{x}_i = \frac{1}{n}\sum_{\alpha=1}^{n} x_{i\alpha} \quad (i = 1, 2, \cdots, p)$$

将 $b_0 = \bar{y} - \sum_{i=1}^{p} b_i\bar{x}_i$ 再代入式(2-18) 的后 p 个方程，整理后可得

$$\begin{gathered} L_{11}b_1 + L_{12}b_2 + \cdots + L_{1p}b_p = L_{1y} \\ L_{21}b_1 + L_{22}b_2 + \cdots + L_{2p}b_p = L_{2y} \\ \vdots \\ L_{p1}b_1 + L_{p2}b_2 + \cdots + L_{pp}b_p = L_{py} \end{gathered}$$

写成矩阵形式就是

$$\begin{bmatrix} L_{11} & L_{12} & \cdots & L_{1p} \\ L_{21} & L_{22} & \cdots & L_{2p} \\ \vdots & \vdots & & \vdots \\ L_{p1} & L_{p2} & \cdots & L_{pp} \end{bmatrix} \begin{bmatrix} b_1 \\ b_2 \\ \vdots \\ b_p \end{bmatrix} = \begin{bmatrix} L_{1y} \\ L_{2y} \\ \vdots \\ L_{py} \end{bmatrix} \tag{2-21}$$

式(2-21) 称为正规方程组。其中

$$L_{ii} = \sum_{\alpha=1}^{n} (x_{i\alpha} - \bar{x}_i)^2 = \sum_{\alpha=1}^{n} x_{i\alpha}^2 - n\bar{x}_i^2$$

$$L_{ij} = \sum_{\alpha=1}^{n} (x_{i\alpha} - \bar{x}_i)(x_{j\alpha} - \bar{x}_j) = \sum_{i=1}^{n} x_{i\alpha}x_{j\alpha} - n\bar{x}_i\bar{x}_j \quad (i, j = 1, 2, \cdots, p)$$

$$L_{iy} = \sum_{\alpha=1}^{n} (x_{i\alpha} - \bar{x}_i)(y_\alpha - \bar{y}) = \sum_{\alpha=1}^{n} x_{i\alpha}y_\alpha - n\bar{x}_i\bar{y}$$

由正规方程组（2-21）解出 b_1，b_2，…，b_p，再由式(2-19) 可求得

$$b_0 = \bar{y} - \sum_{i=1}^{p} b_i\bar{x}_i$$

从而求得“最佳”的回归超平面

$$\hat{y}=b_0+b_1x_1+b_2x_2\cdots+b_px_p$$

如果将式(2-21) 的第 i 个方程两边同除以 $\sqrt{L_{ii}L_{yy}}$，然后第 j 项分子、分母同乘以 $\sqrt{L_{jj}}$ 可得

$$\frac{L_{i1}}{\sqrt{L_{ii}L_{yy}}}\frac{\sqrt{L_{11}}}{\sqrt{L_{11}}}b_1+\frac{L_{i2}}{\sqrt{L_{ii}L_{yy}}}\frac{\sqrt{L_{22}}}{\sqrt{L_{22}}}b_2+\cdots+\frac{L_{ip}}{\sqrt{L_{ii}L_{yy}}}\frac{\sqrt{L_{pp}}}{\sqrt{L_{pp}}}b_p=\frac{L_{iy}}{\sqrt{L_{ii}L_{yy}}}$$
$$(i=1,2,\cdots,p)$$

令 $b_j'=\sqrt{\frac{L_{jj}}{L_{yy}}}b_j(j=1,2,\cdots,p)$，然后根据求相关系数的公式

$$r_{ij}=\frac{L_{ij}}{\sqrt{L_{ii}L_{jj}}}=\frac{\sum_{\alpha=1}^{n}(x_{i\alpha}-\bar{x}_i)(x_{j\alpha}-\bar{x}_j)}{\sqrt{\sum_{i=1}^{n}(x_{i\alpha}-\bar{x}_i)^2\sum_{i=1}^{n}(x_{j\alpha}-\bar{x}_j)^2}}$$

$$r_{iy}=\frac{L_{iy}}{\sqrt{L_{ii}L_{yy}}}=\frac{\sum_{\alpha=1}^{n}(x_{i\alpha}-\bar{x}_i)(y_\alpha-\bar{y})}{\sqrt{\sum_{i=1}^{n}(x_{i\alpha}-\bar{x}_i)^2\sum_{i=1}^{n}(y_\alpha-\bar{y})^2}}$$

则上式可写成

$$r_{i1}b_1'+r_{i2}b_2'+\cdots+r_{ip}b_p'=r_{iy}\quad(i=1,2,\cdots,p)$$

写成矩阵形式就是

$$\begin{bmatrix} r_{11} & r_{12} & \cdots & r_{1p} \\ r_{21} & r_{22} & \cdots & r_{2p} \\ \vdots & \vdots & & \vdots \\ r_{p1} & r_{p2} & \cdots & r_{pp} \end{bmatrix}\begin{bmatrix} b_1' \\ b_2' \\ \vdots \\ b_p' \end{bmatrix}=\begin{bmatrix} r_{1y} \\ r_{2y} \\ \vdots \\ r_{py} \end{bmatrix} \tag{2-22}$$

称方程组（2-22）为标准化正规方程组，b_1'，b_2'，…，b_p'为标准回归系数，当解出标准回归系数后，可得标准回归方程

$$\hat{y}'=b_1'x_1'+b_2'x_2'\cdots+b_p'x_p' \tag{2-23}$$

可以证明 $b_0'=0$，根据关系式 $b_j'=\sqrt{\frac{L_{jj}}{L_{yy}}}b_j$，则原回归系数为 $b_j=\sqrt{\frac{L_{yy}}{L_{jj}}}b_j'(j=1,2,\cdots,p)$，$b_0=\bar{y}-\sum_{i=1}^{p}b_i\bar{x}_i$。

如果将原始数据标准化：

$$x_{i\alpha}'=\frac{x_{i\alpha}-\bar{x}_i}{S_i},\quad y_\alpha'=\frac{y_\alpha-\bar{y}}{S_y}$$

其中

$$\bar{x}_i=\frac{1}{n}\sum_{\alpha=1}^{n}x_{i\alpha},\quad \bar{y}=\frac{1}{n}\sum_{\alpha=1}^{n}y_\alpha$$

$$S_i=\sqrt{\frac{1}{n}\sum_{\alpha=1}^{n}(x_{i\alpha}-\bar{x}_i)^2},\quad S_y=\sqrt{\frac{1}{n}\sum_{\alpha=1}^{n}(y_\alpha-\bar{y})^2}\quad(i=1,2,\cdots,p)$$

然后用标准化后的数据进行回归，可得正规方程组为

$$\begin{bmatrix} L'_{11} & L'_{12} & \cdots & L'_{1p} \\ L'_{21} & L'_{22} & \cdots & L'_{2p} \\ \vdots & \vdots & & \vdots \\ L'_{p1} & L'_{p2} & \cdots & L'_{pp} \end{bmatrix} \begin{bmatrix} b'_1 \\ b'_2 \\ \vdots \\ b'_p \end{bmatrix} = \begin{bmatrix} L'_{1y} \\ L'_{2y} \\ \vdots \\ L'_{py} \end{bmatrix} \tag{2-24}$$

由于

$$\bar{x}'_i = \frac{1}{n}\sum_{\alpha=1}^{n} x'_{i\alpha} = \frac{1}{n}\sum_{\alpha=1}^{n} \frac{x_{i\alpha}-\bar{x}_i}{S_i} = \frac{1}{S_i}\left(\frac{1}{n}\sum_{\alpha=1}^{n} x_{i\alpha} - \frac{1}{n}\sum_{\alpha=1}^{n}\bar{x}_i\right) = 0 \quad (i=1,2,\cdots,p)$$

$$\bar{y}' = \frac{1}{n}\sum_{\alpha=1}^{n} y'_{\alpha} = \frac{1}{n}\sum_{\alpha=1}^{n} \frac{y_{\alpha}-\bar{y}}{S_y} = \frac{1}{S_y}\left(\frac{1}{n}\sum_{\alpha=1}^{n} y_{\varepsilon} - \frac{1}{n}\sum_{\alpha=1}^{n}\bar{y}\right) = 0$$

所以就有

$$L'_{ij} = \sum_{\alpha=1}^{n}(x'_{i\alpha}-\bar{x}'_i)(x'_{j\alpha}-\bar{x}'_j) = \sum_{\alpha=1}^{n} x'_{i\alpha}x'_{j\alpha} = \sum_{\alpha=1}^{n} \frac{x_{i\alpha}-\bar{x}_i}{S_i}\frac{x_{j\alpha}-\bar{x}_j}{S_j}$$

$$= \frac{L_{ij}}{\sqrt{S_{ii}S_{jj}}} = \frac{nS_{ij}}{\sqrt{S_{ii}S_{jj}}} = nr_{ij} \quad (i,j=1,2,\cdots,p)$$

$$L'_{iy} = \sum_{\alpha=1}^{n}(x'_{i\alpha}-\bar{x}'_i)(y'_{\alpha}-\bar{y}') = \sum_{\alpha=1}^{n} x'_{i\alpha}y'_{\alpha} = \sum_{\alpha=1}^{n} \frac{x_{i\alpha}-\bar{x}_i}{S_i}\frac{y_{\alpha}-\bar{y}}{S_y}$$

$$= \frac{L_{iy}}{\sqrt{S_{ii}S_{yy}}} = \frac{nS_{iy}}{\sqrt{S_{ii}S_{yy}}} = nr_{iy} \quad (i=1,2,\cdots,p)$$

代入方程组（2-24），两边同除以 n 同样可得

$$\begin{bmatrix} r_{11} & r_{12} & \cdots & r_{1p} \\ r_{21} & r_{22} & \cdots & r_{2p} \\ \vdots & \vdots & & \vdots \\ r_{p1} & r_{p2} & \cdots & r_{pp} \end{bmatrix} \begin{bmatrix} b'_1 \\ b'_2 \\ \vdots \\ b'_p \end{bmatrix} = \begin{bmatrix} r_{1y} \\ r_{2y} \\ \vdots \\ r_{py} \end{bmatrix}$$

而 $b'_0 = \bar{y}' - \sum_{i=1}^{p} b'_i\bar{x}'_i = 0$。

（二）多元线性回归方程的显著性检验

对于给定的一组数据，均可按最小二乘原理配一个回归超平面，但是不确定因变量 y 与自变量之间到底是不是线性关系，这样配置的回归超平面是否有实际意义，因此必须要对回归方程的显著性进行检验。与一元线性回归分析一样，把总的离差平方和分解成两部分，即

$$L_{yy} = Q + U$$

其中，$L_{yy} = \sum_{\alpha=1}^{n}(y_{\alpha}-\bar{y})^2 = \sum_{\alpha=1}^{n} y_{\alpha}^2 - n\bar{y}^2$ 是总的离差平方和，$Q = \sum_{\alpha=1}^{n}(y_{\alpha}-\hat{y}_{\alpha})^2$ 是偏差平方和，$U=L_{yy}-Q$ 是回归平方和。对回归平方和 U 也可用下式计算：

$$U = \sum_{\alpha=1}^{n}(\hat{y}_{\alpha}-\bar{y})^2 = \sum_{\alpha=1}^{n}\left[\left(b_0 + \sum_{i=1}^{p} b_i x_{i\alpha}\right) - \left(b_0 + \sum_{i=1}^{p} b_i\bar{x}_i\right)\right]^2$$

$$= \sum_{\alpha=1}^{n}\left[\sum_{i=1}^{p} b_i(x_{i\alpha}-\bar{x}_i)\right]^2 = \sum_{\alpha=1}^{n}\left[\sum_{i=1}^{p} b_i(x_{i\alpha}-\bar{x}_i)\right]\left[\sum_{j=1}^{p} b_j(x_{j\alpha}-\bar{x}_j)\right]$$

$$= \sum_{i=1}^{p} b_i \sum_{j=1}^{p} b_j \sum_{\alpha=1}^{n}(x_{i\alpha}-\bar{x}_i)(x_{j\alpha}-\bar{x}_j)$$

$$= \sum_{i=1}^{p} b_i \sum_{j=1}^{p} b_j L_{ij} = \sum_{i=1}^{n} b_i(L_{i1}b_1 + L_{i2}b_2 + \cdots + L_{ip}b_p)$$

$$= \sum_{i=1}^{p} b_i L_{iy} \tag{2-25}$$

可以证明，当假设

$$b_1 = b_2 = \cdots = b_p = 0$$

成立时，统计量

$$F = \frac{U/p}{Q/(n-p-1)} = \frac{(n-p-1)U}{pQ} \tag{2-26}$$

遵从第一自由度为 p、第二自由度为 $n-p-1$ 的 F 分布，因此，可以利用方差分析，对回归方程的显著性进行检验，列出方差分析表（表 2-4）。

表 2-4　方差分析表

方差来源	平方和	自由度	平均平方和	F 值	显著性
回归	$U = \sum_{i=1}^{p} b_i L_{iy}$	p	U/p	$F = \frac{U/p}{Q/(n-p-1)}$	
剩余	$Q = L_{yy} - U$	$n-p-1$	$\frac{Q}{n-p-1}$		
总和	$L_{yy} = Q + U$	$n-1$			

对于给定信度 α，查 F 分布表，得出相应的临界值 $F_\alpha(p, n-p-1) = F_\alpha$，当 $F > F_\alpha$ 时，则否定原假设，认为回归方程是显著的，有实际价值；当 $F < F_\alpha$ 时，则接受原假设，认为回归方程不显著。与一元线性回归一样，也可以利用复相关系数来衡量 y 与这些变量 $x_i(i=1,2,\cdots,p)$ 之间的密切程度。

$$r = \sqrt{\frac{U}{L_{yy}}} = \sqrt{1-\frac{Q}{L_{yy}}} \tag{2-27}$$

当 r 越接近于 1 时，表明 y 与这些变量 $x_i(i=1,2,\cdots,p)$ 的线性关系密切；当 r 越接近于 0 时，表明 y 与这些变量 $x_i(i=1,2,\cdots,p)$ 的线性关系不密切，甚至不存在线性关系，因此，称 r 为 y 与 $x_i(i=1,2,\cdots,p)$ 的复相关系数。

必须指出：不能单纯从 r 的大小来评价回归效果的好坏。还必须看到 r 与回归方程中自变量个数 p 以及观测组数 n 有关，因此仍需作相关检验才行。

由于

$$F = \frac{U/p}{Q/(n-p-1)} = \frac{r^2/p}{(1-r^2)/(n-p-1)} = \frac{(n-p-1)r^2}{p(1-r^2)}$$

故由 r 和 F 的定义，可以导出下面关系式

$$r = \sqrt{\frac{pF}{(n-p-1)+pF}} \tag{2-28}$$

从上面的关系可看到，r 值应取多大才算有显著的回归效果。对于给定的信度 α，先查 F 分布表得出相应的临界值 F_α，再算出 r 的临界值 r_α：

$$r_\alpha = \sqrt{\frac{pF_\alpha}{(n-p-1)+pF_\alpha}} \tag{2-29}$$

只有当 $r>r_\alpha$ 时，回归方程才认为是显著的。

在实际问题中，常常并不满足于判断线性回归方程是否显著，还要判断在所考虑的因素中，哪些是影响 y 的主要因素，哪些又是次要因素。对于那些次要的、无足轻重的因素总是愿意尽可能地去掉，而保留那些起主要作用的重要的因素。这样建立起的回归方程就更有利于对 y 进行预测和控制。由于 $L_{yy}=Q+U$，对于给定的资料，L_{yy} 是已知的，因此，Q 越小，U 就越大，反之亦然。可见，要使 U 越大，就必须增加回归方程中自变量的个数，借以降低 Q 的值。如果在所考虑的回归方程中随便去掉一个变量，另建立一个新回归方程，这时新回归方程也就少了个变量，因此，它的回归平方和只能减少，不会增加。减少的数值越大，就说明该变量在回归中起的作用越大，从而该变量是个重要变量，因此也就不宜将它从回归方程中去掉。

相反，如果回归平方和减少不明显，就说明该变量不是那么重要，去掉后也无妨大局。把去掉一个变量后回归平方和减少的数值，称为 y 对该变量的偏回归平方和。因此偏回归平方和便可以用来衡量每个因素在回归中所起作用的大小，也就是用以衡量每个变量对 y 影响程度的大小，从而判断该变量重要还是不重要。

设 $U^{(s)}$ 表示由 s 个自变量所组成的回归方程的回归平方和，$U^{(s-1)}$ 表示从 s 个自变量中去掉一个自变量 x_i 后所得到的新回归方程的回归平方和，于是 y 对 x_i 的偏回归平方和可表示为

$$p_i = U^{(s)} - U^{(s-1)} = \frac{b_i^2}{c_{ii}} \tag{2-30}$$

式中，b_i 为 x_i 所对应的偏回归系数，c_{ii} 是正规方程组系数矩阵的逆矩阵主对角线上第 i 个元素。凡是偏回归平方和 p_i 大者，一定是对 y 有重要影响的因素。偏回归平方和 p_i 要大到什么程度时才算作该因素是重要的呢？为此，用统计量

$$F_i = \frac{p_i}{Q/(n-p-1)} \tag{2-31}$$

进行检验，式中 F_i 是服从自由度为 1 和 $n-p-1$ 的 F 分布。对于给定的信度 α，经 F 检验是显著的变量，则说明该变量对 y 有重要影响，这变量应保留在回归方程中。若经检验是不显著的变量，则可根据实际情况把偏回归平方和最小的那个变量去掉，比如该变量是 x_j，由回归方程中去掉一个变量 x_j 后，新回归方程的系数 b_i^* 需要重新计算，这时利用下面公式

$$b_i^* = b_i - \frac{c_{ij}}{c_{jj}} b_j \quad (i \neq j) \tag{2-32}$$

便可算出 b_i^*，从而得出新回归方程。对于所得的新回归方程仍需进行 F 检验，使最终建立的回归方程既显著又只含有重要的变量。

（三）利用回归方程进行预测

前面对于 n 组观测数据（$y_\alpha;x_{1\alpha},x_{2\alpha},\cdots,x_{p\alpha}$）($\alpha=1,2,\cdots,n$)，根据最小二乘原理建立了多元线性回归方程

$$\hat{y}=b_0+b_1x_1+b_2x_2+\cdots+b_px_p$$

如果经过检验回归方程是显著的，为了进行预测，需要了解数据偏离回归面的大小程度，即需要讨论回归方程的精度。与一元线性回归分析相同，用

$$\hat{\sigma}=\sqrt{\frac{Q}{n-p-1}} \tag{2-33}$$

表示 y 偏离回归平面的误差。当各变量 $x_1,x_2,\cdots,x_p$ 取固定值 $x_{01},x_{02},\cdots,x_{0p}$ 时，对给定的信度 $\alpha=0.05$，根据回归方程可以预测相应的观察值 y_0 将以 95%的概率落在区间（$\hat{y}_0-1.96\hat{\sigma},\hat{y}_0+1.96\hat{\sigma}$）之内。

在回归超平面 $\hat{y}=b_0+b_1x_1+b_2x_2+\cdots+b_px_p$ 的上、下分别作与回归超平面平行的平面：

$$\pi_1: y'=b_0+b_1x_1+b_2x_2+\cdots+b_px_p-1.96\hat{\sigma}$$

$$\pi_2: y''=b_0+b_1x_1+b_2x_2+\cdots+b_px_p+1.96\hat{\sigma}$$

则可以预料全部观察数据将以 95%的概率落在平面 π_1 与 π_2 之间。

【例 2-3】 从某油田某储层取得 27 个岩心样品，经孔隙结构分析后得出每个样品孔隙度 ϕ、孔喉均值 MD、分选 SP、排驱压力 p_d 的数据，试求 ϕ 与其他三个变量之间的线性回归方程并进行检验（表 2-5）。

表 2-5　储层岩心样品原始数据表

序号	MD	SP	p_d（MPa）	ϕ（%）
1	14.03	2.3	6.4	2.73
2	13.67	1.98	12.8	1.02
3	13.94	2.24	6.4	4.96
4	14.19	2.17	12.8	3.54
5	12.96	2.51	3.2	4.72
6	12.81	1.98	6.4	4.98
7	13.58	2.57	6.4	2.65
8	13.44	2.4	6.4	4.41
9	14	2.22	6.4	0.9
10	11.45	2.57	3.2	3.54
11	12.31	3.11	0.8	20.3
12	11.57	2.87	0.8	18.2
13	11.96	2.99	0.8	17.2
14	11.36	2.95	0.2	17.4
15	12.13	2.97	0.4	18.2
16	12.94	2.78	1.6	18.3
17	11.39	3.25	0.2	17.16

续表

序号	MD	SP	p_d（MPa）	ϕ（%）
18	13.74	2.45	3.2	7.57
19	11.07	2.74	0.8	9.94
20	12.88	2.67	3.2	10.7
21	13.77	2.61	3.2	10
22	14.23	2.45	12.8	8.14
23	12.8	2.81	3.2	9.58
24	10.99	2.7	0.2	10.9
25	13.59	2.05	3.2	7.73
26	11.71	2.57	1.6	8
27	14.13	2.3	12.8	9.37

解：首先计算 x_1(MD)、x_2(SP)、$x_3(p_d)$、$y(\phi)$ 的平均值得

$$\bar{x}_1=12.8382、\bar{x}_2=2.5634、\bar{x}_3=4.4222、\bar{y}=9.3385$$

然后利用公式

$$L_{ii}=\sum_{\alpha=1}^{n}(x_{i\alpha}-\bar{x}_i)^2=\sum_{\alpha=1}^{n}x_{i\alpha}^2-n\bar{x}_i^2$$

$$L_{ij}=\sum_{\alpha=1}^{n}(x_{i\alpha}-\bar{x}_i)(x_{j\alpha}-\bar{x}_j)=\sum_{\alpha=1}^{n}x_{i\alpha}x_{j\alpha}-n\bar{x}_i\bar{x}_j,L_{iy}=\sum_{\alpha=1}^{n}(x_{i\alpha}-\bar{x}_i)(y_\alpha-\bar{y})=\sum_{\alpha=1}^{n}x_{i\alpha}y_\alpha-n\overline{xy}$$

$$L_{yy}=\sum_{\alpha=1}^{n}(y_\alpha-\bar{y})^2=\sum_{\alpha=1}^{n}y_\alpha^2-n\bar{y}^2$$

算出

L_{ij}	x_1	x_2	x_3	y
x_1	30.49	−6.58	90.62	−96.36
x_2		3.03	−26.9	44.42
x_3			452.75	−417.24
y				939.42

于是得正规方程组

$$\begin{cases}30.49b_1-6.58b_2+90.62b_3=-96.36\\-6.58b_1+3.03b_2-26.9b_3=44.42\\90.62b_1-26.93b_2+452.75b_3=-417.24\end{cases}$$

解上述正规方程组，得

$$b_1=0.31,b_2=13.96,b_3=-0.15,b_0=\bar{y}-\sum_{\alpha=1}^{3}b_i\bar{x}_i=-29.68$$

从而得回归方程为

$$\hat{y}=-29.68+0.31x_1+13.96x_2-0.15x_3$$

其次进行回归效果检验并计算复相关系数，因为

$$U=\sum_{i=1}^{3} b_i L_{iy}=654.21$$

$$L_{yy}=\sum_{\alpha=1}^{27}(y_\alpha-\bar{y})^2=939.42$$

所以

$$Q=L_{yy}-U=285.21$$

列出方差分析，见表2-6。

表2-6　方差分析表

方差来源	平方和	自由度	平均离差平方和	F值	显著性
回归	654.21	3	218.07	17.59	显著
剩余	285.21	23	12.4		
总和	939.42	26			

对于给定的信度$\alpha=0.01$，查F分布表得相应自由度为（3，23）时的临界值$F_{0.01}=4.76$，由于$F=17.59\gg4.76$，可知回归方程是高度显著的。

$$r=\sqrt{1-\frac{Q}{L_{yy}}}=0.83$$

可见，$y(\phi)$与诸变量线性相关密切。

在一元非线性回归分析中，当难以选择回归曲线的类型时，常采用多项式

$$\hat{y}=b_0+b_1x+b_2x^2+\cdots+b_px^p$$

去求回归方程，这是由于多项式可以拟合非常广泛的各种曲线的缘故，这时只要令$x_1=x$，$x_2=x^2,\cdots,x_p=x^p$，于是上述问题便化为多元线性回归了，即

$$\hat{y}=b_0+b_1x_1+b_2x_2+\cdots+b_px_p$$

上面所谈的是只有一个变量的情况，如果要讨论两个自变量的多项式

$$\hat{y}=b_0+b_1x_1+b_2x_2+b_3x_1^2+b_4x_1x_2+b_5x_2^2+\cdots$$

这时也可化成线性回归来解决。为此只要令：

$$x_1=x_1',x_2=x_2',x_1^2=x_3',x_1x_2=x_4',x_2^2=x_5',\cdots$$

于是

$$\hat{y}=b_0+b_1x_1'+b_2x_2'+b_3x_3'+b_4x_4'+b_5x_5'+\cdots$$

这样就把y对两个自变量x_1，x_2的多项式回归化为y对$x_1',x_2',\cdots$的线性回归了。

第四节　趋势面分析及应用

一、趋势面分析的概念

某些区域化地质变量，如地层面的深度、地层厚度、储层油气黏度和相对密度、地层

水矿化度、油气地表化探指标等，均可认为其分布在三维空间的某个曲面 G 上。若已知 G，则可根据它来研究这些地质变量在区域上的分布规律和局部特征。

实际的工作中无法得到准确的 G，但却可以根据已知的观测数据：$M_i(x_i, y_i, z_i)(i=1, 2, \cdots, n)$，构造（拟合）一个近似于 G 的数学曲面 L（图 2-5）。一般把这个拟合的曲面 L 称为趋势面。

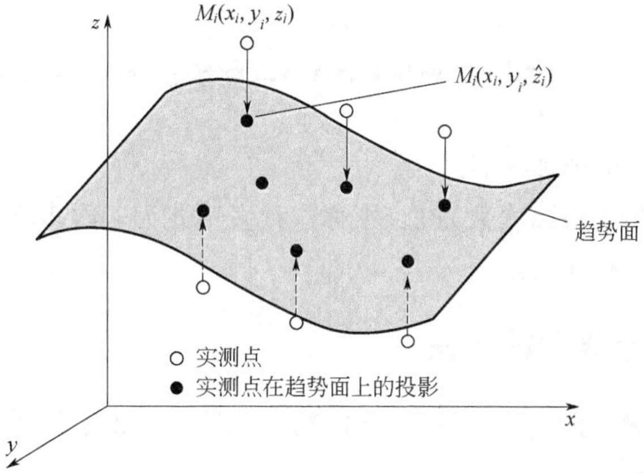

图 2-5　趋势面示意图

趋势是指事物发展的总的趋向，它不受局部因素的影响而由总的规律所支配，包含着与空间地理坐标（x，y）相关的三部分信息：

（1）反映区域性变化的：数据中反映总体规律性变化的部分，由地质区域构造、区域岩相、区域背景等大区域因素所决定。

（2）反映局部性变化的：反映局部范围的变化特征。

（3）反映随机性变化的：它是由各种随机因素造成的偏差。

地质变量可分为区域性变化、局部性变化、随机性变化，即

$$X = X_{区} + X_{局} + X_{随}$$

式中　$X_{区}$——区域性或总的趋势；

$X_{局}$——在区域性基础上的局部性变化，次级变化；

$X_{随}$——无规律，是观测时的随机性变化。

趋势面分析就是在空间中已知点 $M_i(x_i, y_i, z_i)$ 的控制下，拟合一个连续的数学曲面，并以此研究地质变量在区域上和局部范围内变化规律的一种统计方法。

拟合的数学曲面称为趋势面。多项式和傅里叶级数是趋势面分析常用的数学模型。

最常用的是多项式趋势面分析。

地质变量的实测数据 $M_i(x_i, y_i, z_i)$ 分布在趋势面上或趋势面上下。

（1）根据空间变量的数值，用一定的数学方法找一个数学面，去代表（逼近或拟合）该空间变量客观存在着的区域性变化，从而发现其区域性变化规律（用趋势面表示）。

（2）把某空间变量中的区域性分量去掉，突出局部性分量，从而更清晰地发现和表达局部异常（剩余偏差图表示）。

（3）上述两个方面的分析，为研究空间现象提供了数学依据，进而达到地质预测目的，这就是趋势面分析的实质。

二、趋势面的求取

（一）多项式趋势面的一般形式

一般形式为

$$z=\beta_1+\beta_2x+\beta_3y+\beta_4x^2+\beta_5xy+\beta_6y^2+\cdots$$

式中　z——地质变量；

　　x，y——观测点的地理坐标。

若多项式中自变量的最高次数为 k，则称这种多项式为 k 次多项式。多项式趋势面的形态将随着 k 的增大而趋向复杂。

（二）多项式趋势面的求法

设有一组地质观测数据 $(x_i,y_i,z_i)(i=1,2,\cdots,n)$，$x_i$ 和 y_i 分别为观测点的横坐标与纵坐标，z_i 为某地质变量。

用一次多项式趋势面：

$$\hat{z}=b_0+b_1x+b_2y$$

来逼近原始数据。根据最小二乘原理，应使每个观测值 z_i 与趋势值 $Z_i(i=1,2,\cdots,n)$ 的偏差平方和为最小，即使

$$Q=\sum_{i=1}^{n}(z_i-b_0-b_1x_i-b_2y_i)^2=\min$$

分别求 Q 对 b_0，b_1，b_2 的偏导数，并令其为0：

$$\frac{\partial Q}{\partial b_0}=2\sum_{i=1}^{n}(z_i-b_0-b_1x_i-b_2y_i)(-1)=0$$

$$\frac{\partial Q}{\partial b_1}=2\sum_{i=1}^{n}(Z_i-b_0-b_1x_i-b_2y_i)(-x_i)=0$$

$$\frac{\partial Q}{\partial b_2}=2\sum_{i=1}^{n}(Z_i-b_0-b_1x_i-b_2y_i)(-y_i)=0$$

将上式整理后，得出以下方程组：

$$\begin{cases} bn+b_1\sum x_i+b_2\sum y_i=\sum z_i \\ b_0\sum x_i+b_1\sum x_i^2+b_2\sum x_iy_i=\sum z_ix_i \\ b_0\sum y_i+b_1\sum x_iy_i+b_2\sum y_i^2=\sum z_iy_i \end{cases}$$

写成矩阵形式：

$$\begin{bmatrix} n & \sum x_i & \sum y_i \\ \sum x_i & \sum x_i^2 & \sum x_iy_i \\ \sum y_i & \sum x_iy_i & \sum y_i^2 \end{bmatrix}\begin{bmatrix} b_0 \\ b_1 \\ b_2 \end{bmatrix}=\begin{bmatrix} \sum z_i \\ \sum z_ix_i \\ \sum z_iy_i \end{bmatrix}$$

若令：

$$X=\begin{bmatrix}1 & x_1 & y_1\\ 1 & x_2 & y_2\\ \vdots & \vdots & \vdots\\ 1 & x_n & y_n\end{bmatrix}\quad B=\begin{bmatrix}b_0\\ b_1\\ b_2\end{bmatrix}\quad Z=\begin{bmatrix}z_1\\ z_2\\ \vdots\\ z_n\end{bmatrix}$$

则有

$$(\boldsymbol{X}^{\mathrm{T}}\boldsymbol{X})\boldsymbol{B}=\boldsymbol{X}^{\mathrm{T}}\boldsymbol{Z}$$

由上面的方程可得到 b_0，b_1，b_2 值为

$$\boldsymbol{B}=(\boldsymbol{X}^{\mathrm{T}}\boldsymbol{X})^{-1}\boldsymbol{X}^{\mathrm{T}}\boldsymbol{Z}$$

由此可以得出：

（1）趋势面方程：

$$\hat{z}=b_0+b_1x+b_2y$$

（2）残差：

$$e_i=z_i-\hat{z}_i$$

在此基础上可以作出趋势面和残差（剩余）图。

三、趋势面偏差图分析

观测值与趋势值之差称为偏差，即 $\Delta z_i=z_i-\hat{z}_i$，基于该偏差值可以进行相关的分析（图 2-6）。在分析之前，需要编绘趋势面偏差图。趋势面偏差图是以偏差为数据绘制的等值线图。在趋势面偏差图大于 0 的等值线圈出的区域，称为正偏差区（正剩余区、正残差区）。在趋势面偏差图小于 0 的等值线圈出的区域，称为负偏差区（负剩余区、负残差区）。

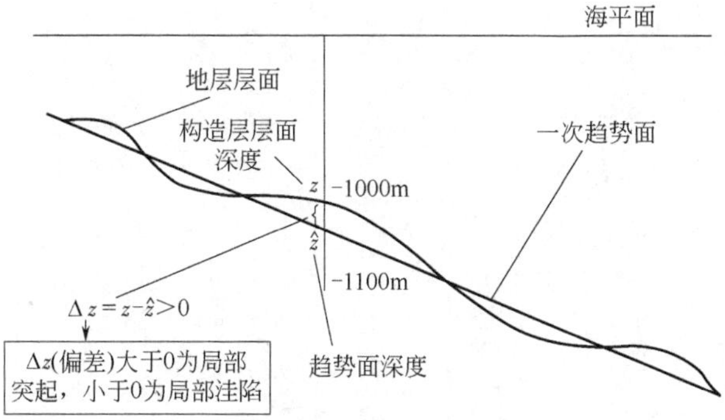

图 2-6　地质中趋势面分析示意图

在地质上，基于偏差可以进行相关的地质学信息分析，但是在具体的分析过程中，要依据偏差的内涵对异常进行合理的地质解释。

在油气地质勘探中，利用趋势面分析可以把地质变量的背景（趋势）与偏差分开，偏差是油气勘探的有用信息。

思考题

1. 某地区页岩储层的岩心样品测试得到了其孔隙度、有机质含量（TOC）、渗透率、总含气量的相关数据，试用最小二乘原理建立孔隙度与其他两个参数之间的最佳一元回归方程，并对其地质意义进行分析。

样品编号	TOC（%）	孔隙度（%）	渗透率（nD）	总含气量（m^3/t）
1	3.5	4.5	108	6.3
2	2.1	3.7	396	4.5
3	4.6	5.4	798	7.1
4	1.1	3.0	522	1.3
5	0.7	2.5	213	0.9
6	1.8	2.8	345	2.0
7	2.3	2.6	396	2.1

2. 什么是回归分析？为什么要对回归方程进行显著性检验？多元回归分析和一元回归分析有什么相同之处和不同之处？

3. 趋势面分析过程中应注意什么？其在油气勘探中有哪些应用？

第三章　聚类分析

[本章学习提要]

本章重点讲述聚类分析的定义、一次聚类分析的地质应用、逐步聚类分析的地质应用、有序地质数据的聚类。了解聚类分析方法、步骤及其地质应用。

[本章思政目标及参考]

通过介绍前人在地质工作中如何通过聚类分析方法定量分析地质样品、变量的相似程度，使学生理解地质研究中聚类分析方法应用的重要性。

在许多情况下，对所研究的油气地质对象，必须进行多变量（或参数）的综合分析。如果这些变量（或参数）是独立无关的，且每一种变量（或参数）代表一种独立的地质现象，则可把问题化为单变量（或参数）来逐个进行处理，这是比较容易解决的。

油气地质研究中，特别是油气源对比过程中，对于油—油分类中，经常要运用多个参数例如轻烃组分、甾烷、萜烷等进行综合分析，但由于具体问题中的影响因素不同，例如沉积环境、运移通道等，导致选取参数往往不具有说服力，本章所介绍的聚类分析方法可以对参数以及油—油之间亲疏程度进行定量分析，从而为解决油气地质问题提供较为精确的解答。

第一节　相似统计量

相似统计量是用于衡量对象间相似或相关程度的指标。一般，根据分类对象的不同分为 Q 型聚类分析（对样品分类）和 R 型聚类分析（对指标分类）两种类型。

设有 N 个样品，每个样品测得 p 项指标（变量），把每个样品看成 p 维空间中的一个向量：$\boldsymbol{X}_j=[x_{1j},\cdots,x_{pj}]',j=1,\cdots,N$。这样，$N$ 个样品可以排成一个矩阵，即

$$
\boldsymbol{X}=\begin{matrix} x_1 \\ x_2 \\ \vdots \\ x_p \end{matrix}\overset{\begin{matrix} X_1 & X_2 & \cdots & X_N \end{matrix}}{\begin{bmatrix} x_{11} & x_{12} & \cdots & x_{1N} \\ x_{21} & x_{22} & \cdots & x_{2N} \\ \vdots & \vdots & & \vdots \\ x_{p1} & x_{p2} & \cdots & x_{pN} \end{bmatrix}}
$$

式中，$X_{ij}(i=1,2,\cdots,p;j=1,2,\cdots,N)$ 为第 j 个样品的第 i 个指标的观测数据，$\boldsymbol{X}$ 即为原始资料矩阵，第 j 个样品 X_j 为矩阵 $\boldsymbol{X}$ 的第 j 列所描述，第 i 个变量 X_i 为矩阵 $\boldsymbol{X}$ 的第 i 行所描述，

所以，任两个样品 X_j 与 X_k 之间的相似性可以通过矩阵 $\boldsymbol{X}$ 中的第 j 列与第 k 列的相似程度来描述，任两个变量 X_i 与 X_k 之间的相似性可以通过矩阵 $\boldsymbol{X}$ 中的第 j 行与第 k 行的相似程度来描述。

一、Q 型聚类分析常用的统计量

（一）距离系数

如果把 N 个样品（X 中 N 个列）看成 p 维空间中 N 个点，则两个样品之间相似程度可用 p 维空间中两点距离来度量，这种距离实际上是马哈拉诺比斯距离（即马氏距离），但是如果标准化变量 X_1、…、X_p 互不相关，那马氏距离也就是通常的欧氏距离，这时样品 X_j 与 X_k 之间的距离为

$$d_{jk} = \sqrt{\sum_{\alpha=1}^{p}(x_{\alpha j} - x_{\alpha k})^2} \tag{3-1}$$

有时，为使 X_{jk} 确定在某个范围内变化，通常取一个常数 C，采用公式

$$d_{jk} = \sqrt{\frac{1}{C}\sum_{\alpha=1}^{p}(x_{\alpha j} - x_{\alpha k})^2} \tag{3-2}$$

计算任两个样品 X_j 与 X_k 之间的距离，d 值越小表示两个样品相似程度越大，d 值越大表示两个样品相似程度越小，如果把两两样品的距离都算出后，可排成距离系数矩阵：

$$\boldsymbol{D} = \begin{bmatrix} d_{11} & d_{12} & \cdots & d_{1N} \\ d_{21} & d_{22} & \cdots & d_{2N} \\ \vdots & \vdots & & \vdots \\ d_{N1} & d_{N2} & \cdots & d_{NN} \end{bmatrix}$$

其中，$d_{11} = d_{22} = \cdots = d_{NN} = 0$。

$\boldsymbol{D}$ 是一个实对称矩阵，所以只须计算出上三角形部分或下三角形部分即可，根据 $\boldsymbol{D}$ 可对 N 个点进行分类，距离近的点归为一类，距离远的点属于不同的类。

为了减少计算结果所产生的偏倚，当变量 X_1，…，X_p 彼此相关时，可采用主成分分析的方法找出几个主成分，然后用主成分来计算样品之间的距离，如取前 m 个主成分，则

$$d_{jk} = \sqrt{\sum_{\alpha=1}^{m}(f_{\alpha j} - f_{\alpha k})^2} \quad (j,k = 1,2,3,\cdots,N) \tag{3-3}$$

式中 $f_{\alpha k}$ 是第 k 个样品的第 α 个主成分。也可以利用斜交空间中的距离公式来计算样品之间的距离：

$$d_{jk} = \sqrt{\sum_{\alpha=1}^{p}\sum_{\beta=1}^{p}(x_{\alpha j} - x_{\alpha k})(x_{\beta j} - x_{\beta k})r_{\alpha\beta}} \quad (j,k = 1,2,3,\cdots,N) \tag{3-4}$$

式中 $r_{\alpha\beta}$ 是 x_α 与 x_β 之间的相关系数。

（二）相似系数（夹角余弦）

把任意两个样品 $\boldsymbol{X}_j$、$\boldsymbol{X}_k$ 看成 p 维空间的两个向量，这两个向量的夹角余弦（即相似系数）用 $\cos\theta_{jk}$ 来表示，即

$$
\begin{aligned}
\boldsymbol{X}_j &= [x_{1j},\cdots,x_{pj}]' \\
\boldsymbol{X}_k &= [x_{1k},\cdots,x_{pk}]' \\
\cos\theta_{jk} &= \boldsymbol{X}_j \cdot \boldsymbol{X}_k / |\boldsymbol{X}_j||\boldsymbol{X}_k| \\
&= \sum_{\alpha=1}^{p} x_{\alpha j}x_{\alpha k} \bigg/ \sqrt{\sum_{\alpha=1}^{p} x_{\alpha j}^2 \cdot \sum_{\alpha=1}^{p} x_{\alpha k}^2}
\end{aligned} \tag{3-5}
$$

把所有两两样品的相似系数 $\cos\theta_{jk}(j,k=1,\cdots,N)$ 都算出后，将它们排成一个相似系数矩阵：

$$
\boldsymbol{Q}=[q_{ik}]=\begin{bmatrix} \cos\theta_{11} & \cos\theta_{12} & \cdots & \cos\theta_{1N} \\ \cos\theta_{21} & \cos\theta_{22} & \cdots & \cos\theta_{2N} \\ \vdots & \vdots & & \vdots \\ \cos_{N1} & \cos\theta_{N2} & \cdots & \cos\theta_{NN} \end{bmatrix}
$$

其中，$\cos\theta_{11}=\cos\theta_{22}=\cdots=\cos\theta_{NN}=1$。

（三）相关系数

第 j 个样品与第 k 个样品之间的相关系数可规定为

$$
\tilde{r}_{jk} = \sum_{\alpha=1}^{p} \frac{(x_{\alpha j}-\tilde{x}_j)(x_{\alpha k}-\tilde{x}_k)}{\sqrt{\sum_{\alpha=1}^{p}(x_{\alpha i}-\tilde{x}_j)^2 \cdot \sum_{\alpha=1}^{p}(x_{\alpha j}-\tilde{x}_k)^2}} \tag{3-6}
$$

其中，$\tilde{x}_j=\frac{1}{p}\sum_{\alpha=1}^{p}x_{\alpha j}$，　$\tilde{x}_k=\frac{1}{p}\sum_{\alpha=1}^{p}x_{\alpha k}$。

如果把两两样品的相关系数都算出后，可排成样品相关系数矩阵：

$$
\widetilde{\boldsymbol{R}}=\begin{bmatrix} \tilde{r}_{11} & \tilde{r}_{12} & \cdots & \tilde{r}_{1N} \\ \tilde{r}_{21} & \tilde{r}_{22} & \cdots & \tilde{r}_{2N} \\ \vdots & \vdots & & \vdots \\ \tilde{r}_{N1} & \tilde{r}_{N2} & \cdots & \tilde{r}_{NN} \end{bmatrix}
$$

其中，$\tilde{r}_{11}=\tilde{r}_{22}=\cdots=\tilde{r}_{NN}=1$，根据 $\widetilde{\boldsymbol{R}}$ 可对 N 个样品进行分类。

二、R 型聚类分析（对指标进行分类）常用的统计量

对于 p 个指标（变量）之间相似性的定义，与样品相似性相仿，此时是在 N 维空间中来研究，N 个坐标轴分别是 N 次观测，变量之间相似性可以通过原始资料矩阵 $\boldsymbol{X}$ 中 p 行之间相似关系来研究，这时的点或向量是（$x_{j1},\cdots,x_{jN}$）与（$x_{k1},\cdots,x_{kN}$），衡量它们相似关系的统计量仍然可定义：

（一）距离系数

$$
d_{jk}^{*} = \sqrt{\frac{1}{C}\sum_{\beta=1}^{N}(x_{j\beta}-x_{k\beta})^2} \tag{3-7}
$$

其中 C 为一常数，把所有两行之间距离系数算出后可排成距离系数矩阵：

$$D^* = \begin{bmatrix} d_{11}^* & d_{12}^* & \cdots & d_{1p}^* \\ d_{21}^* & d_{22}^* & \cdots & d_{2p}^* \\ \vdots & \vdots & & \vdots \\ d_{p1}^* & d_{p2}^* & \cdots & d_{pp}^* \end{bmatrix}$$

根据 $\boldsymbol{D}^*$ 可对 p 个变量进行分类。

（二）相似系数（夹角余弦）

$$\cos\theta_{jk}^* = \frac{\sum_{\beta=1}^{N} x_{j\beta} \cdot x_{k\beta}}{\sqrt{\sum_{\beta=1}^{N} x_{j\beta}^2 \cdot \sum_{\beta=1}^{N} x_{k\beta}^2}} \quad (-1 \leqslant \cos\theta_{jk}^* \leqslant 1) \tag{3-8}$$

把 $\boldsymbol{X}$ 中所有两行之间相似系数算出后可排成相似系数矩阵：

$$\boldsymbol{Q}^* = [q_{jk}^*] = \begin{bmatrix} \cos\theta_{11}^* & \cos\theta_{12}^* & \cdots & \cos\theta_{1p}^* \\ \cos\theta_{21}^* & \cos\theta_{22} & \cdots & \cos\theta_{2p}^* \\ \vdots & \vdots & & \vdots \\ \cos\theta_{p1}^* & \cos\theta_{p2}^* & \cdots & \cos\theta_{pp}^* \end{bmatrix}$$

（三）相关系数

通常所说的相关系数，一般即指变量间的相关系数，作为刻划变量间的相关关系，它是最常用的。

$$r_{jk} = \frac{S_{jk}}{\sqrt{S_{jj} \cdot S_{kk}}} = \frac{\sum_{\beta=1}^{N} (x_{j\beta} - \bar{x}_j)(x_{k\beta} - \bar{x}_k)}{\sqrt{\sum_{\beta=1}^{N} (x_{j\beta} - \bar{x}_j)^2 \sum_{\beta=1}^{N} (x_{k\beta} - \bar{x}_k)^2}} \tag{3-9}$$

其中，$\bar{x}_j = \frac{1}{N}\sum_{\beta=1}^{N} x_{j\beta}$，$\bar{x}_k = \frac{1}{N}\sum_{\beta=1}^{N} x_{k\beta}$。

式中，$\bar{x}_j$，$\bar{x}_k$ 分别是第 j 个和第 k 个变量的平均值，$-1 \leqslant r_{jk} \leqslant 1$，当把两两变量的相关系数都算出后，可排成相关系数矩阵 $\boldsymbol{R}$：

$$\boldsymbol{R} = \begin{bmatrix} r_{11} & r_{12} & \cdots & r_{1p} \\ r_{21} & r_{22} & \cdots & r_{2p} \\ \vdots & \vdots & & \vdots \\ r_{p1} & r_{p2} & \cdots & r_{pp} \end{bmatrix}$$

其中，$r_{11} = r_{22} = \cdots = r_{pp} = 1$。根据 $\boldsymbol{R}$ 可对 p 个变量进行分类。

第二节　一次聚类分析及应用

一、聚类分析的概念

聚类分析又称聚群分析，它是研究指标或样品分类问题的一种多元统计方法，首先认为研究的指标或样品（变量）之间是存在着程度不同的亲疏关系。于是，根据同一批样品的多个观测指标找出一些能够度量指标或样品之间亲疏关系的统计量，以找出的统计量为划分类型的依据，把一些相似度较大的指标或样品聚合为一类，把另一些相互之间相似度较大的指标或样品又聚合为另一类。关系密切的聚集到一个小的分类单位，关系疏远的聚集到一个大的分类单位，直到把所有指标或样品都聚集完毕，把不同的类型一一划分出来，形成一个由小到大的分类系统。最后再把整个分类系统画成一张谱系图（又称分群图），这张图能够把所有样品（或指标）间的亲疏关系表示出来。

使用聚类分析方法进行分类，与判别分析有所不同，必须事先知道各种判别的数目和类型，并且要有一批来自各类的样品，才能建立判别函数对未知属性的样品判别和归类，在聚类分析中，当样品的分类类型及数量未预先明确时，可通过聚类分析获得的客观分类结果，结合地质学解释对其类型归属和分组数目进行科学界定。

一般，根据分类对象的不同聚类分析分为 Q 型聚群分析（对样品分类）和 R 型聚群分析（对指标分类）两种类型。

在地质工作中，分类问题很多，如矿物分类、化石分类、岩石分类、地层分类等。运用聚类分析的方法能够突破传统地质学所建立的一些定性分类系统，形成一些定量的分类关系。

二、聚类分析的类型

按照客体的类型，聚类分析可分为 Q 型和 R 型。如果客体属于样品，则称为 Q 型聚类分析；如果客体属于变量，则称为 R 型聚类分析。

按照客体的有序性或无序性，聚类分析可以分为有序客体聚类和无序客体聚类。所谓有序客体，就是彼此之间存在次序约束关系的客体；反之，则为无序客体。例如，对油气藏进行分类时，参与分类的油气藏就是无序客体；按照由新到老的顺序将地层剖面取出多个岩样，若把岩样的分类结果用于地层划分，则分类时岩样的顺序不能打乱，这样的岩样就是有序客体。

按照方法原理的不同，聚类分析可分为聚合法和分解法两种。聚合法聚类分析，就是开始时每个客体各为一类，然后以一种表示客体亲疏关系的聚类统计量为依据，将一些彼此之间关系最紧密的客体聚为一类，再把另一些彼此之间较为密切的客体归为一类，以此类推，直到将所有客体进行归类。在此基础上，再根据类之间的亲疏关系继续合并，直到将全部客体聚为一类为止。分解法聚类分析则是一开始把全部客体看成一类，然后根据统计准则进行分类，一直分到所需的种类为止。

聚合法聚类分析常用于对无序客体的分类，分解法聚类分析常用于有序客体的分类。

三、聚类分析的原则

（1）若选出一对样品在已经分好的组中都出现，则把它们分为一个独立的新组。

（2）若选出的一对样品中，有一个出现在已经分好的组里，则把另一个样品也加入该组中。

（3）若选出两个样品，它们分别在已经分好的两个组中，则把这两个组连在一起。

（4）若选出的一对样品都出现在同一组中，则这对样品就不再分组了。

按照上述 4 条原则反复进行，直到把所有样品聚合分类完为止。

四、聚类分析的步骤

（1）在进行聚类分析前，首先对原始数据进行预处理。

（2）选择合适的统计量，并计算聚类统计量。

（3）以统计量为依据对样品或变量进行聚类。

（4）结合实际问题进行分析。

五、一次聚类分析

一次聚类分析是一种最简单的聚类方法，其优点是方法简单，易于操作，工作量小。它是由相似性或相似性矩阵出发得到最终的分类结果。该方法的一般原理是：根据相似系数、距离系数等统计量大小，依次将所有样品或变量归类连接起来，形成一个由小类到大类的分类系统。根据聚类分析的 4 条原则，依次将关系最密切的两个样品连接在一起。

【例 3-1】 某盆地位于中国南海北部大陆架和陆坡，是一个大型新生代沉积盆地，面积广阔，沉积岩厚度超过 1 万米。盆地内部构造复杂，包含多个坳陷和隆起。其形成与演化受板块构造运动影响，具有显著的张—扭性质特点。盆地内油气资源丰富，是中国重要的油气勘探区域之一。运用一次聚类分析对该盆地 6 个原油样品进行分类（表 3-1）。

表 3-1　某盆地原油生物标志化合物参数表

样品	生物标志化合物参数					
	C_{27}（%）	C_{28}（%）	C_{29}（%）	$\sum C_{30}/\sum C_{29}$ 甾烷	Pr/nC_{17}	Ph/nC_{18}
1（X1）	0.357	0.247	0.395	0.082	0.420	0.610
2（X2）	0.324	0.277	0.400	0.198	0.620	0.500
3（X3）	0.304	0.288	0.409	0.489	0.880	0.090
4（X4）	0.374	0.240	0.386	0.214	0.740	0.120
5（X5）	0.277	0.334	0.388	0.153	0.190	0.180
6（X6）	0.470	0.213	0.318	0.057	0.070	5.790

解：（1）原始数据标准化，将原始数据极差正规化，消除量纲的差异，得到标准数

据（表 3-2）。

表 3-2 标准化数据表

样品	生物标志化合物参数					
	C_{27}（%）	C_{28}（%）	C_{29}（%）	$\sum C_{30}/\sum C_{29}$ 甾烷	Pr/nC_{17}	Ph/nC_{18}
1（X1）	0. 414	0. 281	0. 846	0. 058	0. 432	0. 091
2（X2）	0. 243	0. 529	0. 901	0. 326	0. 679	0. 072
3（X3）	0. 139	0. 619	1	1	1	0
4（X4）	0. 503	0. 223	0. 747	0. 363	0. 827	0. 005
5（X5）	0	1	0. 769	0. 222	0. 148	0. 016
6（X6）	1	0	0	0	0	1

（2）求取统计量矩阵，计算两两样品的相似系数（夹角余弦），得相似系数矩阵 $\boldsymbol{Q}=[\cos\theta_{ij}]=[q_{ij}]$ 如下：

$$\begin{bmatrix} 1 & 0.9391 & 0.7875 & 0.9173 & 0.7258 & 0.3309 \\ 0.9391 & 1 & 0.9363 & 0.9375 & 0.8246 & 0.1697 \\ 0.7875 & 0.9363 & 1 & 0.8981 & 0.7391 & 0.0532 \\ 0.9173 & 0.9375 & 0.8981 & 1 & 0.5992 & 0.2774 \\ 0.7258 & 0.8246 & 0.7391 & 0.5992 & 1 & 0.0088 \\ 0.3309 & 0.1697 & 0.0532 & 0.2774 & 0.0088 & 1 \end{bmatrix}$$

（3）形成分群图。

用一次聚类分析形成分群图（根据矩阵 $\boldsymbol{Q}$ 一次对样品分类完毕）。

记下非 1 的最大值 0. 9391，划去矩阵的第 2 行第 2 列：

$$\begin{bmatrix} 1 & 0.7875 & 0.9173 & 0.7258 & 0.3309 \\ 0.7875 & 1 & 0.8981 & 0.7391 & 0.0533 \\ 0.9173 & 0.8981 & 1 & 0.5992 & 0.2774 \\ 0.7258 & 0.7391 & 0.5992 & 1 & 0.0088 \\ 0.3309 & 0.0532 & 0.2774 & 0.0088 & 1 \end{bmatrix}$$

记下非 1 的最大值 0. 9173，划去矩阵的第 4 行第 4 列：

$$\begin{bmatrix} 1 & 0.7875 & 0.7258 & 0.3309 \\ 0.7875 & 1 & 0.7391 & 0.0532 \\ 0.7258 & 0.7391 & 1 & 0.0088 \\ 0.3309 & 0.0532 & 0.0088 & 1 \end{bmatrix}$$

记下非 1 的最大值 0. 7875，划去矩阵的第 3 行第 3 列：

$$\begin{bmatrix} 1 & 0.7258 & 0.3309 \\ 0.7258 & 1 & 0.0088 \\ 0.3309 & 0.0088 & 1 \end{bmatrix}$$

记下非 1 的最大值 0. 7258，划去矩阵的第 5 行第 5 列：

$$\begin{bmatrix} 1 & 0.3309 \\ 0.3309 & 1 \end{bmatrix}$$

记下非 1 的最大值 0.3309，划去矩阵的第 6 行第 6 列，得到 Q 型聚类结果，结果如图 3-1 所示。

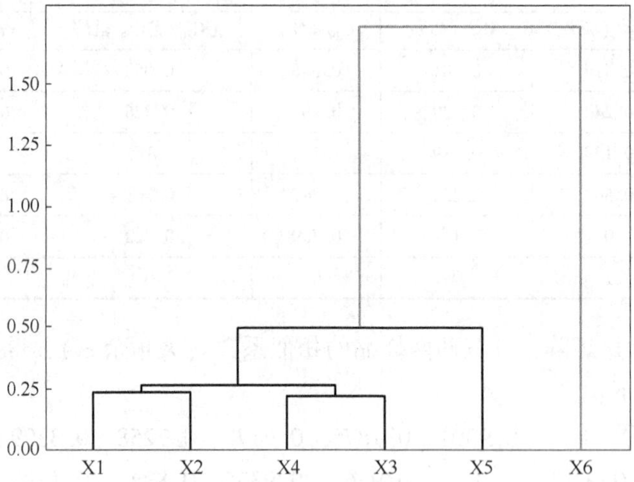

图 3-1　Q 型聚类结果谱系图

【例 3-2】 鄂尔多斯盆地取得岩石样品 5 块，每个样品测定了 5 个指标，原始数据如下。现要求用一次聚类分析对样品进行分类（表 3-3）。

表 3-3　鄂尔多斯盆地某区岩石储层参数表

指标	X1	X2	X3	X4	X5
S1	0. 54	13. 34	15. 0	0. 18	1. 06
S2	2. 08	31. 52	34. 71	1. 16	2. 7
S3	2. 38	16. 71	20. 01	0. 28	1. 5
S4	1. 74	2. 24	5. 1	0. 07	0. 24
S5	1. 68	9. 24	2. 03	1. 1	0. 98

解：（1）标准化数据（表 3-4）。

表 3-4　标准化数据表

指标	X1	X2	X3	X4	X5
S1	0	0. 379	0. 396	0. 1	0. 333
S2	0. 836	1	1	1	1
S3	1	0. 494	0. 55	0. 192	0. 512
S4	0. 652	0	0. 093	0	0
S5	0. 619	0. 239	0	0. 944	0. 3

（2）选择相关系数计算得到相关矩阵 $\boldsymbol{R}$：

$$
\boldsymbol{R}=\begin{bmatrix} 1 & 0.858 & 0.674 & 0.086 & 0.368 \\ & 1 & 0.877 & 0.446 & 0.774 \\ & & 1 & 0.785 & 0.661 \\ & & & 1 & 0.513 \\ & & & & 1 \end{bmatrix}
$$

（3）依据统计量 $\boldsymbol{R}$ 进行聚类。

（4）一次谱系图形成，见图 3-2。

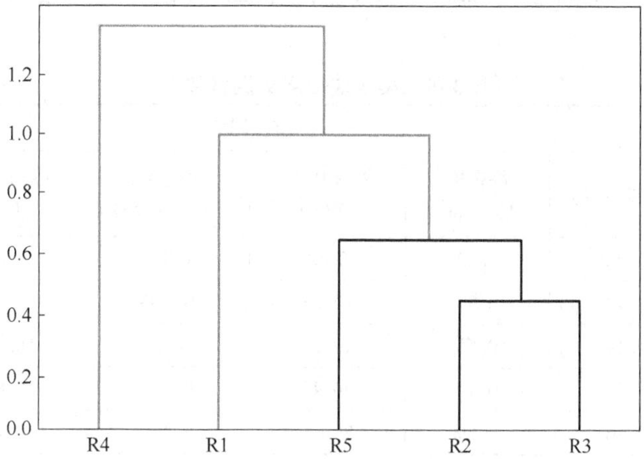

图 3-2　R 型聚类结果谱系图

第三节　逐步聚类分析及应用

一、逐步聚类分析

逐步聚类分析的优点在于解决了一次聚类分析的缺点，当两个样品聚合删去标号较大的行和列时，在以后的聚类过程中就损失了这部分信息，导致先前删除的行或列与其他的行和列的关系不明了，会造成信息的大量损失。而逐步聚类分析过程并不是直接划去行和列的信息，而是通过变换行和列的原始数据，将其组合为新的信息，并根据新的信息重新计算相似系数等统计量矩阵。

二、逐步聚类分析的步骤

通过上面的介绍可以看出，逐步聚类分析虽然克服了一次聚类分析的缺点，但其本身的步骤较为烦琐。

（1）计算变量或样品间的相似性系数矩阵，挑出关系最密切的样品（或变量）。

（2）把挑出的成对变量或变量组（样品或样品组）的值做加权平均，形成一个新的变量（或样品）数据。

（3）把原本两个变量或代表变量组（样品或代表样品组）的数据删除掉，一般习惯把新数据放在序号小的样品数据上。

（4）对新形成的变量（样品）数据与剩余变量（样品）数据重新计算相似系数，再从中挑出关系最密切的样品。

（5）重复（2）（3）（4）步骤，直到把所有样品（变量）归类完为止。

【例 3-3】 对某区块储层样品进行分类——Q 型聚类分析（逐步聚类分析），原始数据如表 3-5 所示。

表 3-5 某区块储层实测参数表

样品	储层参数					
	孔隙度（%）	渗透率（$10^{-3}\mu m^2$）	排驱压力（MPa）	中值喉道半径（μm）	汞未饱和体积（%）	退汞效率（%）
1（X1）	11.62	2.42	0.62	1.0027	2.9905	29.1736
2（X2）	4.12	0.39	10.25	0.0206	20.659	13.1148
3（X3）	4.14	0.55	10.24	0.02	18.7135	10.5516
4（X4）	3.01	0.13	20.42	0.0233	20.6623	13.0312
5（X5）	7.76	0.29	20.44	0.021	10.7054	7.5235
6（X6）	5.63	1.07	10.23	0.0231	1.9380	5.7432

解：（1）原始数据标准化，将原始数据极差正规化，以消除量纲的影响，得到标准化数据（表 3-6）。

表 3-6 标准化数据表

样品	储层参数					
	孔隙度（A）	渗透率（B）	排驱压力（C）	中值喉道半径（D）	汞未饱和体积（E）	退汞效率（F）
1（X1）	1	1	0	1	0.056221	1
2（X2）	0.12892	0.113537	0.485873	0.000649	1.000054	0.314615
3（X3）	0.131243	0.183406	0.485368	0	0.896124	0.205219
4（X4）	0	0	0.995991	0.003366	1	0.311047
5（X5）	0.551684	0.069869	1	0.001027	0.468344	0.075983
6（X6）	0.304297	0.41048	0.484864	0.003141	0	0

（2）求取统计量矩阵，计算两两样品的相似系数，得相似系数矩阵如下：

$$
\boldsymbol{R}=\begin{bmatrix}
1 & & & & & \\
-0.8360 & 1 & & & & \\
-0.8755 & 0.9864 & 1 & & & \\
-0.9690 & 0.8869 & 0.8922 & 1 & & \\
-0.7600 & 0.4501 & 0.5061 & 0.6893 & 1 & \\
-0.1679 & -0.2137 & -0.0833 & 0.0372 & 0.5641 & 1
\end{bmatrix}
$$

（3）形成分群图，记下非 1 的最大值 0.9864，划去矩阵的第 3 行第 3 列：

$$\boldsymbol{R}=\begin{bmatrix} 1 & & & & \\ -0.8360 & 1 & & & \\ -0.9690 & 0.8869 & 1 & & \\ -0.7600 & 0.4501 & 0.6893 & 1 & \\ -0.1679 & -0.2137 & 0.0372 & 0.5641 & 1 \end{bmatrix}$$

用（$B+C$）/2 替代其中 B，得

$$B'=(0.1301, 0.1485, 0.4856, 0.0003, 0.9481, 0.2599)$$

重新计算 B'与其他样品 A、D、E、F 之间的相似系数，用来替换 $\boldsymbol{R}$ 中第 2 行第 2 列，得矩阵 $\boldsymbol{R}_1$：

$$\boldsymbol{R}_1=[r_{6\times6}]=\begin{array}{c} \\ A \\ B' \\ C \\ D \\ E \\ F \end{array}\begin{array}{c} \begin{array}{cccccc} A & B' & C & D & E & F \end{array} \\ \begin{bmatrix} 1.000 & & & & & \\ -0.8575 & 1.000 & & & & \\ & & & & & \\ -0.9690 & 0.8924 & & 1.000 & & \\ -0.7600 & 0.4781 & & 0.6893 & 1.000 & \\ -0.1679 & -0.1528 & & 0.0372 & 0.5641 & 1.000 \end{bmatrix} \end{array}$$

记下非 1 的最大值 0.8924，划去矩阵的第 4 行第 4 列：

$$\boldsymbol{R}_1=\begin{bmatrix} 1 & & & \\ -0.8575 & 1 & & \\ -0.7600 & 0.4781 & 1 & \\ -0.1679 & -0.1528 & 0.5641 & 1 \end{bmatrix}$$

用（$2B'+D$）/3 得

$$D'=(0.0871, 0.1106, 0.6567, 0.0012, 0.9481, 0.2587)$$

重新计算 D'与其他样品 A、E、F 之间的相似系数，用来替换 $\boldsymbol{R}_1$ 中的第 4 行第 4 列，得矩阵 $\boldsymbol{R}_2$：

$$\boldsymbol{R}_2=[r_{6\times6}]=\begin{array}{c} \\ A \\ B' \\ C \\ D' \\ E \\ F \end{array}\begin{array}{c} \begin{array}{cccccc} A & B' & C & D' & E & F \end{array} \\ \begin{bmatrix} 1.000 & & & & & \\ -0.8575 & 1.000 & & & & \\ & & & & & \\ & & & & & \\ -0.7600 & 0.4781 & & & 1.000 & \\ -0.1679 & -0.1528 & & & 0.5641 & 1.000 \end{bmatrix} \end{array}$$

记下非 1 的最大值 0.5641，划去矩阵的第 6 行第 6 列：

$$\boldsymbol{R}_1=\begin{bmatrix} 1 & & \\ -0.8575 & 1 & \\ -0.7600 & 0.4781 & 1 \end{bmatrix}$$

用（$E+F$）/2 替代其中 E 得

$$E'=(0.4280,0.2402,0.7424,0.0021,0.2342,0.0380)$$

重新计算 E' 与其他样品 A、D' 之间的相似系数，用来替换 $\boldsymbol{R}_2$ 中的第 6 行 6 列，得矩阵

$$\boldsymbol{R}_3=[r_{6\times6}]=\begin{array}{c} \\ A \\ B' \\ C \\ D' \\ E' \\ F \end{array}\begin{array}{c} \begin{array}{cccccc} A & B' & C & D' & E' & F \end{array} \\ \begin{bmatrix} 1.000 & & & & & \\ -0.8575 & 1.000 & & & & \\ & & & & & \\ & & & & & \\ -0.6071 & 0.2754 & & & 1.000 & \\ & & & & & \end{bmatrix} \end{array}$$

记下非 1 的最大值 0.2754，划去矩阵的第 5 行第 5 列：

$$\boldsymbol{R}_1=\begin{bmatrix} 1 & \\ -0.8575 & 1 \end{bmatrix}$$

用（$3D'+2E'$）/5 替代其中 B'，得

$$B''=(0.2235,0.1624,0.6910,0.0016,0.6625,0.1704)$$

计算 B'' 与样品 A 之间的相似系数，用来替换 $\boldsymbol{R}_3$ 中的第 2 行第 1 列，得矩阵：

$$\boldsymbol{R}_4=[r_{6\times6}]=\begin{array}{c} \\ A \\ B'' \\ C \\ D' \\ E' \\ F \end{array}\begin{array}{c} \begin{array}{cccccc} A & B'' & C & D' & E' & F \end{array} \\ \begin{bmatrix} 1.000 & & & & & \\ -0.9660 & 1.000 & & & & \\ & & & & & \\ & & & & & \\ & & & & & \\ & & & & & \end{bmatrix} \end{array}$$

得到 Q 型聚类结果表（逐步聚类分析）：

连接顺序	连接样品		相似系数
1	B	C	0.9864
2	$B-C$	D	0.8924
3	E	F	0.5641
4	$B-C-D$	$E-F$	0.2754
5	A	$B-C-D-E-F$	-0.9660

【例 3-4】 国外某盆地的岩石样本 6 块，每个样品测定了 6 个样品，分别是 TOC（%）、IR（%）、S_2（mg/g）、PI、T_{max}（℃），原始数据见表 3-7，试用逐步聚类分析进行 R 型聚类。

表 3-7　国外某盆地烃源岩岩石热解参数表

参数	TOC（%）	IR（%）	S_2（mg/g）	PI	T_{max}（℃）
X1	1. 73	3	3. 24	0. 14	442
X2	4. 3	25	20. 15	0. 03	428
X3	0. 95	4	1. 02	0. 28	450
X4	2. 11	51	6. 36	0. 02	426
X5	2. 3	33	7. 14	0. 03	432
X6	2. 4	20	9. 88	0. 05	424

解：标准化数据（表 3-8）：

表 3-8　标准化数据表

参数	TOC（%）	IR（%）	S_2（mg/g）	PI	T_{max}（℃）
X1	0. 4	0. 06	0. 16	0. 5	0. 98
X2	1	0. 49	1	0. 11	0. 95
X3	0. 22	0. 08	0. 05	1	1
X4	0. 49	1	0. 32	0. 07	0. 95
X5	0. 53	0. 65	0. 35	0. 11	0. 96
X6	0. 56	0. 39	0. 49	0. 18	0. 94

（1）计算相关系数矩阵 $\boldsymbol{R}_1$：

$$\boldsymbol{R}_1=\begin{bmatrix} 1 & 0.7497 & 0.8910 & 0.7175 & 0.8302 & 0.8874 \\ & 1 & 0.5375 & 0.8296 & 0.9009 & 0.9522 \\ & & 1 & 0.5688 & 0.6602 & 0.7111 \\ & & & 1 & 0.9757 & 0.9040 \\ & & & & 1 & 0.9732 \\ & & & & & 1 \end{bmatrix}$$

找出 $\boldsymbol{R}_1$ 中最大值 r45＝0. 9757，将 X4、X5 合并，建立新的相关矩阵：

$$\boldsymbol{R}_2=\begin{bmatrix} 1 & 0.7497 & 0.8901 & 0.7751 & 0.8874 \\ & 1 & 0.5375 & 0.8633 & 0.9522 \\ & & 1 & 0.6154 & 0.7111 \\ & & & 1 & 0.9422 \\ & & & & 1 \end{bmatrix}$$

找出 $\boldsymbol{R}_2$ 中最大值 r26＝0. 9522，将 X2、X6 合并，建立新的相关矩阵：

$$\boldsymbol{R}_3=\begin{bmatrix} 1 & 0.8168 & 0.8910 & 0.7751 \\ & 1 & 0.6772 & 0.9098 \\ & & 1 & 0.6154 \\ & & & 1 \end{bmatrix}$$

找出 $\boldsymbol{R}_3$ 中最大值 r2456＝0. 9098，将 X2、X4、X5、X6 合并，建立新的相关矩阵：

$$\boldsymbol{R}_4=\begin{bmatrix}1 & 0.8812 & 0.8910\\ & 1 & 0.6307\\ & & 1\end{bmatrix}$$

找出 $\boldsymbol{R}_5$ 中最大值 r13＝0. 8910，将 X1、X3 合并，建立新的相关矩阵：

$$\boldsymbol{R}_5=\begin{bmatrix}1 & 0.7265\\ & 1\end{bmatrix}$$

（2）建立谱系图，如图 3-3 所示。

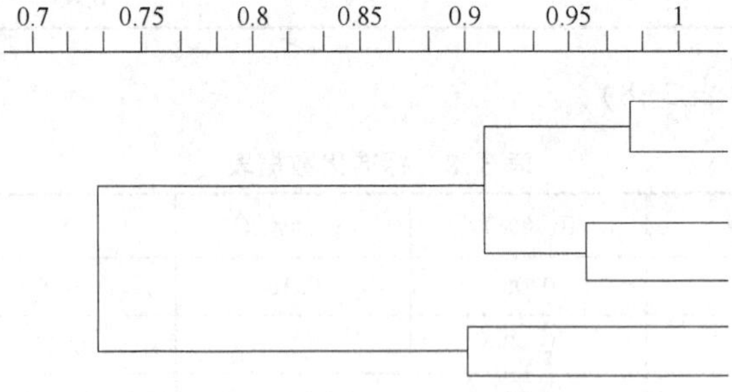

图 3-3　R 型聚类结果谱系图

（3）分析。

从谱系图 3-3 来看，6 个岩石变量可分为 3 类，岩石变量 4 和 5 可聚为一类；岩石变量 2 和 6 可聚为一类；岩石变量 1 和 3 可聚为一类。

第四节　最优分割法及应用

一、最优分割法的概念

在油气地质研究中，许多问题要求样品按照一定的顺序排列而不能改动，这类样品称为有序样品，从有序样品得出的地质数据则称为有序地质量。将有序样品变换为有序数列，在不破坏样品相邻关系的条件下，把有序数列进行分段，使得各段之内的差异最小而各段之间的差异最大，这种方法称为最优分割法。

二、最优分割法的步骤

（一）数据变换

设有 n 个样品，每个样品有 p 个观测指标。对每个指标值进行数据正规化变换，变换后的数据矩阵为

$$X=\begin{bmatrix} x_{11} & x_{12} & \cdots & x_{1n} \\ x_{21} & x_{22} & \cdots & x_{2n} \\ \vdots & \vdots & & \vdots \\ x_{p1} & x_{p2} & \cdots & x_{pn} \end{bmatrix}$$

计算直径段矩阵 **D**：

$$d_{ij}=\sum_{\alpha=1}^{p}\sum_{\beta=1}^{j}[x_{\alpha\beta}-\overline{x_{\alpha}(i,j)}]^{2} \tag{3-10}$$

$$\overline{x_{\alpha}(i,j)}=\frac{1}{j-i+1}\sum_{\beta=i}^{j}x_{\alpha\beta} \tag{3-11}$$

$$D=\begin{bmatrix} d_{11} & d_{12} & \cdots & d_{1n} \\ d_{21} & d_{22} & \cdots & d_{2n} \\ \vdots & \vdots & & \vdots \\ d_{p1} & d_{p2} & \cdots & d_{pn} \end{bmatrix}$$

（二）进行最优二分割

根据 **D** 矩阵，对每一个 $m(m=n,n-1,\cdots,2)$ 求取相应的组内离方差和：

$$W_m(2;j)=d_{1j}+d_{j+1,m}(j=1,2,\cdots,m-1)$$

找出最小值，确定各子段的最优二分割点 $a_1(m)$：

$$W_m(2;a_1(m))=\min_{1\leqslant j\leqslant m-1}W_m(2;j)$$

得到 n 个样品的最优二分割：

$$\{x_1,x_2,\cdots,x_{a1(m)}\}\{x_{a1(m)+1},\cdots,x_n\}$$

（三）进行最优三分割

根据 **D** 矩阵，对每一个 $m(m=n,n-1,\cdots,3)$ 及 $j=2,3,\cdots,m-1$ 分别计算：

$$W_m(3;a_1(j),j)=W_j(2;a_1(j))+d_{i+1,n}$$

找出最小值：

$$W_m(3;a_1(m),a_2(m))=\min_{2\leqslant j\leqslant m-1}W_m(3;a_1(j),j)$$

得到 n 个样品的最优三分割：

$$\{x_1,x_2,\cdots,x_{a1(m)}\}\{x_{a1(m)+1},\cdots,x_{a2(m)}\}\{x_{a2(m)+1},\cdots,x_n\}$$

（四）进行最优 *L* 分割

可以进一步在最优三分割基础上产生最优四分割，在四分割基础上产生最优五分割……最后求取最优 L 分割。

三、最优分割法的具体计算步骤

（一）数据正规化

为消除地质样品中不同变量观测指标数量级的差异对分割结果的影响，将原始数据进行变换。设原始数据为 $\boldsymbol{X}=[x_{ij}]_{n\times m}$，把 x_{ij} 按如下进行变换：

$$z_{ij}=\frac{x_{ij}-\min\limits_{1\leqslant i\leqslant n}\{x_{ij}\}}{\max\limits_{1\leqslant i\leqslant n}\{x_{ij}\}-\min\limits_{1\leqslant i\leqslant n}\{x_{ij}\}}(i=1,2,\cdots,n;j=1,2,\cdots,m)$$

得到新的数据 $\boldsymbol{Z}=[z_{ij}]_{n\times m}$。

（二）计算段内变差矩阵

$$d_{ij}=\sum_{\alpha=i}^{j}\sum_{\beta=1}^{m}[z_{\alpha\beta}-\bar{z}_{\beta}(i,j)]^{2}\quad(i,j=1,2,\cdots,m)$$

$$\bar{z}_{\beta}(i,j)=\frac{1}{j-i+1}\sum_{\alpha=i}^{j}z_{\alpha\beta}\quad(\beta=1,2,\cdots,m)$$

计算组内变差矩阵 $\boldsymbol{D}=[d_{ij}]_{n\times m}$。

（三）最优二分割

计算组内离差平方和，从中找出一个最小值：

$$W_q(2;a_1(q))=\min_{1\leqslant j\leqslant q-1}W_q(2;j)\quad(q=n)$$

从而确定前 q 个地质样品的最优二分割。

（四）最优三分割

根据 $\boldsymbol{D}$ 矩阵计算三分割中不同相应的组内离差平方和并找出最小值：

$$W_q(3;a_1(q),a_2(q))=\min_{2\leqslant j\leqslant q-1}W_q(3;a_1(j),j)$$

从而确定前 q 个地质样品的最优三分割。

（五）最优 k 分割

由 $\boldsymbol{D}$ 矩阵计算 k 分割中相应的组内离差平方和，从中找出最小值：

$$W_q(k;a_1(q),a_2(q),\cdots,a_{k-2}(q),a_{k-1}(q))=\min_{k-1\leqslant j\leqslant q-1}W_q(k;a_1(j),a_2(j),\cdots,a_{k-2}(j),j)$$

来确定 k 分割的分割点，得到前 q 个样品的最优 k 分割。

【例 3-5】 某井段（1885～1890m）测得 GR、SP 和 Rt（间隔为 1m）见表 3-9，用最优分割法划分为 3 个层段。

表 3-9　测井参数数据表

参数	1885	1886	1887	1888	1889	1890
	X1	X2	X3	X4	X5	X6
GR	52.99	53.36	73.36	78.58	77.24	117.25
SP	2.76	2.83	2.39	2.17	3	2.22
Rt	94.85	77.22	60.61	35.77	11.55	3.13

解：

（1）数据正规化：

$$
X=\begin{bmatrix} 0 & 0.0058 & 0.3170 & 0.3982 & 0.3773 & 1 \\ 0.7108 & 0.7952 & 0.2651 & 0 & 1 & 0.0602 \\ 1 & 0.8078 & 0.6267 & 0.3559 & 0.0918 & 0 \end{bmatrix}
$$

（2）求数据矩阵 $\boldsymbol{D}$：

$$
d_{ij}=\sum_{\alpha=1}^{p}\sum_{\beta=1}^{j}\left[x_{\alpha\beta}-\overline{x_{\alpha}(i,j)}\right]^{2},\quad \overline{x_{\alpha}(i,j)}=\frac{1}{j-i+1}\sum_{\beta=i}^{j}x_{\alpha\beta}
$$

$$
D=\begin{bmatrix} 0 & 0.022 & 0.2978 & 0.7782 & 1.3513 & 2.3390 \\ & 0 & 0.2053 & 0.5172 & 1.0360 & 1.7196 \\ & & 0 & 0.0751 & 0.6834 & 1.1808 \\ & & & 0 & 0.5350 & 0.9473 \\ & & & & 0 & 0.6396 \\ & & & & & 0 \end{bmatrix}
$$

（3）最优二分割（对 $m=6$，5，4，3，2 计算）：

$$W_m(2;j)=d_{1j}+d_{j+1,m}(j=1,2,\cdots,m-1)$$

当 $m=6$ 时，有

$$W_6(2;5)=d_{15}+d_{66}=1.3513+0=1.3513$$
$$W_6(2;4)=d_{14}+d_{56}=0.7782+0.6396=1.4178$$
$$W_6(2;3)=d_{13}+d_{46}=0.2978+0.9473=1.2451$$
$$W_6(2;2)=d_{12}+d_{36}=0.022+1.1808=1.2028$$
$$W_6(2;1)=d_{11}+d_{26}=0+2.3390=2.3390$$

可得：$a_1(6)=2$

当 $m=5$ 时，有

$$W_5(2;4)=d_{14}+d_{55}=0.7782$$
$$W_5(2;3)=d_{13}+d_{45}=0.8328$$
$$W_5(2;2)=d_{12}+d_{35}=0.7054$$
$$W_5(2;1)=d_{11}+d_{25}=1.0360$$

可得：$a_1(5)=2$

当 $m=4$ 时，有

$$W_4(2;3)=d_{13}+d_{44}=0.2978$$
$$W_4(2;2)=d_{12}+d_{34}=0.0971$$
$$W_4(2;1)=d_{11}+d_{24}=0.5172$$

可得：$a_1(4)=2$

当 $m=3$ 时，有

$$W_3(2;2)=d_{12}+d_{22}=0.022$$
$$W_3(2;1)=d_{13}+d_{23}=0.2053$$

可得：$a_1(3)=2$

当 $m=2$ 时，有

$$W_2(2;1)=d_{11}+d_{22}=0$$

可得：$a_1(2)=1$

（4）最优三分割（对 $m=6$，5，4，3 计算）：

$$W_m(3;a_1(j),j)=W_j(2;a_1(j))+d_{j+1,m}(j=2,3,\cdots,m-1)$$

当 $m=6$ 时，有

$$W_6(3;a_1(5),5)=W_5(2;a_1(5))+d_{66}=0.7054+0=0.7054$$

$$W_6(3;a_1(4),4)=W_4(2;a_1(4))+d_{56}=0.7367$$

$$W_6(3;a_1(3),3)=W_3(2;a_1(3))+d_{46}=0.9693$$

$$W_6(3;a_1(2),2)=W_2(2;a_1(2))+d_{36}=1.1808$$

可得：$a_1(6)=a_2(5)=2$，$a_2(6)=5$

当 $m=5$ 时，有

$$W_5(3;a_1(4),4)=W_4(2;a_1(4))+d_{55}=0.0971$$

$$W_5(3;a_1(3),3)=W_3(2;a_1(3))+d_{45}=0.5570$$

$$W_5(3;a_1(2),2)=W_2(2;a_1(3))+d_{35}=0.6834$$

可得：$a_1(5)=a_1(4)=2$，$a_2(5)=4$

当 $m=4$ 时，有

$$W_4(3;a_1(3),3)=W_3(2;a_1(3))+d_{44}=0.022$$

$$W_4(3;a_1(2),2)=W_2(2;a_1(2))+d_{34}=0.0751$$

可得：$a_1(4)=a_1(3)=2$，$a_2(4)=3$

当 $m=3$ 时，$a_1(3)=1$，$a_2(3)=2$

思考题

1. 聚类分析的概念。
2. 在聚类分析过程中是否需要对数据进行预处理，如果需要请叙述原因。
3. 请叙述常用的聚合法聚类统计量及其地质内涵。
4. 请叙述常用的分解法聚类统计量及其地质内涵。
5. 试述聚合法聚类分析的基本过程。
6. 试述分解法聚类分析的基本过程。

第四章　判别分析

[本章学习提要]

本章重点讲述两总体判别分析、多组判别分析、逐步判别分析的基本概念和方法原理，熟练掌握费歇尔准则、贝叶斯准则、后验概率、Wilks 统计量的概念和计算方法，掌握它们的实际地质应用。

[本章思政目标及参考]

通过学习判别分析在解决实际问题中的应用案例，以及我国优秀统计学家在创新研究和国家建设中的卓越贡献，激发学生对祖国科技发展的热爱与责任感。

第一节　概述

一、判别分析的概念

判别分析最早由英国学者 R. A. Fisher 于 1936 年提出，20 世纪 60 年代初引入地质学研究中。

判别分析（discrimnant analysis）又称判别函数分析，是在已知类型（如 A、B、C、D 四类）和数目的情况下（图 4-1），按一定的判别准则和相应判别函数，判断任一待判个体该归入哪一类的多元统计方法。判别分析的基本任务是解决样品归属问题，如根据测井曲线，判断是油层还是水层；一套地层属于哪一地质时代等。

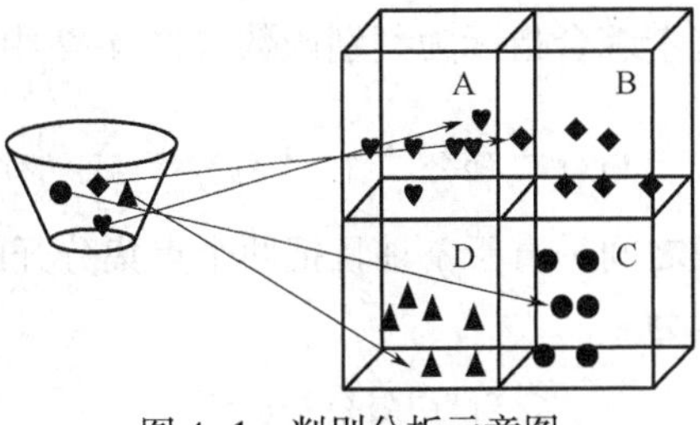

图 4-1　判别分析示意图

根据判别的组数不同，可分为两类判别（判别类型仅有两个）、多类判别。根据判别函数（区分不同总体所用的数学模型）形式不同，可分为线性判别、非线性判别。根据判别时处理变量的方法不同，可分为逐步判别和序贯判别。按判别准则（判别的依据或标准）不同，分为距离判别、费歇尔（Fisher）准则、贝叶斯（Bayes）准则。

二、判别分析与聚类分析的区别与联系

判别分析和聚类分析都属于分类问题，但两者在分析内容、要求上不同。地质研究中，若有一定数量的样品，但事先不清楚这些样品的类别划分，在此基础上进行的分类，归属聚类分析的范畴。聚类分析是在没有“先验”知识的情况下进行的分类，因而具有一定程度的随意性。也就是说根据研究对象的不同分类指标，会得到不同的分类结果，如何分类，这属于聚类分析要研究的问题。正因如此，聚类分析属于无监督分类。若是在已知分类的情况下，判别未知样品归属哪一类的问题，则属判别分析的范畴。判别分析是首先已知样品应分为怎样的类别，在此基础上判别未知样品应属于已知分类中的哪一类。因此，判别分析属于有监督的分类。

聚类分析与判别分析虽然在分析内容上不同，但也有一定的联系，因此实际工作中常是两种方法结合使用。当总体分类不清楚时，可先用聚类分析对这些样品进行分类，然后再用判别分析建立判别函数对新样品进行判别。

三、判别函数

若有两类物体，在统计学上称为总体（或母体）。它们的分布状态均可以利用 p 个变量，在 p 维空间中用两个椭球状点集表示出来。

设 A、B 两个总体，从中抽取两组样品，每个样品有两个变量，现以变量为轴，将 A、B 两组样品在二维空间中表示出来（图 4-2）。由图中可以看出，两类总体以任何一个变量为基础都不能将其明显地区分开。两类同一变量之间，总有些重叠部分。如若 A、B 两个总体为两煤层，变量 x_1、x_2 分别为煤的灰分和硫分。A 煤层的灰分和硫分分别在 10%~20%和 1%~3%的范围内变化；B 煤层的灰分和硫分分别在 15%~35%和 0.5%~2%的范围内变化。显然，仅根据某一个变量值不能完全把 A、B 两层煤层分开，这是由于两层煤灰分和硫分含量有一重叠部分。假设一个未知样品的灰分为 18%，硫分为 1.5%，就不能明确地将它归入哪一层煤。如果能设法利用两个或多个变量的线性组合构成一个合适的综合判别指标，并使其能最大限度地缩小不易判别的重叠部分，从而提高正确判别的概率，则称变量的线性组合这个综合指标为判别函数（图 4-2 中直线 Ⅰ）。

$$y = c_1x_1 + c_2x_2 + \cdots + c_px_p = \sum_{i=1}^{p} c_jx_j \tag{4-1}$$

二维空间中，在两点集之间垂直于 y 轴且把两个点集分开的直线（图 4-2 中直线 Ⅱ）称为判别直线。其直线方程为

$$c_1x_1+c_2x_2-y_0=0 \tag{4-2}$$

在多维情况下，判别直线将是一个平面（$p=3$）或（$p-1$）维超平面（$p>3$），其方程如下：

$$c_1x_1+c_2x_2+\cdots+c_px_p-y_0=0 \tag{4-3}$$

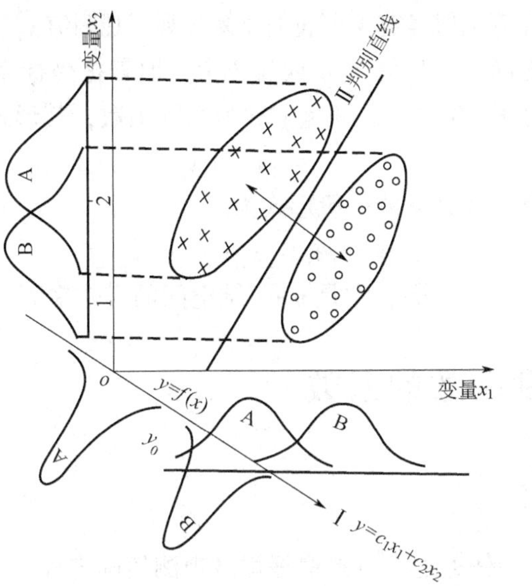

图 4-2　两个二元总体间的判别函数

由此看出，判别分析的特点是能够大大缩减向量的维数，而不致损失很多信息。

第二节　两组判别分析及应用

两组判别分析是根据总体 A、B 的两组样品观测值，建立用于判定样品 x（x 属于 A 或者 B）所属总体的线性判别函数的多元统计分析方法。

一、线性判别函数的一般形式

若样品 X 有 x_1、x_2 两个变量，总体 A、B 的样品分别落在两个椭圆内，如图 4-3 所

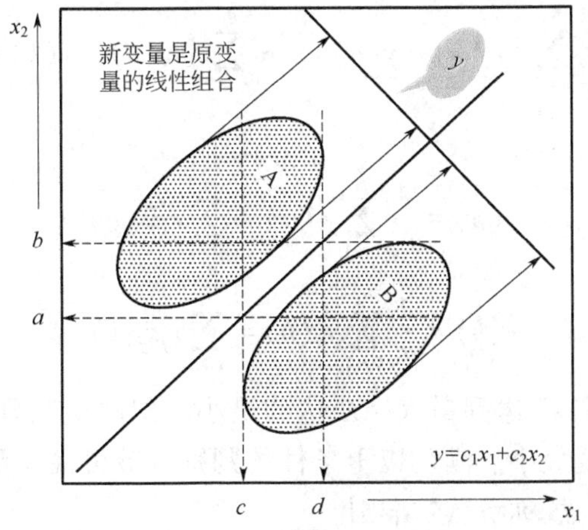

图 4-3　判别分析示意图

示。若直接用的 x_1、x_2 观测值确定 X 所属的总体，则当观测值 x_1、x_2 分别落在区间（c，d）和（a，b）内时，不能确定样品属于 A 或属于 B。但若把坐标系旋转 α 角，变为新坐标系 y，z，变量 y 则可把 A、B 分开，变量 y 称为判别函数，其形式为

$$y=c_1x_1+c_2x_2 \tag{4-4}$$

设样品有 m 个变量，那么 y 的一般形式为

$$y=c_1x_1+c_2x_2+\cdots+c_mx_m \tag{4-5}$$

式(4-5) 称为线性判别函数，它是 $m+1$ 维空间的一个平面。

二、确定判别函数的系数

(一) 原始数据

进行线性判别分析的任务之一就是根据样品观测值确定式(4-5) 中的系数 $c_1, c_2, \cdots, c_m$。假设从总体 A，B 中分别取出 n_a，n_b 个样品，每个样品有 m 个变量，它们的观测值分别记为

$$x_{ij}(a), x_{ij}(b)\,(i=1,2,\cdots,n_a; k=1,2,\cdots,n_b; j=1,2,\cdots,m) \tag{4-6}$$

这是建立线性判别函数的原始数据。

(二) 费歇尔准则下的判别函数

把式(4-6) 中的观测值分别代入式(4-5)，得判别函数值：

$$y_i(a)=\sum_{j=1}^{m} c_j x_{ij}(a) \quad (i=1,2,\cdots,n_a)$$

$$y_k(b)=\sum_{j=1}^{m} c_j x_{kj}(b) \quad (k=1,2,\cdots,n_b)$$

记

$$Q=[\bar{y}(a)-\bar{y}(b)]^2 \tag{4-7}$$

$$H=\sum_{i=1}^{n_a}[y_i(a)-\bar{y}(a)]^2+\sum_{k=1}^{n_b}[y_k(b)-\bar{y}(b)]^2 \tag{4-8}$$

式(4-7)、式(4-8) 中

$$\bar{y}(a)=\frac{1}{n_a}\sum_{i=1}^{n_a} y_j(a)=\sum_{j=1}^{m} c_j\bar{x}_j(a)$$

$$\bar{y}(b)=\frac{1}{n_b}\sum_{k=1}^{n_b} y_k(b)=\sum_{j=1}^{m} c_j\bar{x}_j(b)$$

建立判别函数时要求 Q 达到最大，H 达到最小，即两组判别函数点的中心距最大，组内判别函数点的离散度最小。满足以上条件的判别函数可最大限度地把 A，B 区分开。上述准则由费歇尔提出，故称费歇尔准则。

上述准则等价于要求 $V=Q/H$ 达到最大。V 是 $c_j(j=1,2,\cdots,m)$ 的二次函数，且 $V>0$，

根据极值原理有

$$\frac{\partial V}{\partial c_j}=0 \quad (j=1,2,\cdots,m)$$

对上式化简整理，则有

$$\sum_{k=1}^{m} s_{jk}c_k = d_j \tag{4-9}$$

其中

$$s_{jk} = \sum_{i=1}^{n_a} [x_{ij}(a) - \bar{x}_j(a)][x_{ik}(a) - \bar{x}_k(a)] + \sum_{i=1}^{n_b} [x_{ij}(b) - \bar{x}_k(b)][x_{ik}(b) - \bar{x}_k(b)]$$

$$(j,k=1,2,\cdots,m)$$

$$d_j = [\bar{x}_j(a) - \bar{x}_j(b)] \quad (j=1,2,\cdots,m)$$

式(4-9) 是以 c_j 为变量的方程组，从中可解出 c_j 得判别函数式(4-5)。

三、显著性检验及样品的判别

若总体 A，B 差异不明显，那么由观测值建立的判别函数就没有实际意义。为此，需要对 A，B 的差异性进行检验。

（一）检验方法

用已建立的判别函数对已知样品的总体重新判定，若判断对了 $n(n \leqslant (n_a+n_b))$ 个，定义 $r=n/(n_a+n_b)$ 为对判率。r 越大，A，B 差异就越明显，判别函数的判别效果就越显著。

（二）样品总体的判别

在判别函数显著的条件下，定义

$$y_c = [n_a\bar{y}(a) + n_b\bar{y}(b)]/(n_a+n_b)$$

为判别样品总体的判别指数。

若 $\bar{y}(a)>y>\bar{y}(b)$，把样品 X 的观测值 $x_j(j=1,2,\cdots,m)$ 代入判别函数式(4-5)，得判别函数值 y，当 $y>y_c$ 时，$X \in A$，否则 $X \in B$。

【例 4-1】 为提高某油田某区块油层、水层识别精度，取若干个油层和水层的测井资料以建立该区块油水层的判别函数，所选取的地质指标分别为岩性系数（x_1）、孔隙度（x_2）、侵入系数（x_3）和含油气饱和度（x_4），若油层为 A，水层为 B，原始数据如表 4-1 所示（最后一列是建立判别函数之后求得的各样品的判别函数值 y）。

表 4-1 油层和水层样品指标表

油层 A	x_1	x_2	x_3	x_4	y
1	0.276	0.18	0.446	0.683	11.60
2	0.378	0.20	0.746	0.673	8.05
3	0.325	0.20	0.80	0.633	7.75

续表

油层 A	x_1	x_2	x_3	x_4	y
4	0.138	0.21	0.75	0.728	15.09
5	0.29	0.241	0.87	0.649	7.43
6	0.27	0.19	1.73	0.613	8.51
7	0.45	10.23	2.66	0.544	0.07
8	0.302	0.23	1.78	0.59	5.27
9	0.344	0.24	3.4	0.618	4.67
10	0.358	0.21	1.37	0.619	5.98
11	0.076	0.26	0.85	0.733	14.59
12	0.346	0.27	1.32	0.621	3.85
13	0.186	0.30	0.56	0.796	12.85
水层 B	x_1	x_2	x_3	x_4	y
1	0.62	0.24	6.22	0.544	-4.78
2	0.61	0.25	1.42	0.494	-6.01
3	0.62	0.27	1.46	0.51	-6.47
4	0.56	0.13	1.30	0.372	-4.43
5	0.432	0.215	0.90	0.214	-10.85
6	0.47	0.20	2.90	0.22	-11.20
7	0.56	0.20	3.00	0.221	-13.21
8	0.29	0.25	4.66	0.395	-3.01
9	0.302	0.22	3.18	0.25	-7.17
10	0.347	0.19	317.90	0.23	-10.19
11	0.269	0.25	8.70	0.145	-12.50

解：（1）计算各组指标的平均值和均值差：

$$\bar{x}_1(A)=0.2876,\bar{x}_2(A)=0.2278,\bar{x}_3(A)=1.3294,\bar{x}_4(A)=0.6538$$

$$\bar{x}_1(B)=0.4618,\bar{x}_2(B)=0.2195,\bar{x}_3(B)=4.6954,\bar{x}_4(B)=0.3268$$

$$d_1=-0.1742,d_2=0.0083,d_3=-3.3651,d_4=0.327$$

（2）计算两组的综合协方差矩阵并形成方程组。

由上步（1）计算得到的综合协方差矩阵为

$$\boldsymbol{S}=\begin{bmatrix} 0.01469 & -0.0006495 & -0.1209 & 0.002966 \\ -0.0006495 & 0.001349 & 0.0004222 & 0.001309 \\ -0.1209 & -0.0004222 & 11.7019 & -0.11529 \\ 0.002966 & 0.001309 & -0.11529 & 0.011549 \end{bmatrix}$$

得到方程组：

$$\boldsymbol{SC}=\boldsymbol{D}$$

其中

$$\boldsymbol{C}=[c_1,c_2,c_3,c_4]',\boldsymbol{D}=[d_1,d_2,d_3,d_4]'$$

（3）解上述方程组的判别系数：

$$c_1=-22.5698, c_2=-41.3115, c_3=-0.17016, c_4=37.1$$

从而，判别函数为

$$y=-22.5698x_1-41.3115x_2-0.17016x_3+37.1x_4$$

（4）计算各组判别函数的平均值和判别指标：

$$\bar{y}(A)=\sum_{j=1}^{4} c_j\bar{x}_j(A)=8.1307, \bar{y}(B)=\sum_{j=1}^{4} c_j\bar{x}_j(B)=-8.1667$$

$$y_0=\frac{13\times 8.1307+11\times(-8.1667)}{13+11}=0.661$$

（5）计算各组判别函数的平均值和判别指标：

$$D^2=\sum_{j=1}^{4} c_j d_j=16.30$$

$$F=\frac{13\times 11}{(13+11)(13+11-2)}\times\frac{13+11-4-1}{4}\times 16.30=21$$

取 $\alpha=0.05$，查 F 分布表得 $F_{0.05}(4,19)=2.90$，显然判别函数是高度显著的。

将原样品代入判别函数进行回判，所得原样品的判别函数值 y 见表 4-1 的最后一列，13 个样品中除第 7 个的判别函数值 $y=0.07$ 小于判别指标被错判为水层外，其余均判为油层，11 个水层的 y 值均小于判别指标而判为水层，总共 24 个样品中只有 1 个判错，判对率高达 96%，判别结果是令人满意的，判别函数是可以用的。

第三节　多组判别分析及应用

一、原始数据

如果从 G（$G>2$）个总体 $a_1, a_2, \cdots, a_G$ 中分别取出 $n_1, n_2, \cdots, n_G$ 个样品，并且每个样品有 m 个变量，那么样品构成的观测样本为

$$\boldsymbol{X}_{gk}=\begin{bmatrix} x_{gk}^{(1)} \\ x_{gk}^{(2)} \\ \vdots \\ x_{gk}^{(m)} \end{bmatrix} \quad (g=1,2,\cdots,G; k=1,2,\cdots,n_g)$$

式中　$x_{gk}^{(1)}$——总体 $a_g(g=1,2,\cdots,G)$ 中第 $k(k=1,2,\cdots,n_g)$ 个样品第 $i(i=1,2,\cdots,m)$ 个变量的观测值。

二、多组判别分析的判别函数

如果把取出的 G 组样品视为 G 个总体，并记为 $\boldsymbol{A}=(a_1, a_2, \cdots, a_G)$，那么对于待判别

的一个样品 x（x 属于 $\boldsymbol{A}$）来说，在对它所属的总体作出判定之前，它属于任何一个总体都是可能的，只是归属总体 $a_g(g=1,2,\cdots,G)$ 的概率不同。如果把 $a_1,a_2,\cdots,a_G$ 视为总体样本空间的一个划分，那么由 Bayes 公式可以求得样品 x 属于 $a_g(g=1,2,\cdots,G)$ 的条件（后验）概率：

$$P(a_g \mid X)=\frac{P(a_g)P(X \mid a_g)}{\sum_{j=1}^{G}P(a_j)P(X \mid a_j)}=\frac{P_g f_g(X)}{\sum_{j=1}^{G}P_j f_j(X)} \tag{4-10}$$

式中　P_g，$f_g(X)$ ——总体 a_g 的先验概率和概率密度。

依据条件概率 $P(a_g \mid X)$ 的相对大小，可对未知样品 x 的总体作出判断。若 $P(a_k \mid X)$ 是条件概率中的最大者，那么把未知样品 X 的总体判定为 a_k，判错的概率就最小。在计算条件概率时，式(4-10) 的分母是一个与 g 无关的常量 C，若取式(4-10) 的分子，记为

$$E_g(X)=P_g f_g(X) \quad (g=1,2,\cdots,G) \tag{4-11}$$

那么式(4-11) 的函数值仅是条件概率 $P(a_g \mid X)$ 的 C 倍，因此按 $E_g(X)$ 函数值的相对大小判定未知样品 X 的总体与式(4-10) 是等价的。式(4-11) 是多组判别的一般判别函数。

三、正态总体的判别函数

用式(4-11) 判定样品 X 的总体，需要进一步确定总体的先验概率 P_g 和概率密度 $f_g(X)$。

假设总体服从正态分布，其概率密度为

$$f_g(\boldsymbol{X})=\frac{|\boldsymbol{\Sigma}^{-1}|^{1/2}}{(2\pi)^{m/2}}\exp\left[-\frac{1}{2}(\boldsymbol{X}-\boldsymbol{\mu}_g)'\boldsymbol{\Sigma}^{-1}(\boldsymbol{X}-\boldsymbol{\mu}_g)\right] \tag{4-12}$$

$$\boldsymbol{X}=(x^{(1)},x^{(2)},\cdots,x^{(m)})'$$

式中　$\boldsymbol{\mu}_g$——a_g 的期望向量；

$\boldsymbol{\Sigma}$——各个总体共同的协方差矩阵；

$\boldsymbol{\Sigma}^{-1}$——$\boldsymbol{\Sigma}$ 的逆矩阵。

由原始数据可求得 $\boldsymbol{\mu}_g$、$\boldsymbol{\Sigma}$ 的估计 $\overline{\boldsymbol{X}}_{gk}$ 和 $\boldsymbol{S}$，并且

$$\boldsymbol{X}_{gk}=\begin{bmatrix} x_{gk}^{(1)} \\ x_{gk}^{(2)} \\ \vdots \\ x_{gk}^{(m)} \end{bmatrix}(g=1,2,\cdots,G);\quad \boldsymbol{S}=\begin{bmatrix} S_{11} & S_{12} & \cdots & S_{1m} \\ S_{21} & S_{22} & \cdots & S_{2m} \\ \vdots & \vdots & & \vdots \\ S_{m1} & S_{m2} & \cdots & S_{mm} \end{bmatrix}$$

其中

$$\bar{x}_{gk}^{(i)}=\frac{1}{n_g}\sum_{k=1}^{n_g}x_{gk}^{(i)} \quad (i=1,2,\cdots,m)$$

$$s_{ij}=\frac{1}{N-G}\sum_{g=1}^{G}\sum_{k=1}^{n_g}(x_{gk}^{(i)}-\bar{x}_{gk}^{(i)})(x_{gk}^{(j)}-\bar{x}_{gk}^{(j)})\,(i,j=1,2,\cdots,m;N=n_1+n_2+\cdots+n_G)$$

由此，可把式(4-12) 改写为

$$f_g(\boldsymbol{X})=\frac{|\boldsymbol{S}^{-1}|^{1/2}}{(2\pi)^{m/2}}\exp\left[-\frac{1}{2}(\boldsymbol{X}-\overline{\boldsymbol{X}}_{gk})'\boldsymbol{S}^{-1}(\boldsymbol{X}-\overline{\boldsymbol{X}}_{gk})\right] \quad (4-13)$$

把式(4-13) 和 $P_g=n_g/N$ 代入式(4-11)，再对该式两边取自然对数并舍去其中与 g 无关的项，化简得正态总体下的判别函数：

$$\begin{aligned} F_g(\boldsymbol{X}) &= \ln q_{gk} + \boldsymbol{X}'\boldsymbol{S}^{-1}\overline{\boldsymbol{X}}_{gk} - \frac{1}{2}\overline{\boldsymbol{X}}'_{gk}\boldsymbol{S}^{-1}\overline{\boldsymbol{X}}_{gk} \\ &= \ln q_{gk} + \sum_{k=1}^{m} c_g^{(k)}x^{(k)} + c_{0g} \quad (g=1,2,\cdots,G) \end{aligned} \quad (4-14)$$

其中

$$c_g^{(k)} = \sum_{l=1}^{m} S_{kl}^{-1}\bar{x}_{gk}^{(l)}$$

$$c_{0g} = -\frac{1}{2}\sum_{l=1}^{m} c_g^{(k)}\cdot\bar{x}_{gk}^{(k)} \quad (k=1,2,\cdots,m)$$

对于服从其他分布的总体来说，仿照上述做法可以得到相应的判别函数。

四、对样品总体的判别

把样品 X 的观测值 $\boldsymbol{X}=(x^{(1)},x^{(2)},\cdots,x^{(m)})'$代入式(4-14)，得 $F_g(\boldsymbol{X})(g=1,2,\cdots,G)$，若

$$F_k(\boldsymbol{X})=\max_{1\leqslant g\leqslant G}F_g(\boldsymbol{X})$$

那么判定样品 X 属于总体 a 的条件概率为

$$p_k=\exp[F_k(\boldsymbol{X})]/\sum^{G}\exp[F_j(\boldsymbol{X})] \quad (k=1,2,\cdots,G)$$

五、判别函数的显著性检验

(一) 对判率检验

利用式(4-14) 对观测样本 $N(N=n_1+n_2+\cdots+n_G)$ 个样品的总体重新判定，若判断对了 $n(n\leqslant N)$ 个，那么称 $r(r=n/N)$ 为对判率。r 越大，总体间的差异就越明显，判别函数的判别效果就越好。

(二) 马哈拉诺比斯距离 D^2 检验

假设 H_0：总体差异不明显。

统计量为

$$D^2=\sum_{i=1}^{m}\sum_{j=1}^{m}\sum_{k=1}^{G}n_kS_{ij}^{-1}(\bar{x}_k^{(i)}-\bar{x}^{(i)})(\bar{x}_k^{(j)}-\bar{x}^{(j)})$$

其中

$$\bar{x}^{(i)}=\frac{1}{N}\sum_{k=1}^{G}\sum_{j=1}^{n_k}x_{kj}^{(i)}=\frac{1}{N}\sum_{k=1}^{G}n_k\cdot\bar{x}_k^{(i)}\quad(i=1,2,\cdots,m)$$

D^2 服从自由度为 $m(G-1)$ 的 λ^2 分布。给定检验水平 α，查 λ_α^2 分布表得 D^2 的临界值 D^*。当 $D^2>D^*$ 时，否定假设 H_0，即拟定的 m 个变量能够区分开已知的 G 个总体，否则接受假设 H_0，即拟定的 m 个变量不能对样品的归属做出正确的判别，此时应剔除其中区分能力小的变量或者引入一些更有效的变量，重新建立判别函数。

【例 4-2】 在例 4-1 中，除了 13 个油层、11 个水层之外，另有 7 个油水层的资料，如表 4-2 所示，根据三组已知样品建立油层、水层和油水层的判别函数。

表 4-2 油水层样品

油水层	x_1	x_2	x_3	x_4
1	0. 36	0. 19	3. 8	0. 56
2	0. 42	0. 14	0. 84	0. 54
3	0. 357	0. 29	4. 2	0. 50
4	0. 35	0. 17	3. 18	0. 61
5	0. 324	0. 30	5. 2	0. 615
6	0. 52	0. 27	3. 0	0. 58
7	0. 608	0. 18	1. 2	0. 59

解：(1) 计算各组每一个变量的平均值：

$$\bar{x}_1^{(1)}=0.2876,\bar{x}_1^{(2)}=0.2278,\bar{x}_1^{(3)}=1.3294,\bar{x}_1^{(4)}=0.6538$$

$$\bar{x}_2^{(1)}=0.4618,\bar{x}_2^{(2)}=0.2195,\bar{x}_2^{(3)}=4.6945,\bar{x}_2^{(4)}=0.3268$$

$$\bar{x}_3^{(1)}=0.4199,\bar{x}_3^{(2)}=-0.223,\bar{x}_3^{(3)}=3.06,\bar{x}_3^{(4)}=0.5707$$

(2) 计算样品的协方差矩阵 $\boldsymbol{S}$ 及其逆矩阵 $\boldsymbol{S}^{-1}$：

$$\boldsymbol{S}=\begin{bmatrix}0.01394 & -0.0008429 & -0.11948 & 0.002425\\ -0.0008429 & 0.001960 & 0.01353 & 0.0009966\\ -0.11948 & 0.01353 & 9.7241 & -0.089.6\\ 0.002425 & 0.0009966 & -0.08906 & -0.009432\end{bmatrix}$$

(3) 计算各组判别函数。

以计算第一组判别函数为例，计算过程用矩阵运算形式给出：

$$\ln q_1=\ln(13/31)=-0.86904$$

$$\boldsymbol{S}^{-1}=\begin{bmatrix}84.288 & 39.890 & 0.8134 & -18.210\\ 39.890 & 575.855 & -1.0536 & -81.053\\ 0.8134 & -1.0536 & 0.1241 & 1.0743\\ -18.210 & -81.053 & 1.0743 & 129.416\end{bmatrix}$$

$$\boldsymbol{X}^{\mathrm{T}}\boldsymbol{S}^{-1}\overline{\boldsymbol{X}}_1=(x_1,x_2,x_3,x_4)\begin{bmatrix}84.288 & 39.890 & 0.8134 & -18.210\\ 39.890 & 575.855 & -1.0536 & -81.053\\ 0.8134 & -1.0536 & 0.1241 & 1.0743\\ -18.210 & -81.053 & 1.0743 & 129.416\end{bmatrix}\begin{bmatrix}0.2876\\ 0.2278\\ 1.3294\\ 0.6538\end{bmatrix}$$

$$=22.50x_1+88.24x_2+0.8614x_3+62.35x_4-\frac{1}{2}\overline{\boldsymbol{X}}_1^{\mathrm{T}}\boldsymbol{S}^{-1}\overline{\boldsymbol{X}}_1$$

$$=-\frac{1}{2}[0.2876\quad 0.2278\quad 1.3294\quad 0.6538]$$

于是得到第一组判别函数为

$$F_1(\boldsymbol{X})=-0.8690+22.50x_1+88.24x_2+0.8614x_3+62.35x_4-33.372$$
$$=22.50x_1+88.24x_2+0.8614x_3+62.35x_4-34.271$$

同样可以求出第二组和第三组判别函数：

$$F_2(\boldsymbol{X})=45.55x_1+113.41x_2+1.078x_3+21.13x_4-28.952$$
$$F_3(\boldsymbol{X})=36.261x_1+93.954x_2+1.103x_3+51.67x_4-34.379$$

（4）组别判别。

将 31 个原样品指标代入各判别函数，将每个样品归于其判别函数值为最大的那一组，考察其对判率，以第一组第一个样品为例。

$$F_1(x)=22.50\times0.276+88.24\times0.18+0.8614\times0.446+62.35\times0.683-34.271=29.95$$
$$F_2(x)=17.91$$
$$F_3(x)=26.83$$

因为 $F_1(X)$ 的值最大，所以样品应该为第一组（油层）。

还可以算出该样品归于各组的后验概率 $P\{g|X\}(g=1,2,3)$。

$$P\{1|X\}=\frac{\exp(29.95)}{\exp(29.95)+\exp(17.91)+\exp(26.83)}\approx0.96$$
$$P\{2|X\}\approx0$$
$$P\{3|X\}\approx0.04$$

可见归于第一组的概率最大，为 96%。

将 31 个样品按以上做法进行回判归类，其结果是油层中有 1 个（第 7 个）判为油水层，其余 12 个均判为油层。水层中有 10 层判对，有 1 层（第 1 层）判为油水层。油水层中有 6 层判对，1 层（第 4 层）错判为油层。总体 31 层判对了 28 层，对判率 90%，判别效果良好。

第四节　逐步判别分析及应用

地质研究人员总希望用尽可能少的变量就能解决需要判别的问题，也就是说，应当选择少数的有效变量进行判别分析。多余的变量参加判别，不仅会使计算工作量增加，而且还有可能因相关变量的增加而导致求解判别函数的困难，因而，自然会产生类似逐步回归分析的想法，即对变量按其判别能力的大小，在计算过程中有进有出，从而保留那些对判别总体起决定作用的变量，剔除那些对判别总体作用小甚至不起作用的变量。

一、逐步判别方法原理

（一）Wilks 统计量

把样本数据记为 X_{gk}，它来自 G 个具有相同协方差矩阵的正态总体 $N(\mu_i, \Sigma)$。各总体样本的变量均值和总均值：

$$\bar{x}_g^{(i)} = \frac{1}{n_g}\sum_{k=1}^{n_g} x_{gk}^{(i)}$$

$$\bar{x}_g = \frac{1}{N}\sum_{g=1}^{G}\sum_{k=1}^{n_g} x_{gk}^{(i)} = \sum_{g=1}^{G} n_g \bar{x}_g^{(i)} \Big/ \sum_{g=1}^{G} n_g \quad (i = 1,2,\cdots,m)$$

现在定义总体内离差矩阵 $\boldsymbol{W}$、样本间离差矩阵 $\boldsymbol{B}$ 和总离差矩阵 $\boldsymbol{T}$：

$$\boldsymbol{W} = [w_{ij}]_{m\times m}, \boldsymbol{B} = [b_{ij}]_{m\times m}, \boldsymbol{T} = [t_{ij}]_{m\times m}$$

$$w_{ij} = \sum_{g=1}^{G}\sum_{k=1}^{n_g}(x_{gk}^{(i)} - \bar{x}_g^{(i)})(x_{gk}^{(j)} - \bar{x}_g^{(j)})$$

$$b_{ij} = \sum_{g=1}^{G} n_g(\bar{x}_g^{(i)} - \bar{x}^{(i)})(\bar{x}_g^{(j)} - \bar{x}^{(j)})$$

$$t_{ij} = \sum_{g=1}^{G}\sum_{k=1}^{n_g}(x_{gk}^{(i)} - \bar{x}_g^{(i)})(x_{gk}^{(j)} - \bar{x}_g^{(j)}) \quad (i,j = 1,2,\cdots,m)$$

可以证明

$$\boldsymbol{T} = \boldsymbol{W} + \boldsymbol{B}$$

由总体内离差矩阵 $\boldsymbol{W}$ 和总离差矩阵 $\boldsymbol{T}$ 构成 Wilks 统计量 $U = |\boldsymbol{W}| / |\boldsymbol{T}|$，$U$ 值越小，总体内差异越小，总体间差异越大，变量判别能力越强。

Wilks 统计量是在假设

$$H_0: \mu_1 = \mu_1 = \cdots = \mu_G$$

下检验 G 个变量综合判别能力的统计量。它是两个行列式之比，U 越小，总体内部差异越小，各总体之间的差异就越明显。

（二）"引入"与"剔除"变量的统计量

U 是检验变量综合判别能力的一个指标。现在就从 U 出发，找出检验某个变量 $x^{(r)}$ 判别能力的 Wilks 统计量。

对于任意一个 n 阶行列式 $|\boldsymbol{D}|$，如果按列号 $r_1, r_2, \cdots, r_m$ 的顺序进行消去计算，那么行列式 $|\boldsymbol{D}|$ 可以写成

$$|\boldsymbol{D}| = d_{r_1r_1}^{(0)} d_{r_2r_2}^{(1)} \cdots d_{r_nr_n}^{(n-1)} \quad (r_p \text{ 不相等}; l = 1,2,\cdots,n)$$

由此可得，Wilks 统计量

$$U = \frac{w_{r_1r_1}^{(0)} w_{r_2r_2}^{(1)} \cdots w_{r_mr_m}^{(m-1)}}{t_{r_1r_1}^{(0)} t_{r_2r_2}^{(1)} \cdots t_{r_mr_m}^{(m-1)}}$$

为了表明消列顺序，把 Wilks 统计量改写为

$$U_{r_1r_2\cdots r_m}=\frac{w_{r_1r_1}^{(0)}w_{r_2r_2}^{(1)}\cdots w_{r_mr_m}^{(m-1)}}{t_{r_1r_1}^{(0)}t_{r_2r_2}^{(1)}\cdots t_{r_mr_m}^{(m-1)}} \tag{4-15}$$

由式(4-15) 可导出引入或剔除变量 $x^{(r)}$ 的 Wilks 统计量。

1. “引入” 变量 x 的 Wilks 统计量

设逐步判别分析进行了 L 步，共引入了 l 个（即前 L 步没有剔除变量）变量，根据式(4-15) 有

$$U_{r_1r_2\cdots r_l}=\frac{w_{r_1r_1}^{(0)}w_{r_2r_2}^{(1)}\cdots w_{r_lr_l}^{(L-1)}}{t_{r_1r_1}^{(0)}t_{r_2r_2}^{(1)}\cdots t_{r_lr_l}^{(L-1)}} \tag{4-16}$$

在引入变量 $x^{(r_1)}$，$x^{(r_2)}$，…，$x^{(r_l)}$ 之后，若再引入变量 $x^{(r)}$，则有

$$U_{r_1r_2\cdots r_p}r=\frac{w_{r_1r_1}^{(0)}w_{r_2r_2}^{(1)}\cdots w_{r_pr_p}^{(p-1)}w_{rr}^{(p)}}{t_{r_1r_1}^{(0)}t_{r_2r_2}^{(1)}\cdots t_{r_lr_l}^{(p-1)}t_{rr}^{(p)}} \tag{4-17}$$

由式(4-16) 和式(4-17) 可知，$w_{rr}^{(L)}/t_{rr}^{(L)}$ 是引入变量 $x^{(r)}$ 后 U 的改变因子，记为

$$U_r=w_{rr}^{(L)}/t_{rr}^{(L)} \quad (r\neq r_1,r_2,\cdots,r_l) \tag{4-18}$$

U_r 越小，说明变量 $x^{(r)}$ 在总体之间的差异越明显，它所起的判别作用就越大。因此 U_r 是检验变量 $x^{(r)}$ 判别能力的 Wilks 统计量。记

$$F_1=\frac{(1-U_r)/(G-1)}{U_r/(N-G-l)}=\frac{(N-G-l)(t_{rr}^{(L)}-w_{rr}^{(L)})}{(G-1)w_{rr}^{(L)}} \tag{4-19}$$

这里 $N=n_1+n_2+\cdots+n_G$。

F_1 服从第一自由度为 $G-1$、第二自由度为 $N-G-l$ 的 F 分布。对于给定的检验水平 α，查 $F_\alpha(G-1,N-G-l)$ 分布表，得临界值 F_α。若由式(4-19) 计算的 $F_1>F_\alpha$，变量 $x^{(r)}$ 的判别能力强，把它引入判别函数。

2. “剔除” 变量 $x^{(r)}$ 的 Wilks 统计量

设逐步判别分析进行了 L 步，共引入了 l 个变量 $x^{(r_1)}$，$x^{(r_2)}$，…，$x^{(r_l)}$。第 $L+1$ 步拟剔除变量 $x^{(r)}(r\in(r_1,r_2,\cdots,r_l))x^{(r)}$，此时，变量 $x^{(r)}$ 的判别能力可视为第 L 步引入 $x^{(r)}$ 的判别能力：

$$U_r=\omega_{rr}^{(L-1)}/t_{rr}^{(L-1)} \quad (r\in(r_1,r_2,\cdots,r_l)) \tag{4-20}$$

统计量

$$F_2=\frac{(1-\dot{U}_r)/(G-1)}{\dot{U}_r/(N-G-l)}=\frac{(N-G-l+1)(1-\dot{U}_r)}{(G-1)\dot{U}_r} \tag{4-21}$$

服从自由度为 $G-1$ 和 $N-G-l+1$ 的 F 分布。对于给定的检验水平 α，查 $F_\alpha(G-1,N-G-l+1)$ 分布表，得临界值 F'_α。若 $F_2\leqslant F'_\alpha$，从判别函数中剔除变量 $x^{(r)}$；否则，把它留入判别函数。

（三）逐步判别分析的变换公式

逐步判别分析建立判别函数的过程与逐步回归建立回归方程的过程相似，不同之处仅

是逐步判别分析要对 **W** 和 **T** 两个矩阵进行变换。

逐步判别分析的第 $L+1$ 步，不论是引入还是剔除变量 $x^{(r)}$，都是对 **W** 和 **T** 矩阵进行一次变换。第 $L+1$ 步消去第 r 列的变换公式如下：

$$w_{kp}^{(L+1)}=\begin{cases}1/w_{rr}^{(L)} & (k=r,p=r)\\ w_{rp}^{(L)}/w_{rr}^{(L)} & (k=r,p\neq r)\\ -w_{kr}^{(L)}/w_{rr}^{(L)} & (k\neq r,p=r)\\ w_{kp}^{(L)}-w_{kr}^{(L)}\cdot w_{rp}^{(L)}/w_{rr}^{(L)} & (k\neq r,p\neq r)\end{cases} \tag{4-22}$$

$$t_{kp}^{(L+1)}=\begin{cases}1/t_{rr}^{(L)} & (k=r,p=r)\\ t_{rp}^{(L)}/t_{rr}^{(L)} & (k=r,p\neq r)\\ -t_{kr}^{(L)}/t_{rr}^{(L)} & (k\neq r,p=r)\\ t_{kp}^{(L)}-t_{kr}^{(L)}\cdot t_{rp}^{(L)}/t_{rr}^{(L)} & (k\neq r,p\neq r)\end{cases} \tag{4-23}$$

二、判别函数的系数和对样品的判别

（一）判别函数的系数

设逐步判别进行了 P 步，共引入了 $v(v\leqslant m)$ 个变量，此时，按下式计算判别函数的系数。

$$\begin{cases}c_g^{(i)}=(N-G)\sum\limits_{j\in v}w_{ij}^{(P)}\bar{x}_g^{(j)},i\in v \quad (g=1,2,\cdots,G)\\ c_{og}=-\dfrac{1}{2}\sum\limits_{i\in v}c_g^{(i)}\bar{x}_g^{(i)} \quad (g=1,2,\cdots,G)\end{cases} \tag{4-24}$$

（二）对样品的判别

假设待判别样品 $\boldsymbol{X}=(x^{(1)},x^{(2)},\cdots,x^{(m)})'$，那么它属于第 g 个总体的判别函数值为

$$F_g(\boldsymbol{X})=\ln q_g+\sum_{i\in v}c_g^{(i)}x^{(i)}+c_{og} \quad (g=1,2,\cdots,G)$$

若

$$F_r(X)=\max_{1\leqslant g\leqslant G}\{F_g(X)\}$$

那么样品归属于总体 a_r。它属于总体 a_r 的条件概率为

$$P_r=\exp[F_r(\boldsymbol{X})]\Big/\sum_{j=1}^{G}\exp[F_j(\boldsymbol{X})]$$

（三）逐步判别分析的步骤

已知 G 个总体 $a_1,a_2,\cdots,a_g$ 中的 k 个样品，每个样品有 m 个变量，即 $X(x_{gk}^{(1)},x_{gk}^{(2)},\cdots,x_{gk}^{(m)};g=a_1,a_2,\cdots,a_g;k=1,2,\cdots,N)$。逐步判别分析流程图见图 4-4。

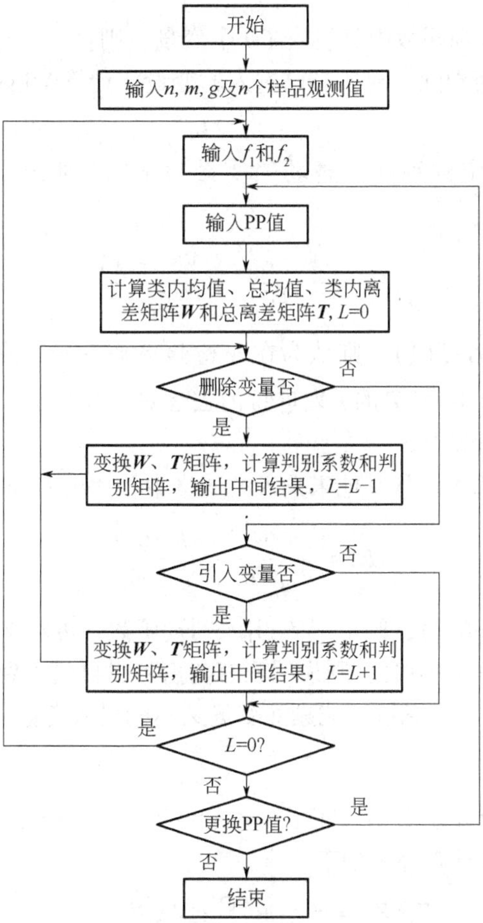

图 4-4　逐步判别分析的流程图

（1）计算各总体样本的变量均值和总均值：

$$\begin{cases} \bar{x}_g^{(i)} = \dfrac{1}{n_g}\sum\limits_{k=1}^{n_g} \bar{x}_{gk}^{(i)} \\ \bar{x}^{(i)} = \dfrac{1}{N}\sum\limits_{g=1}^{G}\sum\limits_{k=1}^{n_g} x_{gk}^{(i)} = \sum\limits_{g=1}^{G} n_g \bar{x}_g^{(i)} \Big/ \sum\limits_{g=1}^{G} n_g \end{cases} \quad (i=1,2,\cdots,m)$$

（2）计算总体内离差矩阵 **W**、总体间离差矩阵 **B** 和总离差矩阵 **T**：

$$\begin{cases} w_{ij} = \sum\limits_{g=1}^{G}\sum\limits_{k=1}^{n_g} (x_{gk}^{(i)} - \bar{x}_g^{(i)})(x_{gk}^{(j)} - \bar{x}_g^{(j)}) \\ b_{ij} = \sum\limits_{g=1}^{G} n_g (\bar{x}_g^{(i)} - \bar{x}_g^{(i)})(\bar{x}_g^{(j)} - \bar{x}^{(j)}) \quad (i,j=1,2,\cdots,m;n_g \text{ 是第 } g \text{ 个总体的样品数}) \\ t_{ij} = \sum\limits_{g=1}^{G}\sum\limits_{k=1}^{n_g} (x_{gk}^{(i)} - \bar{x}^{(i)})(x_{gk}^{(j)} - \bar{x}^{(j)}) \end{cases}$$

1. 逐步筛选变量

若经过 L 步计算，判别函数中已引入了 l 个变量，则：

（1）已选入变量是否剔除。对所有已选入的变量，计算 Wilks 统计量 U：

$$U_i=\omega_{ii}^{(L)}/t_{ii}^{(L)}$$

由 $U_r=\max(U_i)$ 确定判别能力越弱的变量为 $x^{(r)}$，对 $x^{(r)}$ 进行 F 检验，计算 F_1 的值：

$$F_1=\frac{\omega_{rr}^{(L)}-t_{rr}^{(L)}}{t_{rr}^{(L)}}\cdot\frac{N-G-l+1}{G-1}$$

若 $F_1\leqslant F_\alpha(G-1,N-G-l+1)$，则认为在 α 检验水平下 $x^{(r)}$ 的判别力不显著，把 $x^{(r)}$ 从判别函数中剔除，并对 $\boldsymbol{W}$ 和 $\boldsymbol{T}$ 的 r 列进行消去运算。如果 $F_1>F_\alpha$，$x^{(r)}$ 变量判别力显著，则将其保留在判别函数中。

（2）待选样品是否选入。从其他未选入的变量中，找出 U_i 最小者，计算：

$$F_2=\frac{t_{rr}^{(L)}-\omega_{rr}^{(L)}}{\omega_{rr}^{(L)}}\cdot\frac{N-G-l}{G-1}$$

如果 $F_2>F_\alpha(G-1,N-G-l)$，则把 $x^{(r)}$ 引入判别函数，再对 $\boldsymbol{W}$ 和 $\boldsymbol{T}$ 阵的 r 列进行消去运算；如果 $F_2\leqslant F_\alpha(G-1,N-G-l)$，则说明没有变量可以再引入到判别函数中。

重复步骤（1）、（2），直到既不能剔除变量又不能引入变量为止。

2. 计算判别函数

设逐步判别进行了 P 步，共引入了 $v(v\leqslant m)$ 个变量，样品 $\boldsymbol{X}=(x^{(1)}x^{(2)}\cdots x^{(m)})$ 属于第 g 个总体的判别函数计算公式如下：

$$F_g(\boldsymbol{X})=\ln q_g+\sum_{i\in v}c_g^{(i)}x^{(i)}+c_{og}$$

$$q_g=n_g/N$$

$$c_g^{(i)}=(N-G)\sum_{j\in v}w_{ij}^{(P)}\bar{x}_g^{(j)}$$

$$c_{og}=-\frac{1}{2}\sum_{i\in v}c_g^{(i)}\bar{x}_g^{(i)}$$

$$(i,j\in v;g=1,2,\cdots,G)$$

3. 待判样品的总体判别

将待判样品 $\boldsymbol{X}=(x^{(1)}x^{(2)}\cdots x^{(m)})$ 代入各个总体的判别函数中，计算函数值，若

$$F_r(\boldsymbol{X})=\max_{1\leqslant g\leqslant G}\{F_g(\boldsymbol{X})\}$$

样品归属于总体 a_r，它属于总体 a_r 的条件概率为

$$P_r=\frac{\exp[F_r(\boldsymbol{X})]}{\sum_{j=1}^{G}\exp[F_j(\boldsymbol{X})]}$$

4. 判别函数的检验

多组逐步判别分析，通过变量的逐步选入和剔除过程，建立多总体的判别函数，使各

总体间的差异最大，总体内的差异最小，否则总体判识的效果会不理想。在此过程中会对原样本信息有部分剔除，同时也没有充分考察总体间的差异，因此在建立模型之后需要验证所建函数的有效性和可靠程度。

1）多组判别效果检验

对多个总体判别效果的检验采用 Wilks 准则通过 Wilks 统计量 U 的计算来实现，U 值越小，意味着组内离差小而组间离差大，即 G 个总体的平均值差异显著，表明选入的 v 个变量能够区分 G 个总体，并采用渐进的 F 分布来检验各总体均值差异的显著性：

$$F(m(G-1),v)\approx\frac{1-U^{\frac{1}{\alpha}}}{U^{\frac{1}{\alpha}}}\cdot\frac{v}{m(G-1)}$$

取置信度为 α，根据 $m(G-1)$ 和 v 两个自由度查出 F_α，如果 $F>F_\alpha$，则检验结果显著。

2）回判率检验

同多组判别分析一样，将所有已知总体样品的回判结果与它们实际所属的总体情况进行比较，可以获得回判率。

3）总体间显著性检验

对于多个总体，可以把总体两两配对，逐次检验各配对总体的判别效果。设要检验 e 和 f 两总体的判别效果时，可用统计量 F_{ef}：

$$F_{ef}=\frac{[(n_e+n_f-2)-(m-1)]n_en_f}{m(n_e+n_f-2)(n_e+n_f)}D_{ef}^2$$

$$D_{ef}^2=(\bar{x}_e-\bar{x}_f)'S^{-1}(\bar{x}_e-\bar{x}_f)$$

或

$$D_{ef}^2=\sum_{i=1}^{m}(c_{ie}-c_{if})(\bar{x}_{ie}-\bar{x}_{if})$$

其中，S^{-1} 为 S 的逆矩阵，$S=(s_{ij})_{m\times m}$；n_e、n_f 分别为 e、f 两总体的样品数；F_{ef} 服从 F 分布，自由度为 m 和 n_e+n_f-m-1，在选定置信度 α 条件下，$F>F_\alpha$，则检验结果显著。

【例 4-3】 用 Bayes 逐步线性判别，根据表 4-1、表 4-2 的数据建立油层、水层、油水同层三组的判别函数。

解：首先确定引入和剔除变量时 F 的临界值。若取检验水平 $\alpha=0.1$，此时的临界值应取为 F_α 为 2.52 左右，取 $F_\alpha=2.5$。

（1）计算得组内离差矩阵 $\boldsymbol{W}$ 和总离差矩阵 $\boldsymbol{T}$ 如下：

$$\boldsymbol{W}=\begin{bmatrix}0.309 & -0.0236 & -3.3455 & 0.0679\\ -0.0236 & 0.0549 & 0.3789 & 0.0279\\ -3.3455 & 0.3789 & 272.27 & -2.4936\\ 0.0679 & 0.0279 & -2.4936 & 0.2641\end{bmatrix}$$

$$\boldsymbol{T}=\begin{bmatrix}0.5860 & -0.0333 & 0.2008 & -0.2526\\ -0.0333 & 0.0554 & 0.2099 & 0.0425\\ 0.2008 & 0.2099 & 339.94 & -8.9826\\ -0.2526 & 0.0425 & -8.9826 & 0.9255\end{bmatrix}$$

(2) 筛选变量。

① 开始无变量可剔除，故考虑引入变量。利用式(4-18) 分别计算变量 x_1,x_2,x_3,x_4 的 Wilks 统计量 $U(k=1,2,3,4)$，可得：

$$U_1=0.3903/0.5860\approx0.666, U_2=0.0549/0.0054\approx0.991$$

$$U_3=272.27/339.94\approx0.801, U_4=0.2641/0.9255\approx0.285$$

很明显，U_4 最小，可见 x_4 的分辨力最强，利用式(4-19) 对它作 F 检验，算得 $F_1=35$，$F_1>2.5$，故将 x_4 引入判别函数。

利用式(4-22)、式(4-23) 对矩阵 $\boldsymbol{W}$ 和 $\boldsymbol{T}$ 作消去 $r(r=4)$ 列的变换，得矩阵 $\boldsymbol{W}^{(1)}$ 和 $\boldsymbol{T}^{(1)}$：

$$\boldsymbol{W}^{(1)}=\begin{bmatrix} 0.3729 & -0.0308 & -2.7043 & -0.2571 \\ -0.0308 & 0.0519 & 0.6424 & -0.1056 \\ -2.7064 & 0.6424 & 248.73 & 9.4423 \\ 0.2571 & 0.1056 & -9.4423 & 3.7866 \end{bmatrix}$$

$$\boldsymbol{T}^{(1)}=\begin{bmatrix} 0.5171 & -0.0217 & -2.2507 & 0.2729 \\ -0.0217 & 0.0534 & 0.6000 & -0.0459 \\ -2.2507 & 0.6222 & 252.75 & 9.7061 \\ -0.2729 & 0.0459 & -9.7061 & 1.0805 \end{bmatrix}$$

② 由于刚引入的变量 x_4 不可能立即剔除，故仍继续考虑引入变量。根据矩阵 $\boldsymbol{W}$ 和 $\boldsymbol{T}$，利用式(4-18) 分别计算若引入变量 x_1,x_2,x_3 引起的 Wilks 统计量的变化 $U_k(k=1,2,3)$ 得：

$$U_1=0.3729/0.5171\approx0.721, U_2=0.0519/0.0534\approx0.972, U_3=248.73/252.75\approx0.984$$

可见 x_1 的判别力最强，对 x_1 作 F 检验。用式(4-19) 算得 $F_1=5.22>2.5$，故将 x_1 引入判别函数。

对矩阵形 $\boldsymbol{W}^{(1)}$ 和 $\boldsymbol{T}^{(1)}$ 利用式(4-23) 作消去 $r(x=1)$ 列的变换，得 $\boldsymbol{W}^{(2)}$ 和 $\boldsymbol{T}^{(2)}$：

$$\boldsymbol{W}^{(2)}=\begin{bmatrix} 2.6820 & -0.0825 & -7.2530 & -0.6897 \\ 0.0825 & 0.0494 & 0.4192 & -0.1269 \\ 7.2530 & 0.4192 & 229.11 & 7.5771 \\ -0.6897 & 0.1269 & -7.5771 & 3.9640 \end{bmatrix}$$

$$\boldsymbol{T}^{(2)}=\begin{bmatrix} 1.9339 & -0.0419 & -4.3527 & 0.5278 \\ 0.0419 & 0.0525 & 0.5279 & -0.0345 \\ 4.3527 & 0.5279 & 242.96 & 10.894 \\ 0.5278 & 0.0345 & 10.894 & 1.2246 \end{bmatrix}$$

③ 考虑 x_1 和 x_4 中是否有应当剔除的变量，按式(4-20) 算得：

$U_1=1.9339/2.682\approx0.721$，$U_4=1.2246/3.964\approx0.309$，可见 x_1 的判别力最弱。但 x_1 是刚引入的，不可能立即剔除。所以 x_1 与 x_4 均不应剔除，判别函数内无变量可以剔除。

④ 考虑有无变量可引入，对 x_2 和 x_3 计算：

$$U_2=0.0494/0.0525\approx0.940, U_3=229.1/242.96\approx0.943$$

可见 x_2 的分辨力最强，作 F_1 检验，算得 $F_1=0.83<2.5$，故 x_2 不能引入。判别函数

外已无变量可引入，判别函数共选入了 x_1 和 x_4 两个变量。

(3) 计算判别函数和分组判别。

利用 $\boldsymbol{W}^{(2)}$ 和式(4-24) 算得判别函数：

$$F_1(x)=8.972x_1+67.017x_4-24.07$$

$$F_2(x)=28.370x_1+27.356x_4-12.6$$

$$F_3(x)=20.509x_1+55.236x_4-21.55$$

将原样品代入以上判别函数，油层 13 层只有第 7 层错判为油水层，其余 12 层判对；水层 11 层，判对 10 层，只有第 1 层错判为油水层；油水层 7 层，判对 5 层，其中第 4 层和第 5 层错判为油层：全部 31 层中判对 27 层，判错 4 层，判对率为 87%，效果良好。也就是说，选取 x_1（岩性系数）和 x_4（含油气饱和度）两个指标建立的判别函数与取 x_1、x_2（孔隙度）、x_3（侵入系数）、x_4 建立的判别函数，效果是几乎一样的。

思考题

1. 什么是判别分析？
2. 试述建立线性判别函数的费歇尔准则。
3. 如何用线性判别函数对样品所属的总体判别？
4. 试述 Bayes 准则下建立多组判别一般判别函数的基本原理。
5. 为何提出逐步判别分析？
6. 试述逐步判别分析的基本思想及其基本过程。

第五章 因子分析

[本章学习提要]

本章重点讲述主成分分析、Q 型因子分析和 R 型因子分析。本章难点是主成分分析中求取协方差矩阵的特征根和特征向量；Q 型因子分析和 R 型因子分析的地质应用。通过本章的学习，要求学生掌握主成分分析、因子分析的计算方法与步骤，了解其地质应用。

[本章思政目标及参考]

通过讲授许宝騄等我国优秀统计学家热爱祖国、兢兢业业工作的光荣事迹，增强学生爱国主义情怀。

第一节 主成分分析

一、主成分的概念

在许多情况下，对所研究的油气地质对象，必须进行多变量（或参数）的综合分析。如果这些变量（或参数）是独立无关的，且每一种变量（或参数）代表一种独立的地质现象，则可把问题化为单变量（或参数）来逐个进行处理，这是比较容易解决的。

然而，在大多数情况下，变量（或参数）之间存在着相关关系，这时要弄清它们的规律，就需要在多维空间中加以考查，这是比较困难的。为了解决这一问题，可以将地质变量（或参数）的数目减少，设法找出少数的几个相互独立的综合性新变量（即为主成分）来代表原来众多的变量（或参数），这几个新变量既能反映原始变量（或参数）的相关信息，又能体现油气观测系统的主要矛盾、各种油气地质现象的内在联系。

主成分分析法是应用最广的多元统计方法之一。其基本思想为通过对大量地质数据的浓缩处理（其实质即降维），提炼出有代表性的独立新变量（主成分），从而揭示变量之间、样品之间以及样品与各种地质作用之间的相互关系，为样品的成因分析、分类和评价方案的确定提供依据。这几个新变量（主成分）既能反映原始变量的相关信息，又能体现其主要矛盾以及各种地质现象的内在联系。事实上，由于原始变量之间存在一定的相关性，就必然存在起主导作用的共同因素。正是根据这一点，主成分分析法从原始变量的相关矩阵出发，通过研究它们的内部结构，找出这些起主导作用的新变量（主成分），这些新变量是原始变量的线性组合，它们保留了原始变量的绝大部分相关信息和变异性。

二、主成分的数学模型

由于变量（或参数）之间具有比较复杂的相关关系，一般不直接研究这些单个变量（或参数），而研究由它们的线性组合构成的少数几个综合成分（主成分）。对这些主成分的要求是，它既能将各个原始因子所包含的不十分明显的差异集中地表现出来，使得样品间在主成分上反映出来的差异尽可能明显，同时各主成分间又彼此相互无关，即要求将重叠的信息去掉。于是可以使得主成分的数目大大少于原始变量（或参数）的数目。

假设有 N 个样品，每个样品有 p 个变量，如果记这些变量为 $x_1,\cdots,x_p$；它们的综合变量记为 $f_1,\cdots,f_m(m\leqslant p)$，特别当 $p=2$ 时，原变量是 x_1、x_2。

设 x_1、x_2 有如图 5-1 所示的相关关系，对于二元正态分布变量，N 个点的散布大致为一个椭圆。若在椭圆长轴方向取坐标 f_1，在椭圆短轴方向取坐标 f_2，这相当于在平面上作一个坐标变换，容易看出变换后的坐标有下述性质：

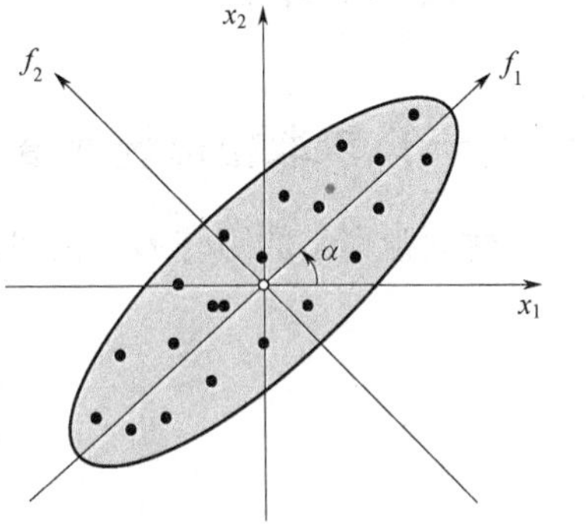

图 5-1 相关关系图

（1）N 个点的坐标 f_1 和 f_2 的相关关系几乎为 0。

（2）称 f_1 和 f_2 为原始变量 x_1 和 x_2 的综合变量。二维平面上的 N 个点的波动（方差）大部分可以归结为 f_1 轴上的波动，而 f_2 轴上的波动是较小的。如果图 5-1 的椭圆是相当扁平的，那么可以只考虑 f_1 方向上的波动，可忽视 f_2 方向的波动，二维可以降为一维，f_1 就是 x_1 和 x_2 的综合变量（主成分）。

$$f_1=a_{11}x_1+a_{12}x_2 \tag{5-1}$$

如果有变量 $x_1,\cdots,x_p$，将它们综合成 $m(<p)$ 个综合变量即

$$\begin{cases} f_1=a_{11}x_1+a_{12}x_2+\cdots+a_{1p}x_p \\ f_2=a_{21}x_1+a_{22}x_2+\cdots+a_{2p}x_p \\ \vdots \\ f_m=a_{m1}x_1+a_{m2}x_2+\cdots+a_{mp}x_p \end{cases} \tag{5-2}$$

注意：
$$a_{k1}^2+a_{k2}^2+\cdots+a_{kp}^2=1 \quad (k=1,2,\cdots,m) \tag{5-3}$$

三、主成分的选择

（一）选择标准

（1）被选的主成分所代表的主轴的长度之和占了主轴总长度之和的大部分。

（2）在统计上，主成分所代表的原始变量的信息用其方差（特征值）来表示。因此，所选择的第一个主成分是所有主成分中的方差最大者，即 $\mathrm{Var}(y_i)$ 为最大。

（3）如果第一个主成分不足以代表原来的变量，在考虑选择第二个主成分，依次类推。

（4）这些主成分互不相关，且方差递减。

（二）选择个数

（1）一般要求所选主成分的方差总和占全部方差的 80%以上就可以了。需注意的是，这只是一个大体标准，具体选择几个主成分需考虑实际情况而定。

（2）如果原来的变量之间的相关程度高，降维的效果就会好一些，所选的主成分就会少一些，如果原来的变量之间本身就不怎么相关，降维的效果自然就不好。

（3）不相关的变量就只能自己代表自己了。

四、计算步骤

（一）求取相似统计量矩阵

建立距离系数矩阵 $\boldsymbol{D}$、相似系数矩阵 $\boldsymbol{Q}$ 或相关系数矩阵 $\boldsymbol{R}$：

$$\boldsymbol{D}=\begin{bmatrix} d_{11} & d_{12} & \cdots & d_{1n} \\ d_{21} & d_{22} & \cdots & d_{2n} \\ \vdots & \vdots & & \vdots \\ d_{n1} & d_{n2} & \cdots & d_{nn} \end{bmatrix} \tag{5-4}$$

式中，$\boldsymbol{D}$ 为实对称矩阵，且 $d_{11}=d_{22}=\cdots=d_{nn}=0$；

$$\boldsymbol{Q}=\begin{bmatrix} \cos\theta_{11} & \cos\theta_{12} & \cdots & \cos\theta_{1n} \\ \cos\theta_{21} & \cos\theta_{22} & \cdots & \cos\theta_{2n} \\ \vdots & \vdots & & \vdots \\ \cos\theta_{n1} & \cos\theta_{n2} & \cdots & \cos\theta_{nn} \end{bmatrix} \tag{5-5}$$

式中，$\cos\theta_{11}=\cos\theta_{22}=\cdots=\cos\theta_{nn}=1$；

$$\boldsymbol{R}=\begin{bmatrix} r_{11} & r_{12} & \cdots & r_{1n} \\ r_{21} & r_{22} & \cdots & r_{2n} \\ \vdots & \vdots & & \vdots \\ r_{n1} & r_{n2} & \cdots & r_{nn} \end{bmatrix} \tag{5-6}$$

式中，$r_{11}=r_{22}=\cdots=r_{nn}=1$。

（二）求取矩阵的特征根和特征向量

设 $\boldsymbol{A}$ 是 n 阶矩阵，如果数 λ 和 n 维非 0 向量 $\boldsymbol{\alpha}$ 满足以下关系：

$$\boldsymbol{A\alpha}=\lambda\boldsymbol{\alpha} \tag{5-7}$$

则 λ 为矩阵 $\boldsymbol{A}$ 的特征值，$\boldsymbol{\alpha}$ 为 $\boldsymbol{A}$ 对应于特征值 λ 的特征向量。

可采用雅可比（Jacobi）法求取矩阵的特征值和特征向量，矩阵 $\boldsymbol{A}$ 的相应于特征值 λ 的特征向量就是求取 $|\boldsymbol{A}-\lambda\boldsymbol{E}|\boldsymbol{x}=0$ 的非 0 解向量。

（三）确定主成分，分别建立主成分方程

如前所述，所选择的第一个主成分是所有主成分中的方差最大者，即特征值 λ_{max}，依次类推，所选主成分的方差总和占全部方差的 80% 以上。根据所选主成分，求取特征值 λ 对应的特征向量 $\boldsymbol{u}$，分别建立主成分方程：

$$F_m = u_1x_1 + u_2x_2 + \cdots + u_nx_n \quad (m=1,2,\cdots,n) \tag{5-8}$$

应用实例：已获取 6 个测井点的 GR、AC、CNL、DEN、R_t 和 R_{xo} 数据，并求取了它们的相关系数矩阵，如式(5-9) 所示，试确定主成分并建立主成分方程：

$$\boldsymbol{R} = \begin{bmatrix} 1 & 0.67 & 0.362 & -0.91 & 0.967 & 0.436 \\ 0.67 & 1 & 0.832 & 0.56 & 0.693 & 0.924 \\ 0.362 & 0.832 & 1 & 0.783 & 0.327 & 0.932 \\ -0.091 & 0.56 & 0.783 & 1 & -0.066 & 0.771 \\ 0.967 & 0.693 & 0.327 & -0.066 & 1 & 0.442 \\ 0.436 & 0.924 & 0.932 & 0.771 & 0.442 & 1 \end{bmatrix} \tag{5-9}$$

解：（1）Jacobi 法求取矩阵 $\boldsymbol{R}$ 的特征值 $\lambda_1 \sim \lambda_6$：

$$\lambda_1 = 3.963, \lambda_2 = 1.771, \lambda_3 = 0.128$$

$$\lambda_4 = 0.095, \lambda_5 = 0.026, \lambda_6 = 0.017$$

$$\lambda_1 \Big/ \sum_{n=1}^{6} \lambda_i = 66.052\%, \lambda_2 \Big/ \sum_{n=1}^{6} \lambda_i = 29.518\%$$

（2）确定主成分：

由于 $$(\lambda_1 + \lambda_2) \Big/ \sum_{n=1}^{6} \lambda_i > 80\%$$

因此，选取两个主成分 F_1、F_2 代表 6 个测井参数。

（3）建立主成分方程 F_1、F_2。

求取 $\lambda_1 = 3.963$ 的特征向量 $\boldsymbol{u}_1$：

$$\boldsymbol{u}_1 = (0.670, 0.976, 0.896, 0.633, 0.674, 0.950)$$

$\lambda_2 = 1.771$ 的特征向量 $\boldsymbol{u}_2$：

$$\boldsymbol{u}_2 = (0.725, 0.055, -0.351, -0.728, 0.721, -0.263)$$

由此分别建立主成分 F_1、F_2 方程：

$$F_1 = 0.670x_1 + 0.976x_2 + 0.896x_3 + 0.633x_4 + 0.674x_5 + 0.950x_6$$

$$F_2 = 0.725x_1 + 0.055x_2 - 0.351x_3 - 0.728x_4 + 0.721x_5 - 0.263x_6$$

式中，$x_1 \sim x_6$ 分别代表 GR、AC、CNL、DEN、R_t 和 R_{xo}。

第二节　因子分析模型及步骤

一、因子分析的概念

在许多情况下，对所研究的地质对象，必须进行多变量的综合分析。如果这些变量是

独立无关的，且每一种变量代表一种独立的地质现象，则可把问题化为单变量来逐个进行处理，这是比较容易解决的。然而，在大多数情况下，变量之间存在着相关关系，这时要弄清它们的规律，就需要在多维空间中加以考查，这是比较困难的。为了解决这一难题，一个很自然的想法就是把地质变量的数目减少，设法找出少数的几个相互独立的综合性新变量（因子）来代表原来众多的变量，这几个新变量既能反映原始变量的相关信息，又能体现观测系统的主要矛盾、各种地质现象的内在联系，这是可以实现的。事实上，由于原始变量是相关的，就必然存在着起主导作用的共同因素。正是根据这一点，因子分析便可从原始变量的相关矩阵出发，通过研究它们的内部结构，找出这些起主导作用的新变量(因子)。这些因子是原始变量的线性组合，它们保留了原始变量的绝大部分相关信息和变异性。每个因子就代表了反映地质变量间综合关系的一种地质作用，可以帮助对众多地质观测数据进行分析和解释。

这种用因子简化变量的思想，实际上是一种降维方法，降维后能使新变量或样品具有明确的地质意义，更能反映出地质现象的内在联系。例如，在研究沉积岩中碳酸盐类的成分时，如果直接由组成石灰岩的元素 C、O、Ca、Mg、Si 等作为变量来表示，便割断了这些元素间的内在联系，不能得到较好的效果。而用元素组合，即化合物 $CaCO_3$、$MgCO_3$、SiO_2 作为新变量，就能够明显地反映出石灰岩的特性，这些化合物中都含有元素 O，它与 C、Si 相结合组成碳酸根和 SiO_2，碳酸根再与其他离子结合，形成各种碳酸盐。根据 $CaCO_3$、$MgCO_3$、SiO_2 三种基本成分，可以表示出各种复杂成分的石灰岩，这种分类更合理，更易于进行地质解释。这就抓住了主要矛盾，变量数目可由 5 个降到 3 个。这里，C、O、Ca、Mg、Si 就是原始变量，而 $CaCO_3$、$MgCO_3$、SiO_2 化合物即是找到的新变量（因子）。类似于这个例子，因子分析就是在互为相关的众多变量中，找出能反映它们内在联系和起主导作用的数目较少的因子。根据这些因子对系统进行研究，既无损于原来众多变量的相关信息，又便于对观测系统进行分类和解释。

因子分析是数学地质中应用较广泛的一种多元统计分析方法。通过因子分析可以对大量地质观测数据进行浓缩，提炼出有代表性的独立新变量（因子），以揭示出变量之间、样品之间以及物质成分与地质作用之间的相互关系，为研究系统分类和成因提供依据。

每个主因子在地质上代表着变量间的一种基本结合关系，往往指出某种地质上的共生组合及成因联系等。比如，在沉积学中，主因子常相当于物质来源、水动力条件、生物生活环境等。近年来，因子分析在油气成藏条件的研究、沉积物的粒度分析、沉积相研究、地层分析、古生态与古环境的研究、岩浆岩岩石化学成分的研究、变质岩的原岩恢复、构造成因研究、地球化学研究等方面均已取得不同程度的进展。

根据研究对象的不同，因子分析分为 R 型因子分析和 Q 型因子分析。R 型因子分析是研究变量之间的相互关系，通过对变量间的相关矩阵内部结构的研究，找出控制所有变量的几个主因子。Q 型因子分析则研究样品之间的相互关系，通过对样品间的相似矩阵内部结构的研究，找出控制所有样品的几个主因子。这两种因子分析的整个演算过程本质上是一样的，只是出发点不同。

二、因子的数学模型

已知有 N 个样品，每个样品测得 p 个变量的数值，用 x_{ia} 表示第 a 个样品的第 i 个变量的观测值，记为向量：

$$\boldsymbol{X}_a=\begin{bmatrix} x_{1a} \\ x_{2a} \\ \vdots \\ x_{pa} \end{bmatrix} \quad (a=1,2,\cdots,N) \tag{5-10}$$

可得资料矩阵：

$$\underset{p\times N}{\boldsymbol{X}}=\begin{matrix} x_1 \\ x_2 \\ \vdots \\ x_p \end{matrix}\begin{bmatrix} x_{11} & x_{12} & \cdots & x_{1N} \\ x_{21} & x_{22} & \cdots & x_{2N} \\ \vdots & \vdots & & \vdots \\ x_{p1} & x_{p2} & \cdots & x_{pN} \end{bmatrix} \tag{5-11}$$

$\boldsymbol{X}$ 就是出发点。考虑平均值向量 $\overline{\boldsymbol{X}}$：

$$\overline{\boldsymbol{X}}=\frac{1}{N}\sum_{a=1}^{N}\boldsymbol{X}_a \tag{5-12}$$

可得协方差矩阵的估计值为

$$S=\frac{1}{N}\sum_{a=1}^{N}[\boldsymbol{X}_a-\overline{\boldsymbol{X}}][\boldsymbol{X}_a-\overline{\boldsymbol{X}}]'=\frac{1}{N}\sum_{a=1}^{N}\boldsymbol{X}_a\boldsymbol{X}_a'-\overline{\boldsymbol{X}}\overline{\boldsymbol{X}}'=[S_{ij}]_{p\times p} \tag{5-13}$$

式(5-13) 中，$S_{ij}=\frac{1}{N}\sum_{a=1}^{N}(x_{ia}-\bar{x}_i)(x_{ja}-\bar{x}_j) \quad (i,j=1,2,\cdots,p)$

根据公式 $r_{ij}=\frac{S_{ij}}{\sqrt{S_{ii}S_{jj}}}$可得相关矩阵 $\boldsymbol{R}$。在实际工作中，常常先将变量进行标准化：

$$x_{ia}'=\frac{x_{ia}-\bar{x}_i}{\sqrt{S_{ii}}} \quad (i=1,2,\cdots,p;a=1,2,\cdots,N) \tag{5-14}$$

则 x_{ia}' 的均值为0，方差为1，这样协方差矩阵 $\boldsymbol{S}$ 与相关矩阵 $\boldsymbol{R}$ 完全一样。以相关矩阵 $\boldsymbol{R}$ 为出发点，这样便于使用。

很明显，$\boldsymbol{R}$ 的对角线元素全为1，因此 p 个变量的总方差就是 $tr(\boldsymbol{R})=p$。

假定变量已经标准化，因此资料矩阵 $\boldsymbol{X}$ 与 $\boldsymbol{R}$ 有如下关系：

$$\boldsymbol{R}=\boldsymbol{X}\boldsymbol{X}' \tag{5-15}$$

将 $\boldsymbol{R}$ 的特征值和特征向量分别求出，即记 $\lambda_1\geqslant\lambda_2\geqslant\cdots\geqslant\lambda_p$ 是 $\boldsymbol{R}$ 的特征值，$\boldsymbol{U}=[u_1,u_2,\cdots,u_p]$是 $\boldsymbol{R}$ 的特征向量矩阵。此时满足以下关系：

$$\boldsymbol{R}=\boldsymbol{X}\boldsymbol{X}'=\boldsymbol{U}\begin{bmatrix} \lambda_1 & & & \\ & \lambda_2 & & \\ & & \ddots & \\ & & & \lambda_p \end{bmatrix}\boldsymbol{U}' \tag{5-16}$$

令 $\boldsymbol{F}=\boldsymbol{U}'\boldsymbol{X}$，则有

$$\boldsymbol{F}=[F_1,F_2,\cdots,F_N]=\boldsymbol{U}'[X_1,X_2,\cdots,X_N] \tag{5-17}$$

可知 $F_a=\boldsymbol{U}'X_a$，$a=1,2,\cdots,N$，即每一个 F_a 就是第 a 个样品主因子的观察值。

主因子和原始变量之间的关系则表示为

$$\begin{cases} x_1=a_{11}f_1+a_{12}f_2+\cdots+a_{1k}f_k+\varepsilon_1 \\ x_2=a_{21}f_1+a_{22}f_2+\cdots+a_{2k}f_k+\varepsilon_2 \\ \vdots \\ x_p=a_{p1}f_1+a_{p2}f_2+\cdots+a_{pk}f_k+\varepsilon_p \end{cases} \tag{5-18}$$

式中，系数 a_{ij} 为第 i 个变量与第 k 个因子之间的线性相关系数，反映变量与因子之间的相关程度，称为因子载荷（factor loading）。由于因子出现在每个原始变量与因子的线性组合中，因此也称为公因子。ε 为特殊因子，代表公因子以外的因素影响。

三、因子模型中各个量的统计意义

假定因子模型中，各公因子和特殊因子都是已经标准化（平均值为 0 且方差为 1）的变量，可进一步明确有关量的统计意义，这对于因子分析结果的解释将是重要的。

（一）因子载荷 a_{ij} 的统计意义

如果在上述对原始变量、公因子、特殊因子均为标准化变量的假定下，有

$$x_if_j=a_{i1}f_1f_j+a_{i2}f_2f_j+\cdots+a_{ij}f_jf_j+\cdots+a_{im}f_mf_j+a_i\varepsilon_if_j \tag{5-19}$$

两边取其数学期望：

$$E(x_if_j)=a_{i1}E(f_1f_j)+a_{i2}E(f_2f_j)+\cdots+a_{ij}E(f_jf_j)+\cdots+a_{im}E(f_mf_j)+a_iE(\varepsilon_if_j)$$

即

$$r_{x_if_j}=a_{i1}r_{f_1f_j}+a_{i2}r_{f_2f_j}+\cdots+a_{ij}r_{f_if_j}+\cdots+a_{im}r_{f_mf_j}+a_ir_{\varepsilon_if_j} \tag{5-20}$$

根据各公因子相互独立的性质有

$$r_{x_if_j}=a_{ij} \tag{5-21}$$

从而，因子载荷反映了变量（样品）与主因子之间的关系，a_{ij} 就是第 j 个变量与第 i 个公因子的相关系数。

（二）变量共同度的统计意义

因子载荷矩阵 $\boldsymbol{A}$ 中各行元素的平方和为

$$h_i^2=\sum_{j=1}^{m}a_{ij}^2 \quad (i=1,2,\cdots,p) \tag{5-22}$$

由于标准化变量的方差等于 1，因此：

$$1=h_i^2+a_i^2 \tag{5-23}$$

$$\begin{aligned} Dx_i &= a_{i1}^2Df_1+a_{i2}^2Df_2+\cdots+a_{in}^2Df_m+a_i^2D\varepsilon_i = a_{i1}^2+a_{i2}^2+\cdots+a_{im}^2+a_i^2 \\ &= \sum_{j=1}^{m}a_{ij}^2+a_i^2 = h_i^2+a_i^2 \end{aligned}$$

即变量 x_i 的方差由两部分所组成，第一部分为共同度 h_i^2，它是全部公因子对变量 x_i 的总方差所作的贡献；第二部分是特定变量所产生的方差，称为特殊因子方差，仅与变量 x_i

的变化有关，它是使变量 x_i 的方差为 1 的补充值。

（三）公因子 F_j 的方差贡献的统计意义

因子载荷矩阵中各列元素的平方和的统计意义，与变量 x_i 的共同度 h_i^2 正好相反，h_i^2 是诸公因子对同一变量 x_i 所提供的方差之和，S_j 则是同一公因子 f_j 对诸变量所提供的方差之总和，它是衡量公因子相对重要性的指标。

$$S_j = \sum_{i=1}^{p} a_{ij}^2 \quad (j = 1,2,\cdots,m) \tag{5-24}$$

四、因子模型的几何解释

在因子分析中，可以把互不相关的［即两两之间的相关系数（夹角余弦）为零］、各自方差为 1 的 m 个公因子和 p 个特殊因子表示为（m+p）个相互垂直的（即两两之间的余弦为零）的单位向量，以它们为坐标轴，就构成了（m+p）维空间的一个直角坐标系。今后将这些坐标轴称为因子轴，称这个（m+p）维空间为因子空间。

于是，根据因子模型式(5-18)，变量可以用因子空间中向量表示：

$$\boldsymbol{P}_i = (a_{i1}, a_{i2}, \cdots, a_{im}, 0, \cdots, 0, a_i, 0, \cdots, 0) \tag{5-25}$$

显然，$\boldsymbol{P}_i$ 的长度等于 1，即

$$|\boldsymbol{P}_i| = \sqrt{a_{i1}^2 + a_{i2}^2 + \cdots + a_{im}^2 + a_i^2} = \sqrt{Dx_i} = 1 \tag{5-26}$$

此时，$\boldsymbol{P}_i$ 与各因子轴的夹角余弦就等于其对应坐标，即

$$r_{p_i f_j} = \cos(\boldsymbol{P}_i, f_j) = |\boldsymbol{P}_j| \cdot |f_j| \cos(\boldsymbol{P}_i, f_j) = a_{ij} = r_{x_i f_j} \tag{5-27}$$

等于变量 x_i 与诸因子的相关系数。

另外，因子空间中分别表示变量 x_i 和 x_j 的向量 $\boldsymbol{P}_i$ 和 $\boldsymbol{P}_j$ 的夹角余弦即为它们的内积。

$$r_{P_iP_j} = \cos(\boldsymbol{P}_i, \boldsymbol{P}_j) = \frac{(\boldsymbol{P}_i \cdot \boldsymbol{P}_j)}{|\boldsymbol{P}_i||\boldsymbol{P}_j|} = (\boldsymbol{P}_i \cdot \boldsymbol{P}_j) = a_{i1}a_{j1} + a_{i2}a_{j2} + \cdots + a_{im}a_{jm} = r_{x_ix_j} \tag{5-28}$$

恰好等于两变量 x_i 和 x_j 的相关系数。

因为我们主要关心的是公共因子，所以通常只考虑原始变量在公共因子空间中的投影。以二维（m=2）为例，表示变量 x_i 的向量 $\boldsymbol{P}_i$ 可以用图形表示（图 5-2）。因此，a_{ij} 就是表示变量 x_i 的向量 $\boldsymbol{P}_i$ 在第 j 个因子轴 F_j 上的投影。

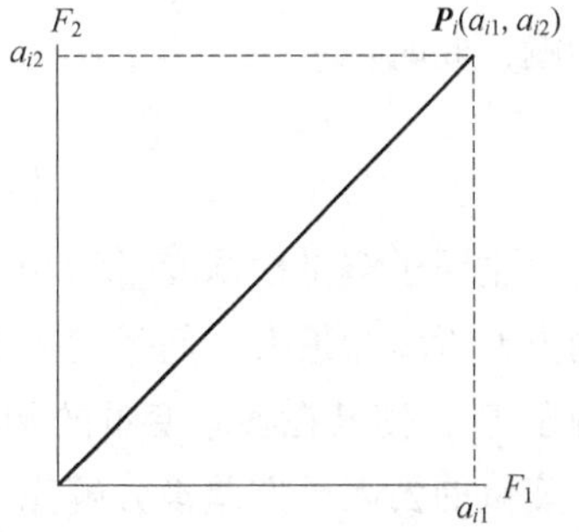

图 5-2　变量 x_i 的向量 $\boldsymbol{P}_i$ 二维图

五、主因子解

（一）因子模型与相关矩阵间的关系

因子分析的一个基本问题是用变量之间的相关系数决定因子载荷。因此，必须建立两者之间的关系。

对于 p 个变量 x_1，…，x_p 的相关系数矩阵为

$$
\boldsymbol{R}=\begin{bmatrix} 1 & r_{12} & \cdots & r_{1p} \\ r_{21} & 1 & \cdots & r_{2p} \\ \vdots & \vdots & & \vdots \\ r_{p1} & r_{p2} & \cdots & 1 \end{bmatrix} \tag{5-29}
$$

由于因子模型式(5-18)，即

$$
x_i=a_{i1}f_1+a_{i2}f_2\cdots+a_{im}m_m+a_i\varepsilon_i \quad (i=1,\cdots,p) \tag{5-30}
$$

对于已标准化的变量由式(5-28) 有

$$
r_{ij}=a_{i1}a_{j1}+a_{i2}a_{j2}+\cdots+a_{im}a_{jm}=\sum_{l=1}^{m}a_{il}a_{jl}(i\neq j) \tag{5-31}
$$

当 $i=j$ 时，由式(5-31) 有

$$
r_{jj}=1=a_{j1}^2+a_{j2}^2+\cdots+a_{jm}^2+a_j^2=h_j^2+a_j^2 \tag{5-32}
$$

如果不考虑特殊因子部分，即取

$$
\boldsymbol{R}^*=\boldsymbol{AA}'=\boldsymbol{R}-\boldsymbol{aa}' \tag{5-33}
$$

$\boldsymbol{R}^*$ 称为约相关矩阵，它与相关矩阵 $\boldsymbol{R}$ 的区别仅在于对角线元素，$\boldsymbol{R}$ 的对角线元素依次为变量共同度 h_i^2，式(5-33) 指出，因子分析可以将 p 个变量之间的相关关系转化为 m 个公因子之间的相关关系。换言之，因子分析是在已知约相关矩阵 $\boldsymbol{R}^*$ 的条件下，求解因子载荷矩阵 $\boldsymbol{A}$，使 $\boldsymbol{R}^*=\boldsymbol{AA}'$，因此这个关系可以看成因子分析的基本定理。

假定相关矩阵为半正定的，否则式(5-33) 将无解。由式(5-33) 可知，如果 $\boldsymbol{A}$ 是它的解，$\boldsymbol{C}$ 是任意一个（$m\times m$）阶的正交矩阵，那么

$$
(\boldsymbol{AC})(\boldsymbol{AC})'=(\boldsymbol{AC})(\boldsymbol{C}'\boldsymbol{A}')=\boldsymbol{A}(\boldsymbol{CC}')\boldsymbol{A}'=\boldsymbol{AA}' \tag{5-34}
$$

从而，$\boldsymbol{AC}$ 也必然是它的解。这说明式(5-33) 具有多解性，用不同的原则可以求得不同的解，以下主要导出主因子解，它是导出其他解的基础。

（二）主因子解

假定 $\boldsymbol{aa}'=0$，此时由相关矩阵 $\boldsymbol{R}=\boldsymbol{AA}'$出发求主因子解，这对式(5-33) 的求解没有影响，此时：

$$
r_{ij}=\sum_{l=1}^{m}a_{il}a_{jl} \quad (i,j=1,2,\cdots,p) \tag{5-35}
$$

主因子解是根据变量的相关选出第一个因子 F_1，使其在各变量的公因子方差中所占的方差贡献为最大，然后消去这个因子的影响，而从剩余的相关中，选出 F_1 与不相关的因子 F_2，使其在各个变量的剩余公因子方差中方差贡献为最大，这样继续挑选，直到各个变量的公因子方差被分解完毕为止。

首先，选第一个主因子 F_1，使它的方差贡献在条件式(5-35) 下为最大，这是个条件极值的问题，常用的方法是拉格朗日乘数法，令

$$
2T=S_1-\sum_{i,j=1}^{p}\mu_{ij}r_{ij}=S_1-\sum_{i,j=1}^{p}\sum_{l=1}^{m}\mu_{ij}a_{il}a_{jl} \tag{5-36}
$$

式中 $\mu_{ij}=\mu_{ji}$ 为拉格朗日乘数，T 为一新函数，求 T 对每一个变量 a_{i1} 的偏导数，且令其等于零，即

$$\frac{\partial T}{\partial a_{i1}} = a_{i1} - \sum_{j=1}^{p} \mu_{ij} a_{j1} = 0 \tag{5-37}$$

同样，求 T 对其余每个变量 $a_{il}(l \neq 1)$ 的偏导数，且令其等于零，即

$$\frac{\partial T}{\partial a_{il}} = -\sum_{j=1}^{p} \mu_{ij} a_{jl} = 0 \quad (l \neq 1) \tag{5-38}$$

将上面两组方程式结合起来写成

$$\frac{\partial T}{\partial a_{il}} = \delta_{1l} a_{il} - \sum_{j=1}^{p} \mu_{ij} a_{jl} = 0 \quad (l = 1,2,\cdots,m) \tag{5-39}$$

其中，$\delta_{1l} = \begin{cases} 1, & \text{若 } l=1 \\ 0, & \text{若 } l \neq 1 \end{cases}$

用 a_{i1} 乘式(5-39) 两边，并对 i 求和，得

$$\delta_{1l} \sum_{i=1}^{p} a_{i1}^2 - \sum_{i=1}^{p} \sum_{j=1}^{p} \mu_{ij} a_{i1} a_{jl} = 0 \tag{5-40}$$

由式(5-39)，从而式(5-40) 变为

$$\delta_{1l} S_1 - \sum_{j=1}^{p} a_{j1} a_{jl} = 0 \tag{5-41}$$

再用 a_{il} 乘此式两边并对 l 求和，有

$$a_{i1} S_1 - \sum_{j=1}^{p} a_{j1} \left(\sum_{l=1}^{m} a_{il} a_{jl} \right) = 0 \quad (i = 1,2,\cdots,p) \tag{5-42}$$

应用条件式(5-35) 有

$$\sum_{j=1}^{p} r_{ij} a_{j1} - S_1 a_{i1} = 0 \quad (i = 1,2,\cdots,p) \tag{5-43}$$

写成矩阵形式，即

$$[r_{i1} \quad r_{i2} \quad \cdots \quad r_{ip}] \cdot \begin{bmatrix} a_{11} \\ a_{21} \\ \vdots \\ a_{p1} \end{bmatrix} - S_1 a_{i1} = 0 \quad (i=1,2,\cdots,p)$$

或

$$\begin{bmatrix} r_{11} & r_{12} & \cdots & r_{1p} \\ r_{21} & r_{22} & \cdots & r_{2p} \\ \vdots & \vdots & & \vdots \\ r_{p1} & r_{p2} & \cdots & r_{pp} \end{bmatrix} \cdot \begin{bmatrix} a_{11} \\ a_{21} \\ \vdots \\ a_{p1} \end{bmatrix} - S_1 \begin{bmatrix} a_{11} \\ a_{21} \\ \vdots \\ a_{p1} \end{bmatrix} = \begin{bmatrix} 0 \\ 0 \\ \vdots \\ 0 \end{bmatrix} \tag{5-44}$$

记 $\boldsymbol{a}_1 = [a_{11} \quad a_{21} \quad \cdots \quad a_{p1}]'$，　$\boldsymbol{0} = [0 \quad 0 \quad \cdots \quad 0]'$

用 $\boldsymbol{I}$ 表示（$p \times p$）阶单位矩阵，则上式可简化为（$\boldsymbol{R} - \boldsymbol{S}_1 \boldsymbol{I}) \boldsymbol{a}_1 = 0$ 或者 $\boldsymbol{R}\boldsymbol{a}_1 = \boldsymbol{S}_1 \boldsymbol{a}_1$。其中 $\boldsymbol{R}$ 为相关矩阵，$a_{j1}(j=1,2,\cdots,p)$ 为因子载荷，根据主因子要求，a_{11}、a_{21}、$\cdots$、a_{p1} 不应同时为零，因此齐次线性方程组的系数行列式必须等于 0，即 $\boldsymbol{S}_1$ 应满足条件：$|\boldsymbol{R} - \boldsymbol{S}_1 \boldsymbol{I}| = 0$。这是相关矩阵 $\boldsymbol{R}$ 的特征方程。因为还要求 $\boldsymbol{S}_1$ 为最大，所以 $\boldsymbol{S}_1$ 应等于 $\boldsymbol{R}$ 的最大特征值 $\boldsymbol{\lambda}_1$，即

$$S_1 = \sum_{j=1}^{p} a_{j1}^2 = \lambda_1 \tag{5-45}$$

因为 $\boldsymbol{a}_1 = [a_{11} \quad a_{21} \quad \cdots \quad a_{p1}]'$ 即为 $\boldsymbol{R}$ 的特征向量，它必须同时满足式(5-44)及式(5-45)，所以由 $\boldsymbol{R}$ 的最大特征值 λ_1 求得任一特征向量 $\boldsymbol{u}_1 = [u_{11} \quad u_{21} \quad \cdots \quad u_{p1}]'$ 后，应当先将其单位化，然后使其满足式(5-45)，即对于 $j=1，2，\cdots，p$ 有

$$a_{j1} = \left(u_{j1} \Big/ \sqrt{\sum_{i=1}^{p} u_{i1}^2}\right)\sqrt{\lambda_1} \tag{5-46}$$

这就是因子载荷与特征向量之间的关系，这一点也可由相关矩阵 $\boldsymbol{R}$（实对称）的性质得到证实，设 $\boldsymbol{U}$ 为 $\boldsymbol{R}$ 的单位特征向量组成的矩阵，$\boldsymbol{\Lambda}$ 为对角形矩阵，则有

$$\boldsymbol{U}'\boldsymbol{R}\boldsymbol{U}=\boldsymbol{\Lambda} \tag{5-47}$$

将上式两边左乘 $\boldsymbol{U}$，右乘 $\boldsymbol{U}'$ 得

$$\boldsymbol{R}=\boldsymbol{U}\boldsymbol{\Lambda}\boldsymbol{U}'=\boldsymbol{U}\boldsymbol{\Lambda}^{\frac{1}{2}}\boldsymbol{\Lambda}^{\frac{1}{2}}\boldsymbol{U}'=(\boldsymbol{U}\boldsymbol{\Lambda}^{\frac{1}{2}})(\boldsymbol{U}\boldsymbol{\Lambda}^{\frac{1}{2}})' \tag{5-48}$$

式中，$\boldsymbol{\Lambda}^{\frac{1}{2}}$ 是对角线元素为 $\sqrt{\lambda_j}$ 的对角形矩阵，因为 $\boldsymbol{R}=\boldsymbol{A}\boldsymbol{A}'$，所以 $\boldsymbol{A}=\boldsymbol{U}\boldsymbol{\Lambda}^{\frac{1}{2}}$，因此 F_1 的因子载荷应为

$$a_{j1}=u_{j1}\sqrt{\lambda_1} \quad (j=1,2,\cdots,p) \tag{5-49}$$

选出第一个公因子 F_1 之后，假设诸变量的公因子方差未被分解完毕，就要继续选择第二个公因子 F_2，它与 F_1 互不相关，而且其方差贡献 S_2 要在条件：

$\boldsymbol{R}_1=\boldsymbol{R}-\boldsymbol{a}_1\boldsymbol{a}_1'$ 或者 $r_{ij}^{(1)} = r_{ij} - a_{i1}a_{j1} = \sum_{l=2}^{m} a_{il}a_{jl}(i,j = 1,2,\cdots,p)$ 下为最大。$\boldsymbol{R}_1$ 为从 $\boldsymbol{R}$ 中扣除 F_1 的影响之后的剩余相关矩阵，$r_{ij}^{(1)}$ 为 $\boldsymbol{R}_1$ 中的元素，为此，可以类似于选 F_1 的做法。但更简单的做法是证明如下定理：矩阵 $\boldsymbol{R}_1$ 与 $\boldsymbol{R}$ 的特征向量相同，而且除了对应于 $\boldsymbol{R}_1$ 中的特征向量 $\boldsymbol{u}_1$ 的特征值为零而不是 $\boldsymbol{R}$ 的特征值 λ_1 外，矩阵 $\boldsymbol{R}_1$ 与矩阵 $\boldsymbol{R}$ 的其余特征值也相同。

假定 $\lambda_1 \geqslant \lambda_2 \geqslant \cdots \geqslant \lambda_p \geqslant 0$ 为矩阵 R 的 p 个特征值，其相应的特征向量为 $\boldsymbol{u}_1$，$\boldsymbol{u}_2$，$\cdots$，$\boldsymbol{u}_p$，而

$$\boldsymbol{R}_1\boldsymbol{a}_l=(\boldsymbol{R}-\boldsymbol{a}_1\boldsymbol{a}_1')\boldsymbol{a}_l=\boldsymbol{R}\boldsymbol{a}_l-\boldsymbol{a}_1\boldsymbol{a}_1'\boldsymbol{a}_l \tag{5-50}$$

因为 $\boldsymbol{R}$ 的任一特征向量 $\boldsymbol{u}_l$，有

$$\boldsymbol{R}\boldsymbol{u}_l=\lambda_l\boldsymbol{u}_l \quad 或 \quad \boldsymbol{R}\boldsymbol{u}_l\sqrt{\lambda_l}=\lambda_l\boldsymbol{u}_l\sqrt{\lambda_l}$$

即

$$\boldsymbol{R}\boldsymbol{a}_l=\lambda_l\boldsymbol{a}_l$$

所以式(5-50)可以简化成

$$\boldsymbol{R}_1\boldsymbol{a}_l=\lambda_l\boldsymbol{a}_l-\boldsymbol{a}_1\boldsymbol{a}_1'\boldsymbol{a}_l \tag{5-51}$$

现在分 $l=1$ 与 $l\neq1$ 两种情况来考虑：

（1）当 $l=1$ 时，由 $\boldsymbol{a}_1\boldsymbol{a}_1'=\boldsymbol{u}_1\boldsymbol{u}_1'\lambda_1$，式(5-51)可以简化为

$$\boldsymbol{R}_1\boldsymbol{u}_1=\lambda_l\boldsymbol{u}_1-\lambda_l\boldsymbol{u}_1=0\cdot\boldsymbol{u}_1$$

即 $\boldsymbol{R}$ 的最大特征值所对应的特征向量 $\boldsymbol{u}_1$ 也是 $\boldsymbol{R}_1$ 的一个特征向量，只是在 $\boldsymbol{R}_1$ 其对应的特征值为0。

（2）当 $l\neq1$ 时，由于 $\boldsymbol{a}_1'\boldsymbol{a}_l=0$，故式(5-51)变为

$$\boldsymbol{R}_1\boldsymbol{a}_l=\lambda_l\boldsymbol{a}_l \quad 或 \quad \boldsymbol{R}_1\boldsymbol{u}_l=\lambda_l\boldsymbol{u}_l$$

由（1）和（2）可见，$\boldsymbol{R}_1$ 与 $\boldsymbol{R}$ 的特征向量相同，除了特征值 λ_1 外，它们的其他特征值也相同。

这个定理指出，$\boldsymbol{R}$ 的次大特征值 λ_2 就是 $\boldsymbol{R}_1$ 的最大特征值，因此，只要取 $\boldsymbol{R}$ 的次大特征值 λ_2 与其对应的特征向量 $\boldsymbol{u}_2$，则第二个公因子 F_2 也就确定了。同理，其余的各个公因子 F_3、F_4、…、F_m 都可由对相关矩阵 $\boldsymbol{R}$ 求其特征值和特征向量而确定。矩阵 $\boldsymbol{R}$ 的秩恰好等于公因子的数目 m。所以，对 $\boldsymbol{R}$ 进行特征值分析即可将全部公因子找出。对于Q型因子分析仍有相仿的结果。

从上述已知，在求出 $\boldsymbol{R}$ 的特征值和特征向量之后，便得到了主因子解 $\boldsymbol{A}$，它满足：$\boldsymbol{R}=\boldsymbol{A}\boldsymbol{A}'$

但满足这一关系的解并非唯一，证明如下：

设 $\boldsymbol{P}$ 为任意 m 阶正交矩阵，令 $\boldsymbol{B}=\boldsymbol{A}\cdot\boldsymbol{P}$

由于：$\boldsymbol{B}\boldsymbol{B}^{\mathrm{T}}=(\boldsymbol{A}\cdot\boldsymbol{P})(\boldsymbol{A}\cdot\boldsymbol{P})^{\mathrm{T}}=\boldsymbol{A}\cdot\boldsymbol{P}\cdot\boldsymbol{P}^{\mathrm{T}}\cdot\boldsymbol{A}^{\mathrm{T}}=\boldsymbol{A}\boldsymbol{I}\boldsymbol{A}^{\mathrm{T}}=\boldsymbol{A}\cdot\boldsymbol{A}^{\mathrm{T}}=\boldsymbol{R}$

这说明对主因子解 $\boldsymbol{A}$ 施行正交变换后得到的矩阵 $\boldsymbol{B}$ 也满足：$\boldsymbol{B}\boldsymbol{B}^{\mathrm{T}}=\boldsymbol{R}$，这就是因子分析解的不唯一性。因此，可以对初始因子解 $\boldsymbol{A}$ 施行正交变换。使得最终找到尽可能简单的因子矩阵 $\boldsymbol{B}$，以便于进行地质解释。

六、方差极大正交旋转

方差极大正交旋转法的主要目的是，通过因子轴适当的旋转，使新的因子矩阵 $\boldsymbol{B}$ 中的每列元素中只有少数绝对值接近于1，其余大部分则接近于零，即达到每列元素最简单。这就要求 $\boldsymbol{B}$ 中每列元素的绝对值有尽可能大的方差，也即要求 $\boldsymbol{B}$ 中每列元素的平方有尽可能大的方差。此即方差极大准则。

设初始因子矩阵为

$$\underset{(p\times m)}{\boldsymbol{A}}=\begin{bmatrix} a_{11} & a_{12} & \cdots & a_{1m} \\ a_{21} & a_{22} & \cdots & a_{2m} \\ \vdots & \vdots & & \vdots \\ a_{p1} & a_{p2} & \cdots & a_{pm} \end{bmatrix} \tag{5-52}$$

因子 F_j 的简化，可由其因子载荷值平方的方差：

$$V_j=\frac{1}{p}\sum_{i=1}^{p}(b_{ij}^2)^2-\left(\frac{1}{p}\sum_{i=1}^{p}b_{ij}^2\right)^2=\left[p\sum_{i=1}^{p}(b_{ij}^2)^2-\left(\sum_{i=1}^{p}b_{ij}^2\right)^2\right]/p^2 \tag{5-53}$$

来描述，其中，b_{ij} 是经过正交旋转后所得因子载荷矩阵 $\boldsymbol{B}$ 的元素，所以使用载荷值的平方是为了避免负值。

如果 V_j 为最大，则此因子具有最大的简化性，这时它的组分或趋于1，或趋于0，对于整个因子矩阵的简化，则可由各个因子载荷值的平方方差之和作为衡量的标准，即

$$V=\sum_{j=1}^{m}V_j=\sum_{j=1}^{m}\left[p\sum_{i=1}^{p}(b_{ij}^2)^2-\left(\sum_{i=1}^{P}b_{ij}^2\right)^2\right]/p^2 \tag{5-54}$$

达到最大。

考虑到各个变量 x_i 的共同度之间的差异所造成的不平衡，用 b_{ij}^2/h_i^2 代替上式中的 b_{ij}，

所以，实际上是要求经旋转后的 b_{ij} 使：

$$V=\sum_{j=1}^{m}\left[p\sum_{i=1}^{p}(b_{ij}^2/h_i^2)^2-(\sum_{i=1}^{p}b_{ij}^2/h_i^2)^2\right]/p^2 \tag{5-55}$$

达到最大。

事实上，考虑对因子载荷矩阵 $\boldsymbol{A}$ 施行正交旋转相当于对所有因子面 f_g-f_q 正交旋转一个角度 ϕ_{gq}，其每次的转角 ϕ 必须满足使式(5-55) 中 V 达到最大值。这个问题归结为求一个正交变换矩阵 $\boldsymbol{C}$，使 $\boldsymbol{B}=\boldsymbol{AC}$ 满足使式(5-55) 中 V 为最大的条件。为此选择如下的正交变换：

$$\underset{m\times m}{\boldsymbol{T}_{gq}}=\begin{array}{c} \\ \\ \\ g \\ \\ \\ \\ q \\ \\ \\ \\ \end{array}\begin{bmatrix} 1 & & & & & & & & & \\ & \ddots & & & & & & & & \\ & & 1 & & & & & & & \\ & & & \cos\phi & & & -\sin\phi & & & \\ & & & & 1 & & & & & \\ & & & & & \ddots & & & & \\ & & & & & & 1 & & & \\ & & & \sin\phi & & & \cos\phi & & & \\ & & & & & & & 1 & & \\ & & & & & & & & \ddots & \\ & & & & & & & & & 1 \end{bmatrix} \tag{5-56}$$

$\boldsymbol{T}_{gq}$ 中凡没有标明的元素均为 0。$\boldsymbol{A}$ 经过变换 $\boldsymbol{T}_{gq}$ 后，相当于将由因子轴 f_g 与 f_q 所构成的因子平面 f_g-f_q 旋转一个 ϕ 角，所得矩阵为 $\widetilde{\boldsymbol{B}}=\boldsymbol{AT}=[\widetilde{b}_{ij}]$，其中元素：

$$\widetilde{b}_{ig}=a_{ig}\cos\phi+a_{iq}\sin\phi$$

$$\widetilde{b}_{iq}=-a_{ig}\sin\phi+a_{iq}\cos\phi \quad (i=1,2,\cdots,p)$$

$$\widetilde{b}_{il}=a_{il} \quad (l\neq g,q)$$

如果有 m 个主因子，必须对 $\boldsymbol{A}$ 中所有 m 列全部配对旋转，共旋转 $C_m^2=m(m-1)/2$ 次，全部旋转完毕算一个循环，此时得到因子载荷矩阵：

$$\boldsymbol{B}_{(1)}=\boldsymbol{AT}_{12}\cdots\boldsymbol{T}_{1m}\cdots\boldsymbol{T}_{(m-1)m}=\boldsymbol{A}\prod_{g=1}^{m-1}\prod_{q=g+1}^{m}\boldsymbol{T}_{gq}=\boldsymbol{AC}_1 \tag{5-57}$$

其中，记 $\boldsymbol{C}_1=\prod_{g=1}^{m-1}\prod_{q=g+1}^{m}\boldsymbol{T}_{gq}$，$\boldsymbol{B}_{(1)}$ 为对 $\boldsymbol{A}$ 施行正交变换 $\boldsymbol{C}_1$ 而得。经过第一个循环后可以按式(5-55) 计算 $V_{(1)}$。

在第一个循环基础上，从 $\boldsymbol{B}_{(1)}$ 出发再进行第二个旋转循环，旋转完毕得 $\boldsymbol{B}_{(2)}$，此时：

$$\boldsymbol{B}_{(2)}=\boldsymbol{B}_{(1)}\prod_{g=1}^{m-1}\prod_{q=g+1}^{m}\boldsymbol{T}_{gq}=\boldsymbol{B}_{(1)}\boldsymbol{C}_2=\boldsymbol{AC}_1\boldsymbol{C}_2 \tag{5-58}$$

从 $\boldsymbol{B}_{(2)}$ 算出 $V_{(2)}$。

$$B_{(3)} = B_{(2)} \prod_{g=1}^{m-1} \prod_{q=g+1}^{m} B_{(2)} C_3 = AC_1 C_3 \tag{5-59}$$

从 $\boldsymbol{B}_{(3)}$ 算出 $V_{(3)}$，以此类推。

如果不断重复这个循环，就可以得到 V 值的一个非降序列：

$$V_{(1)} \leqslant V_{(2)} \leqslant V_{(3)} \leqslant \cdots \leqslant V_{(p)}$$

因为因子载荷的绝对值不大于 1，故这个序列是有上界的。它必然收敛于某一极限 $\widetilde{V}$ 即为最大值 V，只要循环次数 k 充分大，就会有

$$|V_k - \widetilde{V}| < \varepsilon \tag{5-60}$$

ε 为所要求的精确度。只要循环次数 k 和 k' 都充分大时，就会有

$$|V_k - V_k'| < \varepsilon \tag{5-61}$$

可得

$$B_{(k)} = A \prod_{i=1}^{k} C_i = AC \tag{5-62}$$

即为旋转后的因子载荷矩阵。

在任一次变换 T_{gq} 中，必须方差 V 达到极大，因此，这个转角应按如下步骤确定：

（1）将式(5-56) 代入式(5-55)。

（2）对式(5-55) 求一阶导数并令其为零，可解得

$$\tan 4\phi = \frac{D - 2AB/p}{C - (A^2 - B^2)/p} = \frac{\gamma}{\delta} \tag{5-63}$$

其中，p 为变量个数，$\mu_j = (a_{jg}/h_j)^2 - (a_{jq}/h_j)^2$，$v_j = 2(a_{jg}/h_j)(a_{jq}/h_j)$，$A = \sum_{j=1}^{p} \mu_j$，$B = \sum_{j=1}^{p} v_j$，$C = \sum_{j=1}^{p} (\mu_j^2 - v_j^2)$，$D = 2\sum_{j=1}^{p} \mu_j v_j$。

（3）将式(5-55) 展开，并将包含 ϕ 的项合并简化，最后就只剩下包含 $\sin 4\phi$ 和 $\sin^2 2\phi$ 的项，也即式(5-55) 是 ϕ 以 $\pi/2$ 为周期的函数。因此，式(5-55) 中的 4ϕ 只要在 $\pi/2$ 的范围内考虑就行，通常是在 $-\pi/4$ 到 $\pi/4$ 之间考虑，同时，由式(5-55) 对 ϕ 的二阶导数应小于零可得

$$\frac{1}{\gamma} \sin 4\phi > 0 \tag{5-64}$$

所以，ϕ 的符号可根据 γ 的符号确定，它应与 γ 同号，故可按分子 γ 及分母 δ 的正负号来确定 4ϕ 角应在哪一象限中（表 5-1）。

表 5-1　4ϕ 角判定象限数据表

分子 γ	分母 δ	象限	4ϕ	ϕ 值范围	转角度数
+	+	1	$0 \sim \pi/2$	$0 \sim \pi/8$	0°～22.5°
+	−	2	$\pi/2 \sim \pi$	$\pi/8 \sim \pi/4$	22.5°～45°
−	−	3	$-\pi \sim -\pi/2$	$-\pi/4 \sim -\pi/8$	−4.5°～−22.5°
−	+	4	$-\pi/2 \sim 0$	$-\pi/8 \sim 0$	−22.5°～0

对于 Q 型因子载荷矩阵的方差最大旋转仍然有相仿的结果，此时 $A = [a_{ij}]_{(N \times m)}$，故

只须将式(5-63) 中 p 改换为 N，然后旋转即可。

【例 5-1】 已获取 3 个样品点的 4 组参数数据，如式(5-65) 所示，试对式(5-65) 数据进行 Q 型因子分析。

$$\boldsymbol{X}=\begin{matrix} & X_1 & X_2 & X_3 \\ x_1 & 1 & 1 & 1 \\ x_2 & 0 & 0 & -1 \\ x_3 & -1 & -1 & 1 \\ x_4 & -1 & 1 & 0 \end{matrix} \tag{5-65}$$

解：(1) 根据公式：

$$\cos\theta_{ij}=\sum_{l=1}^{4}x_{li}x_{lj}\Big/\sqrt{\sum_{l=1}^{4}x_{li}^2\cdot\sum_{l=1}^{4}x_{lj}^2}\quad(i,j=1,2,3)$$

可得相似系数矩阵为

$$\boldsymbol{Q}=\begin{bmatrix}1 & -\frac{1}{3} & \frac{2}{3}\\ -\frac{1}{3} & 1 & 0\\ \frac{2}{3} & 0 & 1\end{bmatrix}$$

(2) 求相似系数矩阵 $\boldsymbol{Q}$ 的特征值和特征向量。

矩阵 $\boldsymbol{Q}$ 的特征方程为

$$|\boldsymbol{Q}-\lambda\boldsymbol{I}|=\begin{vmatrix}1-\lambda & -\frac{1}{3} & \frac{2}{3}\\ -\frac{1}{3} & 1-\lambda & 0\\ \frac{2}{3} & 0 & 1-\lambda\end{vmatrix}=0$$

展开得：$(1-\lambda)^3-\frac{9}{4}(1-\lambda)-\frac{1}{9}(1-\lambda)=0$

即：$9\lambda^3-27\lambda^2+22\lambda-4=(\lambda-1)(9\lambda^2-18\lambda+4)=0$

可得特征值：$\lambda_1=1.745$；$\lambda_2=1$；$\lambda_3=0.255$

对于 $\lambda_1=1.745$，解方程组：

$$\begin{cases}(1-1.745)u_{11}-\frac{1}{3}u_{21}=\frac{2}{3}u_{31}=0\\ -\frac{1}{3}u_{11}+(1-1.745)u_{21}=0\\ \frac{2}{3}u_{11}+(1-1.745)u_{31}=0\end{cases}$$

可得特征向量：$[u_{11}\quad u_{21}\quad u_{31}]=[0.727,\quad -0.316,\quad 0.632]$

同理，相应于 $\lambda_2=1$ 和 $\lambda_3=0.225$ 的特征向量分别为

$$[u_{12}\quad u_{22}\quad u_{32}]=[0,0.85,0.477]\ [u_{13}\quad u_{23}\quad u_{33}]=[-0.23,-0.999,0.1995]$$

（3）计算因子载荷矩阵。

如果取 3 个主因子，即 $m=3$，则此时计算得因子载荷矩阵：

$$\boldsymbol{A}=\begin{bmatrix} a_{11} & a_{12} & a_{13} \\ a_{21} & a_{22} & a_{23} \\ a_{31} & a_{32} & a_{33} \end{bmatrix}=\begin{bmatrix} \sqrt{\lambda_1}u_{11} & \sqrt{\lambda_2}u_{12} & \sqrt{\lambda_3}u_{13} \\ \sqrt{\lambda_1}u_{21} & \sqrt{\lambda_2}u_{22} & \sqrt{\lambda_3}u_{23} \\ \sqrt{\lambda_1}u_{31} & \sqrt{\lambda_2}u_{32} & \sqrt{\lambda_3}u_{33} \end{bmatrix}=\begin{bmatrix} 0.934 & 0 & -0.35 \\ -0.418 & 0.894 & -0.1596 \\ 0.835 & 0.447 & 0.319 \end{bmatrix}$$

（4）因子载荷矩阵 $\boldsymbol{A}$ 的方差极大旋转。

$\boldsymbol{A}$ 的规格化：

$$\sqrt{h_1^2}=\sqrt{0.934^2+0^2+(0.358)^2}=0.999$$

$$\sqrt{h_2^2}=\sqrt{(-0.418)^2+(0.894)^2+(-0.1596)^2}=0.999$$

$$\sqrt{h_3^2}=\sqrt{0.835^2+0447^2+0.319^2}=0.999$$

得规格化因子载荷矩阵：

$$\boldsymbol{A}=\begin{bmatrix} \frac{a_{11}}{\sqrt{h_1^2}} & \frac{a_{12}}{\sqrt{h_1^2}} & \frac{a_{13}}{\sqrt{h_1^2}} \\ \frac{a_{21}}{\sqrt{h_2^2}} & \frac{a_{22}}{\sqrt{h_2^2}} & \frac{a_{23}}{\sqrt{h_2^2}} \\ \frac{a_{31}}{\sqrt{h_3^2}} & \frac{a_{32}}{\sqrt{h_3^2}} & \frac{a_{33}}{\sqrt{h_3^2}} \end{bmatrix}=\begin{bmatrix} 0.934 & 0 & -0.357 \\ -0.418 & 0.894 & -0.1596 \\ 0.836 & 0.447 & 0.319 \end{bmatrix}$$

对规格化 $\boldsymbol{A}$ 按式（5-55）计算各因子载荷的方差：

$$V_A=0.2054$$

（5）对规格化 $\boldsymbol{A}$ 施行方差极大旋转。

① 第一个循环。

因子面 f_1-f_2 的旋转：此时取规格化 $\boldsymbol{A}$ 中第一、二两列计算下列各量为

$$A=\sum_{j=1}^{3}\mu_j=\sum_{j=1}^{3}[(a_{jl}/h_j)^2-(a_{j2}/h_j)^2]=-0.7454$$

$$B=\sum_{j=1}^{3}v_j=\sum_{j=1}^{3}2(a_{jl}/h_j)(a_{j2}/h_j)=-0.00006$$

$$C=\sum_{j=1}^{3}(\mu_j^2-v_j^2)=0.2838$$

$$D=2\sum_{j=1}^{3}\mu_j v_j$$

$$\tan 4\phi=\frac{D-2AB/N}{C-(A^2-B^2)/N}=\frac{\gamma}{\delta}=\frac{5.038}{0.2958}=17.02$$

$$4\phi=1.512,\ \phi=0.378,\ \sin\phi=0.369,\ \cos\phi=0.929$$

因此：
$$\boldsymbol{AT}_{12}=\begin{bmatrix} 0.934 & 0 & -0.357 \\ -0.418 & 0.894 & -0.1596 \\ 0.836 & 0.447 & 0.319 \end{bmatrix}\begin{bmatrix} 0.929 & -0.369 & 0 \\ 0.369 & 0.929 & 0 \\ 0 & 0 & 1 \end{bmatrix}$$

$$=\begin{bmatrix} 0.868 & -0.345 & -0.357 \\ -0.058 & 0.985 & -0.159 \\ 0.942 & 0.107 & 0.319 \end{bmatrix}$$

因子面f_1-f_3 的旋转：此时从矩阵 $\boldsymbol{AT}_{12}$ 出发，计算得

$$A=1.389, B=0.0002, C=0.263, D=0.166$$

$$\gamma=0.498, \delta=-1.140, 4\phi=2.7292, \phi=0.6823$$

$$\sin\phi=0.6303, \cos\phi=0.776$$

因此：

$$\boldsymbol{AT}_{12}\boldsymbol{T}_{13}=\begin{bmatrix} 0.868 & -0.345 & -0.357 \\ -0.058 & 0.985 & -0.159 \\ 0.942 & 0.107 & 0.319 \end{bmatrix}\times\begin{bmatrix} 0.776 & 0 & -0.6306 \\ 0 & 1 & 0 \\ 0.6306 & 0 & 0.776 \end{bmatrix}$$

$$=\begin{bmatrix} 0.4488 & -0.3448 & -0.8244 \\ -0.1458 & 0.9854 & -0.0872 \\ 0.9321 & 0.1072 & -0.3460 \end{bmatrix}$$

因子面f_2-f_3 的旋转：此时从矩阵 $\boldsymbol{AT}_{12}\boldsymbol{T}_{13}$ 出发，可得

$$A=0.2945, B=0.3225, C=0.8963, D=-0.9527$$

$$\gamma=3.048, \delta=2.706, 4\phi=-0.8447, \phi=-0.2112$$

$$\sin\phi=-0.2096, \cos\phi=0.9778$$

因此：

$$\boldsymbol{AT}_{12}\boldsymbol{T}_{13}\boldsymbol{T}_{23}=\begin{bmatrix} 0.4488 & -0.1643 & -0.8784 \\ -0.1458 & -0.9818 & 0.1213 \\ 0.9321 & 0.1774 & -0.3159 \end{bmatrix}=\boldsymbol{B}_{(1)}=\boldsymbol{AC}_1$$

其中 $\boldsymbol{C}_1=\boldsymbol{T}_{12}\boldsymbol{T}_{13}\boldsymbol{T}_{23}$，从 $\boldsymbol{B}_{(1)}$ 计算得

$$V_{(1)}=0.4417>V_A=0.2054$$

② 第二个循环。

对 $\boldsymbol{B}_{(1)}$ 进行规格化，从规格化 $\boldsymbol{B}_{(1)}$ 出发，可得

$$\boldsymbol{B}_{(1)}\boldsymbol{T}_{12}=\begin{bmatrix} 0.419 & -2.2336 & -0.8784 \\ 0.0122 & 0.9925 & 0.1213 \\ 0.9484 & 0.0269 & -0.3159 \end{bmatrix}$$

$$\boldsymbol{B}_{(1)}\boldsymbol{T}_{12}\boldsymbol{T}_{13}=\begin{bmatrix} 0.3899 & -0.2336 & -0.8907 \\ 0.0159 & 0.9925 & 0.1209 \\ 0.9383 & 0.0269 & -0.3447 \end{bmatrix}$$

$$\boldsymbol{B}_{(1)}\boldsymbol{T}_{12}\boldsymbol{T}_{13}\boldsymbol{T}_{23}=\begin{bmatrix} 0.3899 & -0.2336 & -0.8993 \\ 0.0159 & 0.9878 & 0.1558 \\ 0.9383 & 0.0387 & -0.3458 \end{bmatrix}$$

$$=\boldsymbol{B}_{(2)}=\boldsymbol{AC}_1\boldsymbol{C}_2$$

式中，$\boldsymbol{C}_2=\boldsymbol{T}_{12}\boldsymbol{T}_{13}\boldsymbol{T}_{23}$，从 $\boldsymbol{B}_{(2)}$ 计算：$V_{(2)}=0.47205>V_{(1)}>V_A$

③ 第三个循环。

对 $\boldsymbol{B}_{(2)}$ 规格化后，重复上面计算，可得

$$B_{(3)}=AC_1C_2C_3=\begin{bmatrix}0.3868 & -0.2039 & -0.8993\\0.0209 & 0.9875 & 0.1558\\0.9377 & 0.0347 & -0.3458\end{bmatrix}$$

$$V_{(3)}=0.47208054>V_{(2)}>V_{(1)}>V_A$$

若再重复上述计算，第四个循环可得

$$B_{(4)}=AC_1C_2C_3C_4=\begin{matrix}X_1\\X_2\\X_3\end{matrix}\overset{\begin{matrix}f_1 & \quad f_2 & \quad f_3\end{matrix}}{\begin{bmatrix}0.3868 & -0.2039 & -0.8993\\0.0209 & 0.9875 & 0.1558\\0.9377 & 0.0347 & -0.3458\end{bmatrix}}$$

当 $\varepsilon=10^{-7}$ 时，$|V_{(5)}-V_{(4)}|<10^{-7}$。

经过此番旋转以后载荷平方方差 V 由 0.2054 增长到最终 0.47208。因子载荷矩阵 $\boldsymbol{A}$ 简化为简单结构 $\boldsymbol{B}_{(4)}$。从 $\boldsymbol{B}_{(4)}$ 可以看出，因子 f_1 中，X_3 具有较大载荷，其他样品无可比拟。故 X_3 为因子 f_1 的代表性样品，可以根据样品 X_3 的地质特征来推论解释因子所反映的地质作用。同理，X_2、X_1 分别为因子 f_2、f_3 的代表性样品，可用它的地质特征解释因子 f_2、f_3。

七、因子得分

因子得分的计算公式为

$$\hat{f}_k=c_{k1}x_1+c_{k2}x_2+\cdots+c_{kp}x_p \quad (k=1,2,\cdots,m) \tag{5-66}$$

式中，c_{ki} 为回归系数（$i=1,2,\cdots,p$）；x_i 为原始变量（$i=1,2,\cdots,p$）。

回归系数 $c_{ki}(i=1,2,\cdots,p)$ 应满足下列正规方程组：

$$\begin{bmatrix}r_{11} & r_{12} & \cdots & r_{1p}\\r_{21} & r_{22} & \cdots & r_{2p}\\\vdots & \vdots & & \vdots\\r_{p1} & r_{p2} & \cdots & r_{pp}\end{bmatrix}\begin{bmatrix}c_{k1}\\c_{k2}\\\vdots\\c_{kp}\end{bmatrix}=\begin{bmatrix}r_{1k}\\r_{2k}\\\vdots\\r_{pk}\end{bmatrix} \tag{5-67}$$

式(5-67) 的系数矩阵是原始变量的相关系数矩阵；而右端的 r_{ik} 为变量 x_i 与公因子 f_k 的相关系数。由于各公因子独立，故 $r_{ik}=a_{ik}$。由式(5-67) 得

$$\begin{bmatrix}c_{k1}\\c_{k2}\\\vdots\\c_{kp}\end{bmatrix}=\begin{bmatrix}r_{11} & r_{12} & \cdots & r_{1p}\\r_{21} & r_{22} & \cdots & r_{2p}\\\vdots & \vdots & & \vdots\\r_{p1} & r_{p2} & \cdots & r_{pp}\end{bmatrix}^{-1}\begin{bmatrix}a_{1k}\\a_{2k}\\\vdots\\a_{pk}\end{bmatrix} \tag{5-68}$$

或为

$$\boldsymbol{C}_k=\boldsymbol{R}^{-1}\boldsymbol{a}_k \tag{5-69}$$

将式(5-69) 代入式(5-66) 中得

$$\hat{f}_k=c_{k1}x_1+c_{k2}x_2+\cdots+c_{kp}x_p$$

$$=(c_{k1},c_{k2},\cdots,c_{kp})\begin{bmatrix}x_1\\x_2\\\vdots\\x_p\end{bmatrix}=\boldsymbol{C}_k^{\mathrm{T}}\boldsymbol{X}=\boldsymbol{a}_k^{\mathrm{T}}\boldsymbol{R}^{-1}\boldsymbol{X}\quad(k=1,2,\cdots,m) \tag{5-70}$$

从式(5-70) 计算的各因子得分$\hat{f}_k(k=1,2,\cdots,m)$ 可构成下列向量：

$$\hat{\boldsymbol{F}}=\begin{bmatrix}\hat{f}_1\\\hat{f}_2\\\vdots\\\hat{f}_m\end{bmatrix}=\begin{bmatrix}a_{11}&a_{21}&\cdots&a_{p1}\\a_{12}&a_{22}&\cdots&a_{p2}\\\vdots&\vdots&&\vdots\\a_{1m}&a_{2m}&\cdots&a_{pm}\end{bmatrix}\boldsymbol{R}^{-1}\boldsymbol{X}=\boldsymbol{A}^{\mathrm{T}}\boldsymbol{R}^{-1}\boldsymbol{X} \tag{5-71}$$

式(5-71) 就是计算各因子得分的公式，其中：$\boldsymbol{A}$ 为因子载荷矩阵；$\boldsymbol{R}^{-1}$ 为原始变量间相关矩阵的逆矩阵；$\boldsymbol{X}$ 为各样品的变量观测值（列向量）构成的矩阵。

因子得分可从所有原始变量中将某一特定因子有关信息集中起来，看作是一个样品中 p 个变量的综合指标，故可作为表征该样品的新数据。也可选取具有代表性的公因子并计算其因子得分值，将其用于 Q 型聚类分析或作趋势面分析。还可把各样品标在每两个公因子为坐标轴构成的平面上，对样品探求优化分类。

【例 5-2】 对某盆地 8 口井的白垩系、古近系生油岩抽提物和油样的与甾烷有关的地球化学分析 33 个样品数据（表 5-2），进行 R 型因子分析，研究其母质类型、成熟度及运移效应。除 12、19、25 号样品为油样外，其余样品均为生油岩的抽提物。

表 5-2 地球化学分析样品原始数据表

样品	A_1	A_2	A_3	A_4	A_5
X_1	0. 424	0. 455	24. 86	24. 62	50. 52
X_2	0. 411	0. 593	26. 6	24. 53	48. 46
X_3	0. 394	0. 46	26. 8	23. 65	49. 55
X_4	0. 414	0. 562	25. 1	24. 67	48. 46
X_5	0. 425	0. 833	26. 22	29. 5	44. 46
X_6	0. 433	0. 911	13. 48	31. 63	49. 89
X_7	0. 438	0. 42	24. 77	22. 52	52. 71
X_8	0. 422	0. 688	23. 79	30. 32	45. 88
X_9	0. 448	0. 576	19. 75	24. 55	55. 7
X_{10}	0. 497	0. 647	22. 09	29. 88	48. 03
X_{11}	0. 352	0. 47	26. 39	23. 77	50. 84
X_{12}	0. 42	0. 945	22. 14	21. 22	56. 64
X_{13}	0. 292	0. 46	26. 05	26. 12	47. 83

续表

样品	A_1	A_2	A_3	A_4	A_5
X_{14}	0.395	0.61	28.44	23.21	48.35
X_{15}	0.339	0.45	30.98	20.17	48.45
X_{16}	0.397	0.545	24.95	25.08	49.97
X_{17}	0.398	0.541	28.52	16.5	54.98
X_{18}	0.405	0.661	27.86	18	48.02
X_{19}	0.335	0.595	28.85	24.22	53.16
X_{20}	0.433	0.441	22.84	18	52.9
X_{21}	0.287	0.471	28.35	24.27	46.39
X_{22}	0.126	0.201	28.89	25.27	45.71
X_{23}	0.227	0.329	23.36	25.4	54.5
X_{24}	0.139	0.269	36.01	22.14	40.12
X_{25}	0.229	0.159	39.73	23.88	35.83
X_{26}	0.153	0.103	34.64	24.44	49.23
X_{27}	0.33	0.455	27.39	16.13	48.2
X_{28}	0.131	0.164	41.24	24.41	37.3
X_{29}	0.482	1.854	33.13	21.46	45.27
X_{30}	0.145	0.184	21.26	20.1	52.63
X_{31}	0.106	0.134	33.75	16.9	49.27
X_{32}	0.265	0.28	38.18	23.38	38.45
X_{33}	0.299	0.526	38.18	38.18	41.21

选取5个分析项目作为变量，其意义如下：

A_1 表示甾烷异构化参数（ααββR/αααR），可作为生油层的成熟度标志，$A_1<0.25$ 未成熟，$0.25\leqslant A_1<0.42$ 低成熟，$A_1\geqslant 0.42$ 成熟。

A_2 表示 C_{29}，规则甾烷（ααββR/αααR），为运移效应标志，可判断烃类运移效应和运移距离的相对远近，其值越大，说明运移效应越明显。

A_3 表示 C_{27}，规则甾烷分布（%）。

A_4 表示 C_{28}，规则甾烷分布（%）。

A_5 表示 C_{29}，规则甾烷分布（%）。

A_3、A_4、A_5 为母质类型分布指数，富 C_{27} 而贫 C_{29}，则生油母源以低等水生生物为主，母质类型较好；富 C_{29} 而贫 C_{27}，则母源中高等植物较多，母质类型较差。

解：（1）经计算得到方差极大正交旋转因子载荷矩阵（表5-3）。

表 5-3　方差极大正交旋转因子载荷矩阵表

变量序号	主因子		
	F_1	F_2	F_3
x_1	0. 8404	0. 4188	-0. 3440
x_2	0. 9966	0. 0481	-0. 0664
x_3	-0. 1905	-0. 8991	0. 3942
x_4	0. 1876	0. 0047	0. 9822
x_5	0. 1371	0. 9598	0. 2448

由表 5-3 可以看出，第一个主因子的代表性变量为 x_2；第二个主因子的代表性变量为 x_5；第三个主因子的代表性变量为 x_3。

(2) 对生油岩进行分类和进一步的解释，可应用因子分析的结果计算前三个主因子的样品的因子得分（表 5-4）。

表 5-4　33 个样品的因子得分表

样品序号	因子得分		
	F_1	F_2	F_3
1	-22. 8459	-20. 3889	-19. 5561
2	-22. 42182	-22. 2682	-16. 481
3	-22. 3671	-18. 7061	-29. 438
4	-22. 2553	-19. 5313	-21. 3385
5	-22. 4148	-22. 3476	-9. 1772
6	-24. 5376	-20. 671	-19. 0977
7	-22. 8939	-19. 47432	-27. 2622
8	-23. 2186	-19. 2829	-25. 9169
9	-24. 2134	-8. 5119	16. 7124
10	-23. 6462	-13. 8934	10. 4893
11	-22. 7749	-14. 0234	17. 5181
12	-23. 2164	-9. 3178	20. 6489
13	-22. 704	-16. 0067	14. 7807
14	-21. 7975	-16. 9639	18. 1529
15	-21. 0407	-18. 0577	21. 4332
16	-22. 8539	-14. 2849	16. 0148
17	-21. 6407	-13. 3781	25. 9396
18	-21. 9712	-16. 8084	17. 0008
19	-21. 5834	-14. 5615	24. 2147
20	-23. 465	-11. 5833	16. 9616

续表

样品序号	因子得分		
	F_1	F_2	F_3
21	-22.0465	-17.9704	15.7419
22	-22.185	-18.57	15.5296
23	-23.4288	-10.9705	19.4187
24	-20.1347	-25.2637	17.2097
25	-19.1525	-29.4516	16.4532
26	-20.3899	-19.5561	26.1934
27	-22.2682	-16.481	16.7421
28	-18.7061	-29.438	19.9106
29	-19.5313	-21.3385	20.2667
30	-22.3476	-9.1772	19.0727
31	-20.671	-19.0977	25.225
32	-19.4432	-27.2622	17.7411
33	-19.2829	-25.9169	20.7627

根据计算结果，三个主因子的地质意义为：F_1 为运移效应及成熟度；F_2 为母质类型及运移效应；F_3 为生油岩的母质类型。

（3）由样品的因子得分计算结果，将三个主因子的代表性样品列于表 5-5 中。在该表中也列出了样品的 5 个变量值以及样品的地质类型。

表 5-5　主因子的代表性样品及地质类型表

主因子	代表样号	因子得分	x_1	x_2	x_3	x_4	x_5	地质类型
F_1	28	-18.7061	0.131	0.164	41.240	21.460	37.300	母质好，未成熟，未运移
F_2	9	-8.5119	0.448	0.576	19.750	24.550	55.700	母质差，已成熟，经过运移
F_3	26	26.1934	0.153	0.108	36.640	16.130	49.230	母质中等，未成熟，未运移

（4）33 个样品中的 3 个油样，其变量值及地质类型列于表 5-6 中。

表 5-6　三个油样的地质类型表

样品序号	x_1	x_2	x_3	x_4	x_5	地质类型
12	0.420	0.945	22.140	21.220	56.640	母质好，已成熟，运移明显
19	0.335	0.595	28.850	18.000	53.160	母质中等，低成熟，经过运移
25	0.229	0.159	39.730	24.440	35.830	母质好，未成熟，未经运移

（5）在 $F_1 \sim F_2$ 主因子样品得分中，除 29 号样品外，其余样品可划分为四个样品集团，除 A 集团外，B、C、D 集团中各包含一个已知地质类型的代表性样品。根据各样品集团变量观测值的地质意义，将各集团的地质类型列于表 5-7 中。

表 5-7 各样品集团的地质类型表

集团号	集团中的样品号	代表样品号	地质类型
A	1，2，3，4，5，6，7，8		母质差到中等，成熟到低成熟，经过明显运移
B	9，10，11，12，13，16，20，23	9，12	母质差，低成熟，少数成熟，经过明显运移
C	14，15，17，18，19，21，22，26，27，30，31	19，26	母质中等，低成熟，少数未成熟，经过运移
D	24，25，28，32，33	25，28	母质好，未成熟，少数低成熟，未经运移
	29		母质较好，已成熟，经远距离运移

通过上述研究，对周口盆地的生油条件和运移状况可以得出如下认识：

（1）白垩系生油岩的母质类型较差，为成熟到低成熟。其中，位于生油凹陷东部的母质类型以差为主，而靠近凹陷中部的母质类型相对较好，说明盆地沉积中心生油条件较好。

（2）白垩系生油岩已达到成熟或低成熟，凹陷中部成熟程度相对较高。

（3）白垩系生油岩生成的烃类普遍经历了运移。在适当条件下，有可能形成油气藏。

（4）古近—新近系生油岩的母质类型较好，但未成熟，且未经过运移。部分层位样品表现为母质中等，低成熟，并显示出一定的运移效应，反映这些层位曾受白垩系生油岩生成的烃类浸染。

八、斜交旋转因子解

上述的因子旋转是正交旋转，即在旋转过程中各因子轴正交，始终保持各因子间互不相关的特点。因此，经过正交旋转后所得到的因子解仍然是正交因子解。但在实践中，各公因子之间常常具有一定的相关性，故正交因子解不能更好地模拟这种自然模型，这时就需要作因子轴斜交旋转。因子轴斜交旋转得到的解就是斜交因子解。

在正交因子模型中，一方面变量是各公因子的线性组合，另一方面载荷也是变量与公因子间的相关系数。但在斜交旋转因子解中，因子载荷就不再是变量与公因子间的相关系数，这时就需要另有反映变量与因子间相关系数的表达式，即所谓因子结构，也还需要有说明斜交公因子之间相关程度的相关矩阵。因此，一个完整的斜交因子解，应包括因子模型、因子结构和因子相关矩阵三部分。

（一）斜交因子模型和斜交因子解

设有 p 个变量 x_1，x_2，…，x_p 可用 $m(m<p)$ 个相关的斜交公因子 T_1，T_2，…，T_m 来表示，在不考虑单因子的情况下，斜交因子模型可写成：

$$\begin{cases} x_1 = b_{11}T_1 + b_{12}T_2 + \cdots + b_{1m}T_m \\ x_2 = b_2 T_1 + b_{22}T_2 + \cdots + b_{2m}T_m \\ \vdots \\ x_p = b_{p1} + b_{p2}T_2 + \cdots + b_{pm}T_m \end{cases} \tag{5-72}$$

式中，T_1、T_2、…、T_m 是斜交公因子（相关变量），可以看作斜坐标的单位向量；b_{ij} 表示变量 x_i 的向量 OP_i 在斜因子轴 T_i 上的坐标，即斜交因子载荷。

将式(5-72) 写成矩阵形式：

$$\boldsymbol{X}=\boldsymbol{BT} \tag{5-73}$$

其中

$$\boldsymbol{X}=(x_1,x_2,\cdots,x_p)^{\mathrm{T}}$$

$$\boldsymbol{T}=(T_1,T_2,\cdots,T_m)^{\mathrm{T}}$$

$$\boldsymbol{B}=\begin{bmatrix} b_{11} & b_{12} & \cdots & b_{1m} \\ b_{21} & b_{22} & \cdots & b_{2m} \\ \vdots & \vdots & & \vdots \\ b_{p1} & b_{p2} & \cdots & b_{pm} \end{bmatrix}$$

矩阵 $\boldsymbol{B}=(b_{ij})_{p\times m}$ 称为斜交因子模型矩阵，它表征了斜交因子模型。

在斜交因子情况下，因子模型和因子结构并不等同。在图 5-3 中，T_1、T_2 是斜交因子轴，OP_i 表示变量 x_i 的向量（$|OP_i|=1$）。向量 OP_i 在 T_1、T_2 上的坐标分别为 OQ 和 OR，而其投影则分别为 OM 和 ON。显然坐标和投影，即模型和结构之间是有差别的。

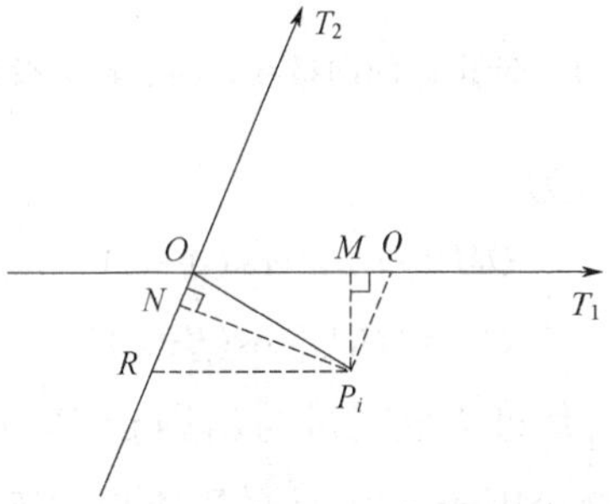

图 5-3　斜交因子坐标与投影示意图

若把 T_1、T_2、$\cdots$、T_m 看成斜坐标轴系的单位向量，则 $\boldsymbol{T}_j$ 在 m 个正交因子 F_1、F_2、$\cdots$、F_m 方向上的投影 t_{1j}、t_{2j}、$\cdots$、t_{mj} 就是斜坐标轴相对于正交坐标因子轴 F_1、F_2、$\cdots$、F_m 的夹角余弦，其平方和等于 1。这时 $\boldsymbol{T}_j$ 可表示为

$$\boldsymbol{T}_j=(t_{1j},t_{2j},\cdots,t_{mj})^{\mathrm{T}}\quad (j=1,2,\cdots,m) \tag{5-74}$$

则称

$$\boldsymbol{T}=(T_1,T_2,\cdots,T_m)=\begin{bmatrix} t_{11} & t_{12} & \cdots & t_{1m} \\ t_{21} & t_{22} & \cdots & t_{2m} \\ \vdots & \vdots & & \vdots \\ t_{m1} & t_{m2} & \cdots & t_{mm} \end{bmatrix} \tag{5-75}$$

为斜交因子变换矩阵。

由于斜交因子 T_i 与 T_j 的相关系数可表示为

$$r_{T_iT_j}=L_{ij}=t_{1i}t_{1j}+t_{2i}t_{2j}+\cdots+t_{mi}t_{mj}=\sum_{k=1}^{m}t_{ki}t_{kj}=T_i^{\mathrm{T}}T_j(i,j=1,2,\cdots,m) \tag{5-76}$$

从而得斜交因子相关矩阵为

$$\boldsymbol{L}=\begin{bmatrix} L_{11} & L_{12} & \cdots & L_{1m} \\ L_{21} & L_{22} & \cdots & L_{2m} \\ \vdots & \vdots & & \vdots \\ L_{m1} & L_{m2} & \cdots & L_{mm} \end{bmatrix}=\boldsymbol{T}^{\mathrm{T}}\boldsymbol{T} \tag{5-77}$$

若记 $s_{ij}(i=1,2,\cdots,p;j=1,2,\cdots,m)$ 为第 i 个变量 x_i 的向量 OP_i 在斜因子轴 T_j 上的投影，则称 $\boldsymbol{S}=(s_{ij})_{p\times m}$ 为斜交因子结构矩阵。

在图 5-4 中，s_{i1} 表示 x_i 的向量 OP_i 在 T_1 上的投影，即有向线段 OM；s_{i2} 表示 x_i 的向量 OP_i 在 T_2 上的投影，即有向线段 ON。

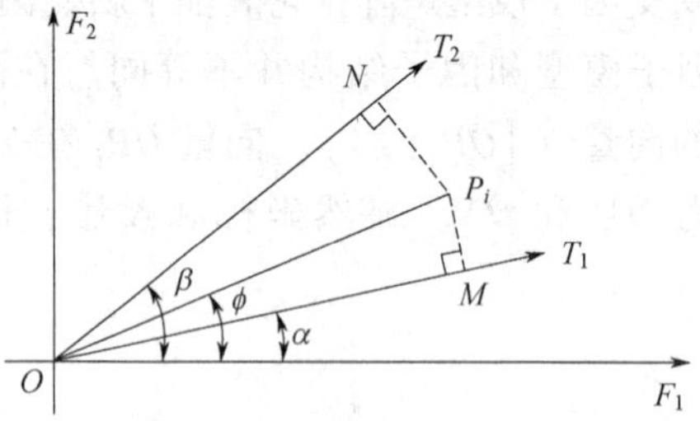

图 5-4 变量 x_i 的向量在斜因子轴上投影图

投影 OM 和 ON 可分别表示为

$$OM=|OP_i|\cos(\phi-\alpha)$$

$$ON=|OP_i|\cos(\beta-\phi)$$

因此，投影 OM、ON 分别是第 i 个变量与斜因子 T_1、T_2 的相关系数 r_{iT_1}、r_{iT_2}。因 $|OP_i|$即为第 i 个变量 x_i 的正交公因子方差 h_i^2 的平方根，于是有

$$r_{iT_1}=h_i\cos(\phi-\alpha)=a_{i1}\cos\alpha+a_{i2}\sin\alpha$$

$$r_{iT_2}=h_i\cos(\beta-\phi)=a_{i1}\cos\beta+a_{i2}\sin\beta$$

即

$$(r_{iT_1}\quad r_{iT_2})=(a_{i1}\quad a_{i2})\begin{pmatrix}\cos\alpha & \cos\beta \\ \sin\alpha & \sin\beta\end{pmatrix}=(a_{i1}\quad a_{i2})\begin{pmatrix}t_{11} & t_{12} \\ t_{21} & t_{22}\end{pmatrix}\quad (i=1,2,\cdots,p)$$

一般地，对 m 个因子情况有

$$\begin{bmatrix} r_{1T_1} & r_{1T_2} & \cdots & r_{1T_m} \\ r_{2T_1} & r_{2T_2} & \cdots & r_{2T_m} \\ \vdots & \vdots & & \vdots \\ r_{pT_1} & r_{pT_2} & \cdots & r_{pT_m} \end{bmatrix}=\begin{bmatrix} a_{11} & a_{12} & \cdots & a_{1m} \\ a_{21} & a_{22} & \cdots & a_{2m} \\ \vdots & \vdots & & \vdots \\ a_{p1} & a_{p2} & \cdots & a_{pm} \end{bmatrix}\begin{bmatrix} t_{11} & t_{12} & \cdots & t_{1m} \\ t_{21} & t_{22} & \cdots & t_{2m} \\ \vdots & \vdots & & \vdots \\ t_{p1} & t_{p2} & \cdots & t_{pm} \end{bmatrix}$$

即

$$\boldsymbol{S}=\boldsymbol{A}\boldsymbol{T} \tag{5-78}$$

其中 $\boldsymbol{A}$ 为正交因子矩阵。

由于 $x_i=b_{i1}T_1+b_{i2}T_2+\cdots+b_{im}T_m\quad(i=1,2,\cdots,p)$，于是：

$$\begin{aligned} r_{iT_j}&=E(x_iT_j) \\ &=b_{i1}E(T_1T_j)+b_{i2}E(T_2T_j)+\cdots+b_{ij}E(T_jT_j)+\cdots+b_{im}E(T_mT_j) \end{aligned}$$

$$=b_{i1}r_{T_1T_j}+b_{i2}r_{T_2T_j}+\cdots+b_{ij}+\cdots+b_{im}r_{T_mT_j}\quad (j=1,2,\cdots,m)$$

即
$$\begin{cases} r_{iT_1}=b_{i1}+b_{i2}r_{T_2T_1}+\cdots+b_{im}r_{T_mT_1} \\ r_{iT_2}=b_{i1}r_{T_1T_2}+b_{i2}+\cdots+b_{im}r_{T_mT_2} \\ \vdots \\ r_{iT_m}=b_{i1}r_{T_1T_m}+b_{i2}r_{T_2T_m}+\cdots+b_{im} \end{cases}\quad (i=1,2,\cdots,p)$$

写成矩阵形式：

$$(r_{iT_1},r_{iT_2},\cdots,r_{iT_m})=(b_{i1},b_{i2},\cdots b_{im})\begin{bmatrix} r_{T_1T_1} & r_{T_1T_2} & \cdots & r_{T_1T_m} \\ r_{T_2T_1} & r_{T_2T_2} & \cdots & r_{T_2T_m} \\ \vdots & \vdots & & \vdots \\ r_{T_mT_1} & r_{T_mT_2} & \cdots & r_{T_mT_m} \end{bmatrix}$$

$$=(b_{i1},b_{i2},\cdots,b_{im})\begin{bmatrix} L_{11} & L_{12} & \cdots & L_{1m} \\ L_{21} & L_{22} & \cdots & L_{2m} \\ \vdots & \vdots & & \vdots \\ L_{m1} & L_{m2} & \cdots & L_{mm} \end{bmatrix}\quad (i=1,2,\cdots,p) \tag{5-79}$$

即得
$$\boldsymbol{S}=\boldsymbol{BL} \tag{5-80}$$

将式(5-77)、式(5-78) 代入式(5-79) 得

$$\boldsymbol{AT}=\boldsymbol{B}(\boldsymbol{T}^{\mathrm{T}}\boldsymbol{T})$$

上式两边右乘以 $(\boldsymbol{T}^{\mathrm{T}}\boldsymbol{T})^{-1}$ 则得
$$\boldsymbol{B}=\boldsymbol{A}(\boldsymbol{T}^{\mathrm{T}})^{-1} \tag{5-81}$$

式(5-81) 表明，当求出正交因子矩阵 $\boldsymbol{A}$ 后，只要再知道斜交因子变换矩阵 $\boldsymbol{T}$，就能求出斜交因子（模型）矩阵 $\boldsymbol{B}$。由于 $\boldsymbol{T}^{\mathrm{T}}$ 不是对称矩阵，计算 $(\boldsymbol{T}^{\mathrm{T}})^{-1}$ 较困难，所以可由式(5-80) 求 $\boldsymbol{B}$，即 $\boldsymbol{B}=\boldsymbol{SL}^{-1}$。

（二）斜交主因子解

斜交主因子解是斜交因子解的一种，表示斜交因子的坐标轴通过变量点群的中心，具有斜交因子轴与变量的分组相一致的特点。以二维空间为例，在图 5-5 中，F_1 和 F_2 是正交因子轴；T_1 和 T_2 是斜交因子轴。由图看出，斜交因子轴通过变量点 1~4 的中心，T_2 则通过变量点 5~8 的中心。这样的斜交因子解就是斜交主因子解。

（三）斜交参考解

斜交参考解是另一种斜交因子解，它是斜交主因子解中坐标超平面的法线，能保证在因子解中出现一定数目的零。以二维空间为例，在图 5-6 中，斜交主因子轴 T_1、T_2 通过变量点群的中心，并且构成坐标平面。作新的参考轴 Λ_2 和 Λ_1，使 $\Lambda_2 \perp T_1$，$\Lambda_1 \perp T_2$。点 1~4 在 Λ_2 上的投影非常接近于零，点 5~8 在 Λ_1 上的投影也非常接近于零。于是参考因子解更能满足简单结构准则。设 $\boldsymbol{T}$ 是斜交主因子解对应的因子变换矩阵，$\boldsymbol{\Lambda}$ 是斜交参考解对应的因子变换矩阵，即

$$\boldsymbol{T}=[T_1,T_2,\cdots,T_m],\boldsymbol{\Lambda}=[\Lambda_1,\Lambda_2,\cdots,\Lambda_m]$$

令

$$
\boldsymbol{D}=\boldsymbol{T}^{\mathrm{T}}\boldsymbol{\Lambda}=\begin{bmatrix}T_1^{\mathrm{T}}\\T_2^{\mathrm{T}}\\\vdots\\T_m^{\mathrm{T}}\end{bmatrix}[\Lambda_1,\Lambda_2,\cdots,\Lambda_m]
$$

$$
=\begin{bmatrix}T_1^{\mathrm{T}}\Lambda_1 & T_1^{\mathrm{T}}\Lambda_2 & \cdots & T_1^{\mathrm{T}}\Lambda_m\\T_2^{\mathrm{T}}\Lambda_1 & T_2^{\mathrm{T}}\Lambda_2 & \cdots & T_2^{\mathrm{T}}\Lambda_m\\\vdots & \vdots & & \vdots\\T_m^{\mathrm{T}}\Lambda_1 & T_m^{\mathrm{T}}\Lambda_2 & \cdots & T_m^{\mathrm{T}}\Lambda_m\end{bmatrix} \tag{5-82}
$$

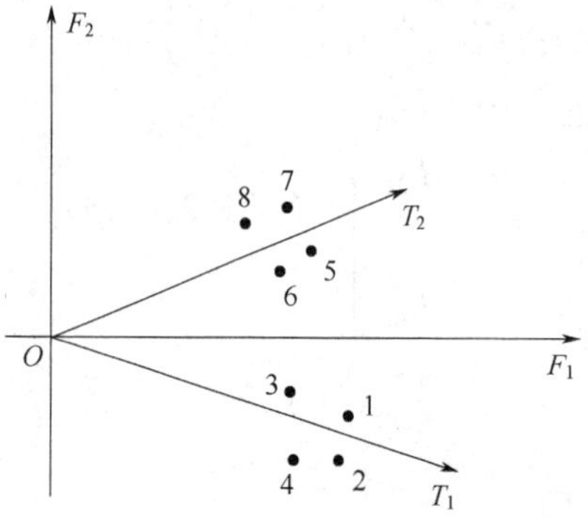

图 5-5 通过点群的斜交因子轴

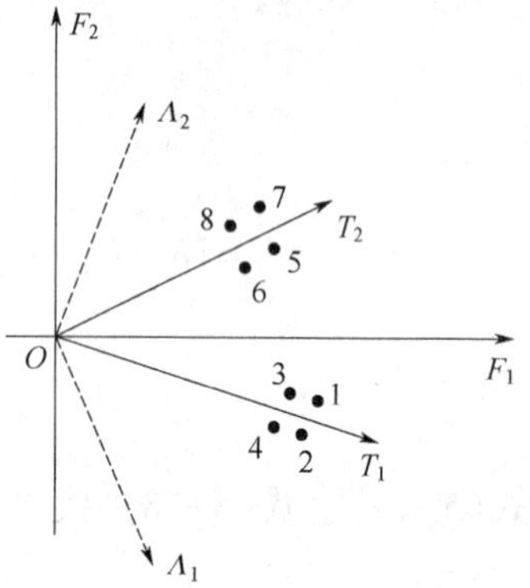

图 5-6 斜交主因子轴与斜交参考解

由于，当 $i\neq j$ 时，$T_i\perp\Lambda_j$，即 $T_i^{\mathrm{T}}\Lambda_j=0$，于是：

$$
\boldsymbol{D}=\begin{bmatrix}T_1^{\mathrm{T}}\Lambda_1 & & & \\ & T_2^{\mathrm{T}}\Lambda_2 & & \\ & & \ddots & \\ & & & T_m^{\mathrm{T}}\Lambda_m\end{bmatrix} \tag{5-83}
$$

为对角矩阵。

设 $\boldsymbol{\Lambda}^{-1}=(\mu_{ij})_{m\times m}$ 则

$$
\boldsymbol{T}^{\mathrm{T}}=\boldsymbol{T}^{\mathrm{T}}(\boldsymbol{\Lambda}\boldsymbol{\Lambda}^{-1})=(\boldsymbol{T}^{\mathrm{T}}\boldsymbol{\Lambda})\boldsymbol{\Lambda}^{-1}=\boldsymbol{D}\boldsymbol{\Lambda}^{-1}
$$

$$
=\begin{bmatrix}T_1^{\mathrm{T}}\Lambda_1\mu_{11} & T_1^{\mathrm{T}}\Lambda_1\mu_{12} & \cdots & T_1^{\mathrm{T}}\Lambda_1\mu_{1m}\\T_2^{\mathrm{T}}\Lambda_2\mu_{21} & T_2^{\mathrm{T}}\Lambda_2\mu_{22} & \cdots & T_2^{\mathrm{T}}\Lambda_2\mu_{2m}\\\vdots & \vdots & & \vdots\\T_m^{\mathrm{T}}\Lambda_m\mu_{m1} & T_m^{\mathrm{T}}\Lambda_m\mu_{m2} & \cdots & T_m^{\mathrm{T}}\Lambda_m\mu_{mm}\end{bmatrix} \tag{5-84}
$$

因为 $\boldsymbol{T}^{\mathrm{T}}$ 每一行元素的平方和均为 1，即

$$
(T_i^{\mathrm{T}}\Lambda_i)^2(\mu_{i1}^2+\mu_{i2}^2+\cdots+\mu_{im}^2)=1
$$

可得

$$
T_i^{\mathrm{T}}\Lambda_i=\frac{1}{\sqrt{\mu_{i1}^2+\mu_{i2}^2+\cdots+\mu_{im}^2}}\quad(i=1,2,\cdots,m)
$$

从而

$$D=\begin{bmatrix}\frac{1}{\sqrt{\mu_{11}^2+\mu_{12}^2+\cdots+\mu_{im}^2}} & & & \\ & \frac{1}{\sqrt{\mu_{21}^2+\mu_{22}^2+\cdots+\mu_{2m}^2}} & & \\ & & \ddots & \\ & & & \frac{1}{\sqrt{\mu_{m1}^2+\mu_{m2}^2+\cdots+\mu_{mm}^2}}\end{bmatrix} \tag{5-85}$$

$$T^{\mathrm{T}}=D\Lambda^{-1}=\begin{bmatrix}\frac{\mu_{11}}{\sqrt{\sum_{i=1}^{m}\mu_{1i}^2}} & \frac{\mu_{12}}{\sqrt{\sum_{i=1}^{m}\mu_{1i}^2}} & \cdots & \frac{\mu_{1m}}{\sqrt{\sum_{i=1}^{m}\mu_{1i}^2}} \\ \frac{\mu_{21}}{\sqrt{\sum_{i=1}^{m}\mu_{2i}^2}} & \frac{\mu_{22}}{\sqrt{\sum_{i=1}^{m}\mu_{2i}^2}} & \cdots & \frac{\mu_{2m}}{\sqrt{\sum_{i=1}^{m}\mu_{2i}^2}} \\ \vdots & \vdots & & \vdots \\ \frac{\mu_{m1}}{\sqrt{\sum_{i=1}^{m}\mu_{mi}^2}} & \frac{\mu_{m2}}{\sqrt{\sum_{i=1}^{m}\mu_{mi}^2}} & \cdots & \frac{\mu_{mm}}{\sqrt{\sum_{i=1}^{m}\mu_{mi}^2}}\end{bmatrix} \tag{5-86}$$

式(5-86) 表明，T^{T} 等于 Λ 的逆矩阵 Λ^{-1} 再按行规格化。根据 T 与 Λ 的这种关系，只要知道其中之一，就可求另一个，即知道斜交主因子解，就可求斜交参考解，反之亦然。

（四）Promax 斜旋转

Promax 斜旋转是一种快速斜旋转法，它从某一正交因子解出发，经过旋转最终产生一个斜交主因子解。这个主因子解应包括斜交主因子模型、因子结构及因子相关矩阵。计算步骤如下：

（1）首先求得方差极大正交因子矩阵 $A=(a_{ij})_{p\times m}$，对 A 按行规格化，得矩阵 A^*；

（2）对 A^* 的各元素，将其绝对值 k 次幂（k 为大于 2 的正整数），并保留其原来符号，得到矩阵 H；

（3）建立 A^* 对 H 的最小二乘拟合，使矩阵 C 满足：

$$A^*C=H \tag{5-87}$$

由式(5-87) 进行如下运算，便得到 C：

$$C=(A^{*\mathrm{T}}A^*)^{-1}A^{*\mathrm{T}}H \tag{5-88}$$

（4）将 C 按列规格化，得矩阵 Λ；

（5）将 Λ^{-1} 按行规格化，得 T^{T}；

（6）由式(5-77)、式(5-78)、式(5-80)、式(5-81)，分别求出斜交因子相关矩阵 $L=T^{\mathrm{T}}T$、斜交因子结构矩阵 $S=AT$、斜交因子（模型）矩阵 $B=A(T^{\mathrm{T}})^{-1}$ 或 $B=SL^{-1}$。

为了获得理想的因子解，可按照 2、3、4、……，依次进行 Promax 旋转，比较各次结果，直到因子相关矩阵相对稳定下来为止。一般取 2~4 为宜。

第三节　对应分析

一、对应分析的概念

对应分析是在 R 型因子分析和 Q 型因子分析的基础上发展起来的一种多元统计分析方法，它把上述两种因子分析结合起来，对变量和样品一块进行分类、分析和作图。

前已述及，应用因子分析的方法，只需用较少的几个公因子就可以提取研究对象的绝大部分信息。这既可简化计算，又能把握研究对象之间的相互关系；公因子的特征也往往能揭示出研究对象的不同地质特征和分布规律，这就便于直接进行地质解释和推断。

根据研究对象的不同，因子分析分为 R 型和 Q 型两种。如果研究对象是变量，就称 R 型因子分析；如果研究对象是样品，就称 Q 型因子分析。上述做法的缺点是人为地把两种因子分析割裂开来，漏掉了许多有用的信息。事实上，在许多实际问题中，既要研究不同地质变量的分布规律和特征，也要研究不同类型样品的特征。这就说明两种不同类型的因子分析是不可分割的，于是在此基础上才发展了一种新的多元统计分析方法，即对应分析。它的基本思想是 R 型因子分析和 Q 型因子分析结合起来。根据两种分析的对偶性，由 R 型因子分析的结果可以很容易地得出 Q 型因子分析的结果。这样，就可把变量和样品放一起进行分析、作图和解释。

二、原始数据的标度化

设有 n 个样品，每个样品有 m 个变量，原始数据矩阵 $\boldsymbol{X}$ 为

$$\boldsymbol{X}=\begin{bmatrix} x_{11} & x_{12} & \cdots & x_{1m} \\ x_{21} & x_{22} & \cdots & x_{2m} \\ \vdots & \vdots & & \vdots \\ x_{n1} & x_{n2} & \cdots & x_{nm} \end{bmatrix}$$

记为

$$x_{i\cdot} = \sum_{j=1}^{m} x_{ij}, x_{\cdot j} = \sum_{i=1}^{n} x_{ij} \quad (i = 1,2,\cdots,n; j = 1,2,\cdots,m) \tag{5-89}$$

则全部数据总和 T 为

$$T = \sum_{i=1}^{n} x_{i\cdot} = \sum_{j=1}^{m} x_{\cdot j} = \sum_{i=1}^{n}\sum_{j=1}^{m} x_{ij} \tag{5-90}$$

用 T 去除矩阵中的各元素，则得概率矩阵 $\boldsymbol{P}=(p_{ij})_{n\times m}$：

$$P=\frac{1}{T}X=\begin{bmatrix} p_{11} & p_{12} & \cdots & p_{1m} \\ p_{21} & p_{22} & \cdots & p_{2m} \\ \vdots & \vdots & & \vdots \\ p_{n1} & p_{n2} & \cdots & p_{nm} \end{bmatrix}\begin{matrix} p_{1\cdot} \\ p_{2\cdot} \\ \vdots \\ p_{n\cdot} \end{matrix} \tag{5-91}$$

式中，$p_{ij}=x_{ij}/T$ 为各元素出现的概率；$p_{i\cdot}=\sum_{j=1}^{m}p_{ij}$ 为样品 i 的边沿分布；$p_{\cdot j}=\sum_{i=1}^{n}p_{ij}$ 为变量 j 的边沿分布。

三、相似性的计算

各样品点都可视为 m 维空间 R^m 中的一个点，其坐标为

$$\left(\frac{p_{i1}}{p_{i\cdot}},\frac{p_{i2}}{p_{i\cdot}},\cdots,\frac{p_{im}}{p_{i\cdot}}\right)\quad(i=1,2,\cdots,n) \tag{5-92}$$

各个坐标表示了各变量在该样品中所占的比例。这样，对 n 个样品点相互关系的研究就变成了对 n 个样品点在 R^m 中相对位置的研究。第 i 样品点与第 l 样品点在 R^m 中的距离 $D(i,l)$ 为

$$D(i,l)=\sqrt{\sum_{j=1}^{m}\left(\frac{p_{ij}}{p_{i\cdot}}-\frac{p_{il}}{p_{l\cdot\cdot}}\right)^2} \tag{5-93}$$

考虑到各变量在全部样品中所占比例不同，而我们所关心的是各变量的相对作用，因此采用如下加权距离 $D^*(i,l)$ 公式：

$$D^*(i,l)=\sqrt{\sum_{j=1}^{m}\frac{1}{p_{\cdot j}}\left(\frac{p_{ij}}{p_{i\cdot}}-\frac{p_{lj}}{p_{l\cdot}}\right)^2}=\sqrt{\sum_{j=1}^{m}\left(\frac{p_{ij}}{p_{i\cdot}\sqrt{p_{\cdot j}}}-\frac{p_{lj}}{p_{l\cdot}\sqrt{p_{\cdot j}}}\right)^2} \tag{5-94}$$

这时，第 i 个样品点的坐标为

$$\left(\frac{p_{i1}}{p_{i\cdot}\sqrt{p_{\cdot 1}}},\frac{p_{i2}}{p_{i\cdot}\sqrt{p_{\cdot 2}}},\cdots,\frac{p_{im}}{p_{i\cdot}\sqrt{p_{\cdot m}}}\right)\quad(i=1,2,\cdots,n) \tag{5-95}$$

如上引入加权距离以后，可以直接计算两两样品点间的距离，以进行分类，但这样做不能用图表示出来。因此，这里不是计算距离，而是进行因子分析。

在 R^m 空间中，将 n 个样品按概率 $p_{i\cdot}$ 为权，得到 n 个样品点的平均点的坐标为

$$\sum_{i=1}^{n}\frac{p_{ij}}{p_{i\cdot}\sqrt{p_{\cdot j}}}p_{i\cdot}=\frac{1}{\sqrt{p_{\cdot j}}}\sum_{i=1}^{n}p_{ij}=\sqrt{p_{\cdot j}}\,(j=1,2,\cdots,m) \tag{5-96}$$

可见，$\sqrt{p_{\cdot j}}$ 不仅是 n 个样品点的平均点的坐标，而且也是第 j 个变量的平均值。于是第 h 个变量与第 k 个变量的协方差为

$$\begin{aligned} a_{hk} &= \sum_{i=1}^{n}\left(\frac{p_{ih}}{p_{i\cdot}\sqrt{p_{\cdot h}}}-\sqrt{p_{\cdot h}}\right)\left(\frac{p_{ik}}{p_{i\cdot}\sqrt{p_{\cdot k}}}-\sqrt{p_{\cdot k}}\right)p_{i\cdot} \\ &= \sum_{i=1}^{n}\left(\frac{p_{ih}-p_{i\cdot}p_{\cdot h}}{\sqrt{p_{\cdot i}p_{\cdot h}}}\right)\left(\frac{p_{ik}-p_{i\cdot}p_{\cdot k}}{\sqrt{p_{\cdot i}p_{\cdot k}}}\right) \end{aligned}$$

$$= \sum_{i=1}^{n} \left(\frac{x_{ih} - x_{i.} \, x_{.h}/T}{\sqrt{x_{i.} \, x_{.h}}} \right) \left(\frac{x_{ij} - x_{i.} \, x_{.k}/T}{\sqrt{x_{i.} \, x_{.k}}} \right)$$

$$= \sum_{i=1}^{n} z_{ih} z_{ik}$$

$$z_{ih} = \frac{x_{ih} - x_{i.} \, x_{.h}/T}{\sqrt{x_{i.} \, x_{.h}}}, \quad z_{ik} = \frac{x_{ik} - x_{i.} \, x_{.k}/T}{\sqrt{x_{i.} \, x_{.k}}}$$

$$\boldsymbol{A} = (a_{hk})_{m \times m}, \quad \boldsymbol{Z} = (z_{ik})_{n \times m}, \quad \boldsymbol{A} = \boldsymbol{Z}^{\mathrm{T}} \boldsymbol{Z} \tag{5-97}$$

从 $\boldsymbol{A}=\boldsymbol{Z}^{\mathrm{T}}\boldsymbol{Z}$（相当于相关矩阵）出发便可进行 R 型因子分析。

同理，在 n 维空间 R^n 中，第 j 个变量点的坐标为

$$\left(\frac{p_{1j}}{p_{.j}\sqrt{p_{1.}}}, \frac{p_{2j}}{p_{.j}\sqrt{p_{2.}}}, \cdots, \frac{p_{nj}}{p_{.j}\sqrt{p_{n.}}} \right) \quad (i=1,2,\cdots,m) \tag{5-98}$$

在 R^n 空间中，m 个变量点的平均点的坐标为

$$(\sqrt{p_{1.}}, \sqrt{p_{2.}}, \cdots, \sqrt{p_{n.}})$$

第 s 个样品和第 t 个样品的协方差 b_{st} 为

$$b_{st} = \sum_{j=1}^{m} \left(\frac{p_{sj}}{p_{.j}\sqrt{p_{s.}}} - \sqrt{p_{s.}} \right) \left(\frac{p_{tj}}{p_{.j}\sqrt{p_{t.}}} - \sqrt{p_{t.}} \right) p_{.j}$$

$$= \sum_{j=1}^{m} \left(\frac{p_{sj} - p_{s.} \, p_{.j}}{\sqrt{p_{s.} \, p_{.j}}} \right) \left(\frac{p_{tj} - p_{t.} \, p_{.j}}{\sqrt{p_{t.} \, p_{.j}}} \right)$$

$$= \sum_{j=1}^{m} \left(\frac{x_{sj} - x_{s.} \, x_{.j}/T}{\sqrt{x_{s.} \, x_{.j}}} \right) \left(\frac{x_{tj} - x_{t.} \, x_{.j}/T}{\sqrt{x_{t.} \, x_{.j}}} \right)$$

$$= \sum_{j=1}^{m} z_{sj} z_{tj}$$

$$z_{sj} = \frac{x_{tj} - x_{s.} \, x_{.j}/T}{\sqrt{x_{s.} \, x_{.j}}}, \quad z_{tj} = \frac{x_{tj} - x_{t.} \, x_{.j}/T}{\sqrt{x_{t.} \, x_{.j}}}$$

$$\boldsymbol{B} = (b_{st})_{n \times n}, \quad \boldsymbol{Z} = (z_{tj})_{n \times m}, \quad \boldsymbol{B} = \boldsymbol{Z}\boldsymbol{Z}^{\mathrm{T}} \tag{5-99}$$

从 $\boldsymbol{B}=\boldsymbol{Z}\boldsymbol{Z}^{\mathrm{T}}$（相当于相似矩阵）出发便可进行 Q 型因子分析。

由式(5-97) 和式(5-99) 可清楚看出，$\boldsymbol{A}$ 与 $\boldsymbol{B}$ 之间存在着简单的对应关系，原始数据 x_{tj} 变成 z_{ij} 后，则 z_{ij} 对变量与样品具有对称性。

四、对偶性原理

为了进一步寻求 R 型因子分析与 Q 型因子分析的对应关系，首先在 R^m 空间中，设 $\lambda_k = \boldsymbol{Z}^{\mathrm{T}}\boldsymbol{Z}$ 是第 k 个非零特征值，$\boldsymbol{U}_k$ 是对应的特征向量。那么，由矩阵特征值和特征向量定义有

$$\boldsymbol{Z}^{\mathrm{T}}\boldsymbol{Z}\boldsymbol{U}_k = \lambda_k \boldsymbol{U}_k \tag{5-100}$$

对上式两端左乘以 $\boldsymbol{Z}$，可得：$(\boldsymbol{Z}\boldsymbol{Z}^{\mathrm{T}})(\boldsymbol{Z}\boldsymbol{U}_k) = \lambda_k(\boldsymbol{Z}\boldsymbol{U}_k)$ (5-101)

令 $\boldsymbol{Z}\boldsymbol{U}_k = \boldsymbol{V}_k$，则由式(5-101) 可得：$\boldsymbol{B}\boldsymbol{V}_k = \lambda_k \boldsymbol{V}_k$ (5-102)

若矩阵 $\boldsymbol{A}$ 的秩为 r，这说明对于每一个 $k \leqslant r$，$\boldsymbol{V}_k = \boldsymbol{Z}\boldsymbol{U}_k$ 是 $\boldsymbol{B}=\boldsymbol{Z}\boldsymbol{Z}^{\mathrm{T}}$ 的特征向量，且 λ_k

是相对应的特征值。

同理，在 R^n 空间中，设 λ_t 是 $\boldsymbol{B}=\boldsymbol{Z}\boldsymbol{Z}^{\mathrm{T}}$ 的第 t 个非零特征值，$\boldsymbol{V}_t$ 是相应的特征向量，则 $\boldsymbol{U}_t=\boldsymbol{Z}^{\mathrm{T}}\boldsymbol{V}_t$ 便是矩阵 $\boldsymbol{A}=\boldsymbol{Z}^{\mathrm{T}}\boldsymbol{Z}$ 的特征向量，且 λ_t 是相应的特征量。

由上述可知，矩阵 $\boldsymbol{A}=\boldsymbol{Z}^{\mathrm{T}}\boldsymbol{Z}$ 与矩阵 $\boldsymbol{B}=\boldsymbol{Z}\boldsymbol{Z}^{\mathrm{T}}$ 具有相同的非零特征值，从而建立起了 R 型因子分析与 Q 型因子分析之间的关系。借助于该关系，由 R 型因子分析的结果可以很容易得出 Q 型因子分析的结果。

如果 $\boldsymbol{U}_k$ 是矩阵 $\boldsymbol{A}=\boldsymbol{Z}^{\mathrm{T}}\boldsymbol{Z}$ 的单位特征向量，那么 $\boldsymbol{V}_k=\boldsymbol{Z}\boldsymbol{U}_k$ 却不一定是 $\boldsymbol{B}=\boldsymbol{Z}\boldsymbol{Z}^{\mathrm{T}}$ 的单位特征向量。容易证明：

$$\boldsymbol{V}_k^*=\frac{1}{\sqrt{\lambda_k}}\boldsymbol{Z}\boldsymbol{U}_k \tag{5-103}$$

才是 $\boldsymbol{B}=\boldsymbol{Z}\boldsymbol{Z}^{\mathrm{T}}$ 的单位特征向量。同理，如果 $\boldsymbol{V}_t$ 是 $\boldsymbol{B}$ 的单位特征向量，则

$$\boldsymbol{U}_t^*=\frac{1}{\sqrt{\lambda_t}}\boldsymbol{Z}^{\mathrm{T}}\boldsymbol{V}_t \tag{5-104}$$

是 $\boldsymbol{A}$ 的单位特征向量。

综上所述，矩阵 $\boldsymbol{A}$ 与矩阵 $\boldsymbol{B}$ 有相同的非零特征值以及关系式：

$$\boldsymbol{V}_k^*=\frac{1}{\sqrt{\lambda_k}}\boldsymbol{Z}\boldsymbol{U}_k,\quad \boldsymbol{U}_t^*=\frac{1}{\sqrt{\lambda_t}}\boldsymbol{Z}^{\mathrm{T}}\boldsymbol{V}_t$$

如果 $\boldsymbol{V}_k$、$\boldsymbol{U}_t$ 分别在空间 R^m 和 R^n 中，则称为空间 R^m 和空间 R^n 的对称性。

五、因子载荷的计算

从 $\boldsymbol{A}=\boldsymbol{Z}^{\mathrm{T}}\boldsymbol{Z}$ 出发，进行 R 型因子分析，选取 r 个公因子。设 λ_k 为第 k 个特征值，$\boldsymbol{U}_k$ 为相应的特征向量。于是 R 型因子载荷矩阵为

$$\boldsymbol{F}=(\sqrt{\lambda_1}\boldsymbol{U}_1,\sqrt{\lambda_2}\boldsymbol{U}_2,\cdots,\sqrt{\lambda_k}\boldsymbol{U}_k)
=\begin{bmatrix}\sqrt{\lambda_1}u_{11} & \sqrt{\lambda_2}u_{12} & \cdots & \sqrt{\lambda_k}u_{1k} & \cdots & \sqrt{\lambda_r}u_{1r}\\ \sqrt{\lambda_1}u_{21} & \sqrt{\lambda_2}u_{22} & \cdots & \sqrt{\lambda_k}u_{2k} & \cdots & \sqrt{\lambda_r}u_{2r}\\ \vdots & \vdots & & \vdots & & \vdots\\ \sqrt{\lambda_1}u_{m1} & \sqrt{\lambda_2}u_{m2} & \cdots & \sqrt{\lambda_k}u_{mk} & \cdots & \sqrt{\lambda_r}u_{mr}\end{bmatrix} \tag{5-105}$$

其中，$\boldsymbol{U}_k=(u_{1k},u_{2k},\cdots,u_{mk})^{\mathrm{T}}$。

矩阵 $\boldsymbol{B}=\boldsymbol{Z}\boldsymbol{Z}^{\mathrm{T}}$ 的特征向量为

$$\boldsymbol{V}_k=\boldsymbol{Z}\boldsymbol{U}_k\quad (i=1,2,\cdots,r) \tag{5-106}$$

于是 Q 型因子载荷矩阵为

$$\boldsymbol{G}=(\boldsymbol{V}_1,\boldsymbol{V}_2,\cdots,\boldsymbol{V}_k,\cdots,\boldsymbol{V}_r)=\begin{bmatrix}v_{11} & v_{12} & \cdots & v_{1k} & \cdots & v_{1r}\\ v_{21} & v_{22} & \cdots & v_{2k} & \cdots & v_{2r}\\ \vdots & \vdots & & \vdots & & \vdots\\ v_{n1} & v_{n2} & \cdots & v_{nk} & \cdots & v_{nr}\end{bmatrix} \tag{5-107}$$

其中，$\boldsymbol{V}_k=(v_{1k} \quad v_{2k} \quad \cdots \quad v_{nk})^{\mathrm{T}}$。

由因子分析知，诸特征值表示了各公因子所提供的方差贡献。由于 A 与 B 具有相同的特征值，因此在 R^m 中的第 k 公因子与在 R^n 中的第 k 公因子（$k=1,2,\cdots,r$）提供了相同的方差贡献。依据 R^m 与 R^n 的对偶性，当求得了 R 型因子载荷矩阵与 Q 型因子载荷矩阵后，就可用相同的因子轴去同时表示变量和样品，把两者同时反映在同一因子平面图上。

例如，从 $\boldsymbol{A}=\boldsymbol{Z}\boldsymbol{Z}^{\mathrm{T}}$ 出发，求出最大和次大的两个特征值 λ_1 与 λ_2 及相应的单位特征向量 $\boldsymbol{U}_1$ 和 $\boldsymbol{U}_2$ 之后，就得到了 $\boldsymbol{B}=\boldsymbol{Z}\boldsymbol{Z}^{\mathrm{T}}$ 的最大和次大的特征值 λ_1 和 λ_2 及相应的特征向量 $\boldsymbol{V}_1$ 与 $\boldsymbol{V}_2$。从而就确定了 R 型与 Q 型的第一、第二因子分别记为 F_1 与 F_2；Q 型的第一和第二因子分别记为 G_1 与 G_2。于是可将各变量点在 F_1F_2 因子平面上，以 P_j 记之（$j=1,2,\cdots,m$）；将各样品点在 G_1G_2 因子平面上，以 Q_i 记之（$i=1,2,\cdots,n$）。

这就把 R 型和 Q 型结果同时反映在一张图上，如图 5-7 所示。利用这张图便可以把反映不同地质特征的变量、不同类型的样品等各种关系综合起来，以进行地质解释与推断。

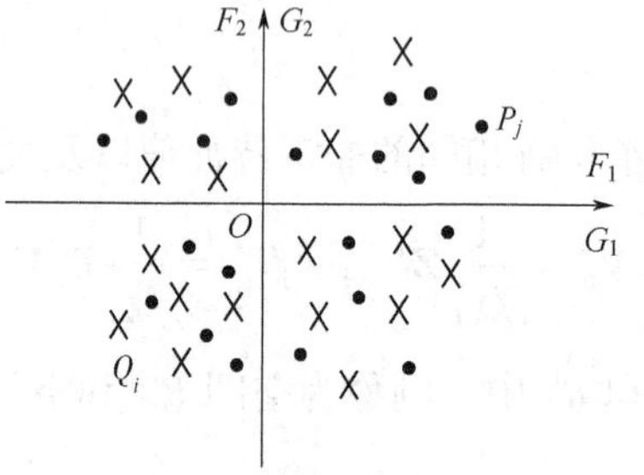

图 5-7　变量与样品分布示意图

六、计算步骤

（1）确定原始数据矩阵 $\boldsymbol{X}$：

$$\boldsymbol{X}=\begin{bmatrix} x_{11} & x_{12} & \cdots & x_{1m} \\ x_{21} & x_{22} & \cdots & x_{2m} \\ \vdots & \vdots & & \vdots \\ x_{n1} & x_{n2} & \cdots & x_{nm} \end{bmatrix} \tag{5-108}$$

对矩阵 $\boldsymbol{X}$ 按行、列分别求和。

（2）计算：

$$z_{ij}=\frac{x_{ij}-x_{i\cdot}x_{\cdot j}/T}{\sqrt{x_{i\cdot}x_{\cdot j}}} \quad (i=1,2,\cdots,n;j=1,2,\cdots,m) \tag{5-109}$$

构成矩阵：

$$\boldsymbol{Z}=(z_{ij})_{n\times m} \tag{5-110}$$

（3）作 R 型因子分析：从 $\boldsymbol{A}=\boldsymbol{Z}^{\mathrm{T}}\boldsymbol{Z}$ 出发，求出 $\boldsymbol{A}$ 的全部特征值及相应的单位特征向量，确定选用的公因子数目，求出 R 型因子载荷矩阵 $\boldsymbol{F}$。

（4）利用对偶性，求出 Q 型因子载荷矩阵 $\boldsymbol{G}$。

（5）将 R 型与 Q 型分析结果表示在同一张图上，进行合理解释与推断。

第四节　非线性映像分析

一、非线性映像的概念

非线性映像是一种几何图像降维的数学方法，前面所讲的因子分析方法也是一种降维，而那是将高维变量综合为少数几个综合变量（原变量的线性组合），使综合指标能够最大限度地表征原来多个指标的信息，另一种方法是几何降维法，即通过某种非线性变换后，把高维空间的几何图像变换成低维（一维、二维或三维）空间中的图像，要求变换后仍能近似地保持原图像的几何关系，这种方法直观形象，使我们能够在低维空间中看到一些高维样品点相互关系的近似图像。

设有 n 个样品，每个样品包含 p 项观测指标，则每一个样品点就相当于 R^p 空间中的一个点：

$$X_i=\{x_{1i},x_{2i},\cdots,x_{pi}\}\quad(i=1,2,\cdots,n)\tag{5-111}$$

将 R^p 空间中的 n 个 $X_i(i=1,2,\cdots,n)$ 映像到低维空间 $R^l(l<p)$ 中，即通过非线性映像后，把 R^p 空间中的 n 个样点变为 R^l 空间中的 n 个点：

$$Y_i=\{y_{1i},y_{2i},\cdots,y_{ti}\}\quad(i=1,2,\cdots,n)\tag{5-112}$$

式中，i 一般取 1、2 或 3。

经过这一映像后 R^l 空间中 n 个点 Y_i 间的距离仍然近似于 R^p 空间中 n 个样品点 X_i 间的距离。

要达到上述目的，引入非线性映像判据（由高维变换到低维的约束条件）：

$$K=\frac{1}{\sum\limits_{i<j}d_{ij}^*}\sum_{i<j}\frac{(d_{ij}^*-d_{ij})^2}{d_{ij}^*}=\frac{1}{NF}\sum_{i<j}w_{ij}(d_{ij}^*-d_{ij})^2\tag{5-113}$$

其中，$NF=\sum\limits_{i<j}d_{ij}^*=\sum\limits_{i=1}^{N-1}\sum\limits_{j=i+1}^{N}d_{ij}^*$，$NF$ 称为标准化因子；$w_{ij}=1/d_{ij}^*$，w_{ij} 为权重系数；d_{ij}^* 为原空间 R^p 中点 X_i 与 X_j 的距离；d_{ij} 为新空间 R^l 中点 Y_i 与 Y_j 的距离；K 的含义是使原空间距离与新空间距离之差平方和达到极小时来求得新空间点的几何构形。

二、计算步骤

（一）计算任两点 X_i 与 X_j 的距离

$$d_{ij}^*=\sqrt{\sum_{k=1}^{p}(x_{ki}-x_{kj})^2}\quad(i,j=1,2,\cdots,n)\tag{5-114}$$

得距离矩阵：

$$
\boldsymbol{D}^{*}=\begin{bmatrix} d_{12}^{*} & d_{13}^{*} & \cdots & d_{1N}^{*} \\ & d_{23}^{*} & \cdots & d_{2N}^{*} \\ & & \ddots & \vdots \\ & & & d_{N-1N}^{*} \end{bmatrix} \tag{5-115}
$$

（二）迭代

任取 R^l 空间中的 N 个初值点：

$$
\begin{gathered}
Y_1=\{y_{11},y_{21},\cdots,y_{l1}\} \\
Y_2=\{y_{12},y_{22},\cdots,y_{l2}\} \\
\vdots \\
Y_N=\{y_{1N},y_{2N},\cdots y_{lN}\}
\end{gathered}
$$

并将它们代入 K 中，则 K 为 $l\times N$ 个变量 y_{ij} 的函数，用迭代方法求当使 K 达到极小时新空间 R^l 中的 Y_i 值，如果用欧氏距离表示，则

$$
d_{ij}(m)=\sqrt{\sum_{k=1}^{l}(y_{ki}(m)-y_{kj}(m))^2}\quad(i,j=1,2,\cdots,N) \tag{5-116}
$$

m 为迭代次数，其迭代公式为

$$
y_{ij}(m+1)=y_{ij}(m)-MF\Delta_{ij}(m) \tag{5-117}
$$

式中，MF 称为魔力因子，一般 MF 取 0.3 或 0.4。

$$
\Delta_{ij}(m)=\frac{\partial K(m)}{\partial y_{ij}(m)}\Big/\left|\frac{\partial^2 K(m)}{\partial(y_{ij}(m))^2}\right| \tag{5-118}
$$

而

$$
\frac{\partial K(m)}{\partial y_{ij}(m)}=\frac{-2}{NF}\sum_{\substack{\alpha=1\\ \alpha\neq j}}^{N}\frac{d_{j\alpha}^{*}-d_{j\alpha}}{d_{j\alpha}^{*}\cdot d_{j\alpha}}(y_{ij}-y_{i\alpha}) \tag{5-119}
$$

$$
\frac{\partial^2 K(m)}{\partial y_{ij}^2(m)}=-\frac{2}{NF}\sum_{\substack{\alpha=1\\ \alpha\neq 1}}^{N}\frac{1}{d_{\alpha j}^{*}d_{\alpha j}}\times\left[(d_{\alpha j}^{*}-d_{\alpha j})-\frac{(y_{ij}-y_{i\alpha})^2}{d_{\alpha j}}\left(1+\frac{d_{\alpha j}^{*}-d_{\alpha j}}{d_{\alpha j}}\right)\right] \tag{5-120}
$$

为便于绘图，有时为了减少计算时间，先对原始数据进行 Q 型或 R 型因子分析，找出两个主成分，构成一个因子面，然后把 n 个样品点在此因子面上的因子得分点作为初始构形进行迭代。

【例 5-3】 已知原始数据为六维空间中的球，由九个点组成，其中八个点均匀分布在球面上，一个点在球心上，试把它们映像在二维平面上。

解：取二维平面上的正方形为初始构形，二维平面上八个初始点均匀分布在四个边上，一个点在中心，迭代结果 $K=1.7\times10^{-23}$ 时，二维映像见表 5-8。

表 5-8 六维空间中的球及其在二维平面上的映像结果表

点号 \ 坐标	六维样品点						二维映像点	
	1	2	3	4	5	6	1	2
1	0.000	0.000	0.000	0.000	0.000	0.000	0.707	0.707

续表

点号＼坐标	六维样品点						二维映像点	
	1	2	3	4	5	6	1	2
2	0.252	0.462	0.308	0.007	0.441	0.143	0.000	1.000
3	0.610	0.963	0.650	0.278	0.441	0.056	0.070	0.707
4	0.864	1.212	0.827	0.680	0.008	0.210	1.000	0.000
5	0.866	1.061	0.735	0.980	0.612	0.500	0.707	0.707
6	0.614	0.599	0.427	0.986	1.053	0.643	0.000	1.000
7	0.256	0.097	0.085	0.702	1.056	0.643	0.707	0.707
8	0.002	0.151	0.092	0.293	0.620	0.290	1.000	0.000
9	0.433	0.530	0.367	0.490	0.306	0.250	0.000	0.000

图 5-8 为六维空间中球面上八个均匀分布点及球心的二维映像图，映像为二维平面上的一个圆，一个点在圆心上，八个点均匀分布在圆周上，直观地把高维空间中点的构形映像为低维空间中点的构形。

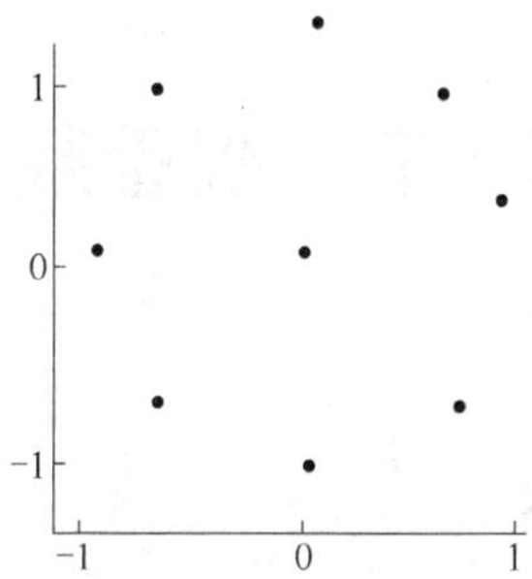

图 5-8　八个均匀分布点及球心的二维映像图

思考题

1. 什么是主成分分析？试叙述它的地质应用。
2. 什么是因子分析？试叙述它的地质应用。
3. 因子模型中各个量的统计意义和几何意义分别是什么？
4. 在因子分析中为什么要对因子轴进行方差极大正交旋转？
5. 如何求取主因子解？
6. 什么是对应分析？试叙述它的地质应用。
7. 什么是非线性映像分析？试叙述其具体做法。

第六章　模糊数学地质方法

[本章学习提要]

本章重点讲述权重系数、模糊综合评判模型和模糊聚类模型。本章难点是模糊综合评判模型中关于隶属函数的求取；模糊聚类模型与聚类分析的异同。通过本章的学习，要求学生掌握权重系数的求取、模糊综合评判模型和模糊聚类模型的计算方法及其地质应用。

[本章思政目标及参考]

通过讲授刘应明院士等我国优秀模糊数学家勇于开拓、追求真理的事迹，培养学生爱岗敬业、严肃认真的科学精神。

第一节　权重系数

一、权重系数的概念

权重系数（weight coefficient）是表示某一指标项在指标项系统中的重要程度，它表示在其他指标项不变的情况下，这一指标项的变化对结果的影响。

在油气地质研究中，往往一个地质体的评价包含了多个变量（参数），评价结果是这些变量（参数）共同影响的结果。如某烃源岩样品的总有机碳（TOC）、氯仿沥青（“A”）、总烃（HC）、生烃潜量（S_1+S_2）共同影响着该样品的类型，如何定量表征这4个变量（参数）分别对该样品的影响程度。又如，某圈闭的闭合高度、闭合面积、平均孔隙度、平均渗透率等参数共同影响着该圈闭的质量，如何定量表征这些变量（参数）对该圈闭的影响程度。

上述多个变量（参数）或多或少对地质体均存在一定的影响程度，那么如何定量表征各因素对地质体的影响程度呢？各变量（参数）的权重系数可定量表征各变量（参数）对单一地质体的影响程度，且各变量（参数）的权重系数之和等于1。

目前，关于权重系数的计算方法主要包括专家打分法、灰色关联法、层次分析法等。

二、专家打分法

专家打分法，又称专家估测法，主要依靠 n 位专家的地质经验来确定各个因素对评判目标的重要程度，见式(6-1)，即权重系数，然后运用数学方法算出相关参数值，以达到评价目的。

$$a=\frac{1}{n}\sum_{1}^{n}a_1+a_2+\cdots+a_n \tag{6-1}$$

三、灰色关联法

灰色关联法是灰色系统理论中常见的一种数理方法，实质上就是比较各类数据到曲线几何形态的接近程度。一般来说，几何形态越近，变化趋势也就越接近，关联度就越大。因而在进行关联分析时，必须先确定参考数列（母因素），记为 $X_i'(0)$，然后比较其他数列（子因素），记为 $X_i'(p)(p=1,2,\cdots,n)$，同参考数列（母因素）的接近程度，这样才能对其他数列（子因素）进行比较，进而作出判断。其计算步骤如下：

第一步，确定参考数列（母因素）$X_i'(0)$，其他数列（子因素）$X_i'(p)(p=1,2,\cdots,n)$；

第二步，求取比较矩阵 $\Delta i(k)$：

$$\Delta i(k)=|X_i'(p)-X_i'(0)| \quad (k=1,2,\cdots,n) \tag{6-2}$$

第三步，计算灰色关联系数 $\xi_i(k)$：

$$\xi_i(k)=\frac{\underset{i}{\mathrm{Min}}\underset{k}{\mathrm{Min}}\Delta i(k)+\rho\underset{i}{\mathrm{Max}}\underset{k}{\mathrm{Max}}\Delta i(k)}{\Delta i(k)+\rho\underset{i}{\mathrm{Max}}\underset{k}{\mathrm{Max}}\Delta i(k)} \quad (i=1,2,\cdots,m;k=1,2,\cdots,n) \tag{6-3}$$

其中分辨系数 $\rho=0.5$

第四步，计算灰色关联度 $r_{i,0}$：

$$r_{i,0}=\frac{1}{n}\sum_{i=1}^{n}\xi_{i,0} \quad (i=1,2,\cdots,m) \tag{6-4}$$

第五步，归一化，求取权重系数 a_i：

$$a_i=\frac{r_{i,0}}{\sum_{i=1}^{n}r_{i,0}} \tag{6-5}$$

【例 6-1】 测得 8 个样品的气层厚度（H）、孔隙度（ϕ）、渗透率（K）和含气饱和度（S_g）（表 6-1），如选取孔隙度（ϕ）为母因素，试用灰色关联法求取以上 4 个变量的权重系数。

表 6-1 气层原始数据表

样品＼变量	H（m）	ϕ（%）	K（mD）	S_g（%）
1	4.7	7.8	0.37	89.2
2	5.5	3.8	0.21	83
3	5.1	5.3	0.27	85.7
4	11.2	4.5	0.5	76.3
5	2.9	4	0.12	83.4

续表

样品 \ 变量	H（m）	ϕ（%）	K（mD）	S_g（%）
6	2.2	4	0.09	83.3
7	10.3	3.9	0.4	83.1
8	2.9	3.2	0.09	82.1

解：（1）原始数据百分比化：

$$\boldsymbol{X}_n = \frac{x}{\sum_{1}^{8} x_1 + x_2 + \cdots + x_8} \quad (n = 8)$$

可得百分比化矩阵：

$$\boldsymbol{X}_{4\times 8} = \begin{bmatrix} 0.10 & 0.21 & 0.18 & 0.13 \\ 0.12 & 0.10 & 0.10 & 0.12 \\ 0.11 & 0.15 & 0.13 & 0.13 \\ 0.25 & 0.12 & 0.24 & 0.11 \\ 0.06 & 0.11 & 0.06 & 0.13 \\ 0.05 & 0.11 & 0.04 & 0.13 \\ 0.23 & 0.11 & 0.20 & 0.12 \\ 0.06 & 0.09 & 0.04 & 0.12 \end{bmatrix}$$

（2）选取孔隙度 ϕ 作为母因素 $X_i'(0)$，其他三个变量为子因素 $X_i'(p)\,(p=1,2,3)$，求取比较矩阵 $\Delta i(k) = |X_i'(p) - X_i'(0)|$。

$$\Delta i(k)_{3\times 8} = \begin{bmatrix} 0.11 & 0.03 & 0.08 \\ 0.02 & 0 & 0.02 \\ 0.03 & 0.01 & 0.02 \\ 0.13 & 0.12 & 0.01 \\ 0.04 & 0.05 & 0.02 \\ 0.06 & 0.07 & 0.02 \\ 0.12 & 0.09 & 0.02 \\ 0.02 & 0.04 & 0.04 \end{bmatrix}$$

（3）计算灰色关联系数 $\xi_i(k)$，其中，$\underset{i}{\mathrm{Min}}\,\underset{k}{\mathrm{Min}} = 0$，$\underset{i}{\mathrm{Max}}\,\underset{k}{\mathrm{Max}} = 0.13$。

$$\xi_i(k)_{3\times 8} = \begin{bmatrix} 0.37 & 0.68 & 0.45 \\ 0.76 & 1 & 0.76 \\ 0.68 & 0.87 & 0.76 \\ 0.33 & 0.35 & 0.87 \\ 0.62 & 0.57 & 0.76 \\ 0.52 & 0.48 & 0.76 \\ 0.35 & 0.42 & 0.76 \\ 0.76 & 0.62 & 0.62 \end{bmatrix}$$

（4）计算灰色关联度 $r_{i,0}$：

$$r_{1,0}=0.55,r_{2,0}=1,r_{3,0}=0.62,r_{4,0}=0.72$$

（5）归一化，求取各变量权重系数：

$$H=0.19,\phi=0.35,K=0.21,S_g=0.25$$

四、层次分析法

层次分析法是把复杂问题中的各种因素通过划分为相互关联的有序层次，按总目标、各层子目标、评价准则直至具体的备择方案的顺序分解为不同的层次结构，然后用求解判断矩阵特征向量的办法，求得每一层次的各元素对上一层次某元素的优先权重，最后再加权和的方法递阶归并各备择方案对总目标的最终权重，此最终权重最大者即为最优方案。

“优先权重”是一种相对的量度，它表明各备择方案在某一特点的评价准则或子目标，标下优越程度的相对量度，以及各子目标对上一层目标而言重要程度的相对量度。层次分析法比较适合于具有分层交错评价指标的目标系统，而且目标值又难于定量描述的决策问题。其用法是构造判断矩阵，求出其最大特征值及其所对应的特征向量 $\boldsymbol{w}$，归一化后，即为某一层次指标对于上一层次某相关指标的相对重要性权值，运用层次分析法求取权重系数的流程如图 6-1 所示。

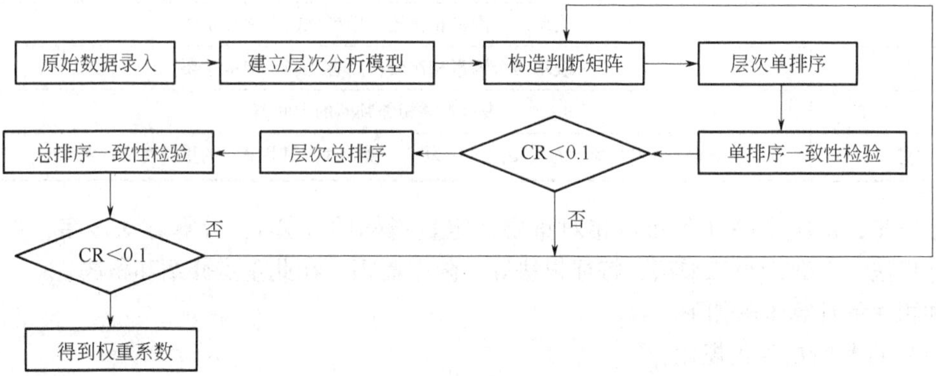

图 6-1　层次分析法计算权重系数流程框图

其计算步骤如下：

第一步，建立层次分析模型，如建立储层定量评价的层次模型如图 6-2 所示，目的层 A 为储层定量评价，最高准则层 B 可分为储层物性参数 B_1、孔喉结构 B_2、相控因素 B_3 和非均质性 B_4，储层参数孔隙度、渗透率、排驱压力、中值喉道半径、有效厚度、渗透率变异系数、渗透率突进系数、渗透率级差等作为子准则层 C，原始样本所测数据作为数据层 D。

第二步，构建判断矩阵，层次结构模型一经建立，就确定了上下层因素之间的隶属关系，进而可以构造体现这种隶属关系的判断矩阵。判断矩阵是通过两两比较来构造的，可根据 1~9 标度准则对同层参数进行两两比较，1~9 标度准则如表 6-2 所示。

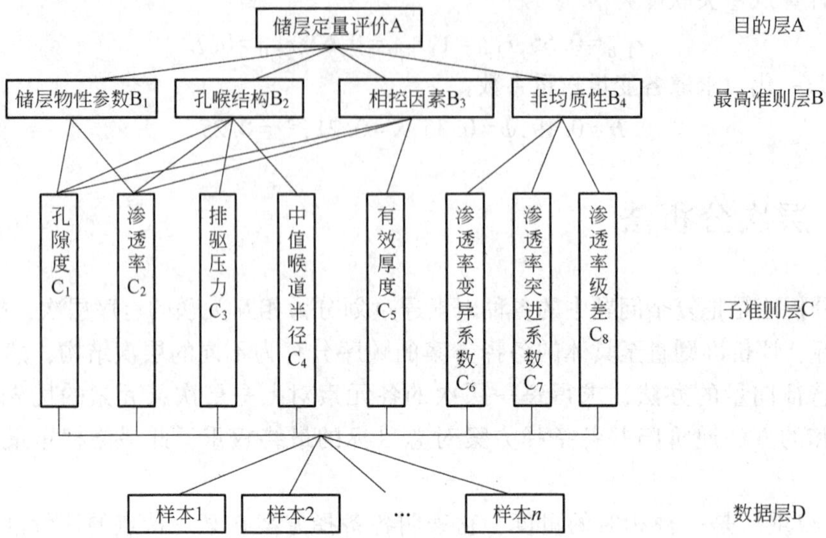

图 6-2　储层定量评价的层次模型

表 6-2　1~9 标度准则表

标度	含义
1	表示两个因素相比较，具有同样的重要性
3	表示两个因素相比较，后者比前者稍重要
5	表示两个因素相比较，后者比前者明显重要
7	表示两个因素相比较，后者比前者强烈重要
9	表示两个因素相比较，后者比前者极端重要
2、4、6、8	表示上述相邻判断的中间值
倒数	若因素 i 和因素 j 的重要性之比为 C_{ij}，则因素 j 和因素 i 的重要性之比为 $1/C_{ij}$

第三步，层次排序（各参数相对重要性定量指标的计算），计算方法较多，如和积法、方根法、对数最小二乘法、特征根法等，限于篇幅，在此重点介绍和积法。

和积法的计算步骤如下：

（1）将判断矩阵正规化：

$$\bar{b}_{ij} = \frac{b_{ij}}{\sum_{k=1}^{n} b_{ij}} \quad (i,j = 1,2,\cdots,n) \tag{6-6}$$

（2）将正规化后判断矩阵中每一列按行相加，得到特征向量 $\boldsymbol{w}$：

$$\bar{w}_i = \sum_{j=1}^{n} \bar{b}_j \quad (i = 1,2,\cdots,n) \tag{6-7}$$

$$\bar{\boldsymbol{w}} = (\bar{w}_1, \bar{w}_2, \cdots, \bar{w}_n)^{\mathrm{T}} \tag{6-8}$$

$$\boldsymbol{w} = (w_1, w_2, \cdots, w_n)^{\mathrm{T}} \tag{6-9}$$

（3）计算矩阵最大特征根 $\lambda_{\max}$：

$$\lambda_{\max} = \sum_{j=1}^{n} \frac{(AW)_i}{nW_i} \tag{6-10}$$

式(6-10) 中，$(AW)_i$ 为 AW 中第 i 个因素。

(4) 判断矩阵的一致性检验：

$$L=\frac{M}{N} \tag{6-11}$$

式(6-11) 中，L 为一致性比例；N 为平均一致性指标；M 为特征根比例，即

$$M=\frac{\lambda_{\max}-n}{n-1}$$

需注意的是，当 $n=1\sim12$ 时，N 分别为 0，0，0.52，0.89，1.12，1.26，1.36，1.41，1.46，1.49，1.52，1.54。

当 $L<0.1$，判断矩阵具有满意的一致性，否则，要重新建立判断矩阵直至达到满意的一致性为止。

(5) 计算各层因素相对于目标层的合成权重。计算各层因素相对于目标层的合成权重，就是通过进行层次总排序计算出各层因素的权重。这一过程是由最高层次到最低层次逐层进行的，如 B 层的权重值等于 $\sum_{j=1}^{n} a_j b_{nj}$，$a_j$ 为判断矩阵的列。

第二节　模糊综合评判模型

一、模糊综合评判的概念

美国自动化专家 L. A. Zadeh 于 20 世纪 60 年代首次引入了“隶属函数”这个概念用于描述对象差异的中间过渡状态，这是精确性对模糊性的一种逼近，从而开创了模糊数学应用于综合评判的先例。模糊综合评判又称模糊多元决策，它是模糊理论中用于评价综合系统质量的一种方法。

在油气系统定量评价中，往往评价的对象是由一些不确定的因素组成的，并且各因素之间往往具有错综复杂的关联性，而“模糊”在中间过渡状态呈现出的“亦此亦彼”的思想，却能够真正表达出评价对象之间的这种“不确定性”。模糊评判正是基于“模糊”这一中心思想的一种综合评判模型。20 世纪 80 年代以来，模糊综合评判法在圈闭评价、剩余油分布预测、储层评价、开发方案优选等方面得到了广泛而深入的应用。

二、模糊综合评判模型的建立

模糊综合评判的基本思想就是通过合理地选择影响储层质量的主要因素（建立因素集），并给这些因素分配合适的权重（建立权重集），根据一定的评判规则（建立评判集），经过试算后，选取适当的隶属函数，求取评判对象的隶属度，采用择优原则，选取隶属度高的对象，舍弃隶属度低的，从而对油气系统质量（或类型）作出判断，为油气

勘探开发提供决策依据。

建立模糊综合评判模型关键步骤见图6-3：(1) 建立合理的因素集，这些因素至少能够反映影响和决定油气系统质量（或类型）的绝大部分信息；(2) 建立合适的权重集，它决定了上述各因素对油气系统质量（或类型）的重要程度；(3) 建立合理可行的评判集，即各个单因素对油气系统质量（或类型）的模糊分类；(4) 选取与油气系统质量（或类型）合适的隶属函数，求取隶属度，构建模糊关系矩阵；(5) 权重集与模糊关系矩阵耦合，求取评判矩阵。

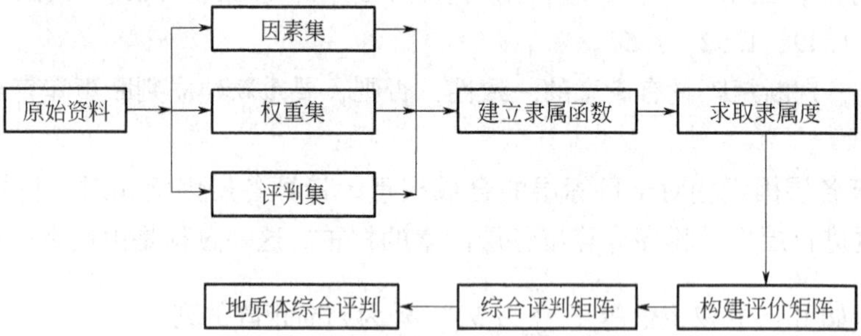

图6-3　建立模糊综合评判模型流程框图

三、计算步骤

（一）确定因素集

因素集是指地质体评价中所选取的因素（变量）所组成的集合，记为集合 U，$U=(u_1,u_2,\cdots,u_n)$，n 为变量数。

例如，烃源岩有机质丰度评价的因素集为

$$U=(u_1,u_2,u_3,u_4)=(\mathrm{TOC},\text{"A"},\mathrm{HC},S_1+S_2),n=4$$

储层评价的因素集为

$$U=(u_1,u_2,u_3,u_4,u_5,u_6,u_7,u_8)=(\phi,K,p_\mathrm{d},R_{50},H,T_\mathrm{k},V_\mathrm{k},J_\mathrm{k}),n=8$$

圈闭评价的因素集为

$$U=(u_1,u_2,u_3,u_4)=(\text{闭合高度},\text{面积},\text{测井平均孔隙度},\text{测井平均渗透率}),n=4$$

（二）求取权重集

权重集是指由各因素（变量）的权重系数所组成的集合，记为集合 A，$A=(a_1,a_2,\cdots,a_n)$，n 为变量数。关于权重系数的求取方法已在本章第一节介绍，在此不再赘述。

（三）建立评判集

评判集是指地质体类别所组成的集合，记为集合 V：

$$V=(v_1,v_2,\cdots,v_n),n\text{ 为地质体质量分类个数}$$

例如，储层评价的评判集为

$$V=(v_1,v_2,v_3,v_4)=(\text{Ⅰ类好储层},\text{Ⅱ类较好储层},\text{Ⅲ类较差储层},\text{Ⅳ类非储层}),n=4$$

（四）建立隶属函数，求取隶属度

隶属函数是指模糊综合评判中所选用求取变量（参数）隶属度的具体函数，隶属度是指各变量（参数）与地质体质量的关系。常用的隶属函数有矩形分布、τ 分布、梯形分布、凹（凸）分布、哥西分布、岭形分布中间型等。限于篇幅，在此重点介绍“岭形分布中间型”。

“岭形分布中间型”中，与地质体质量呈正相关关系用升半岭形分布，与地质体质量呈负相关关系用降半岭形分布（图 6-4），其函数表达式见式(6-12)。

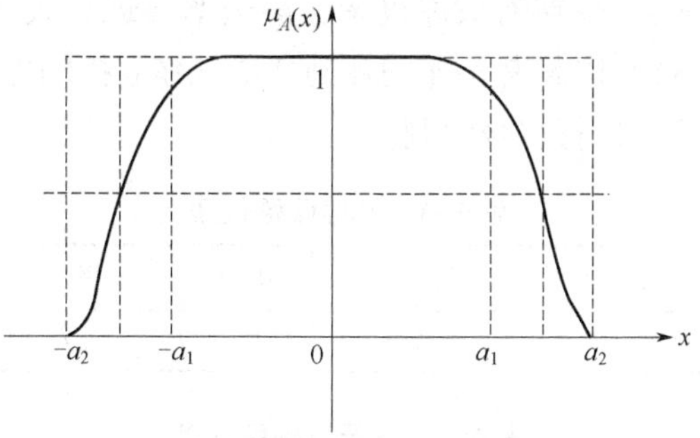

图 6-4　岭形分布中间型函数分布图

$$\mu_A(x)=\begin{cases}0, & x\leqslant -a_2\\ \dfrac{1}{2}+\dfrac{1}{2}\sin\dfrac{\pi}{a_2-a_1}\left(x-\dfrac{a_2+a_1}{2}\right), & -a_2<x\leqslant -a_1\\ 1, & -a_1<x\leqslant a_1\\ \dfrac{1}{2}-\dfrac{1}{2}\sin\dfrac{\pi}{a_2-a_1}\left(x-\dfrac{a_2+a_1}{2}\right), & a_1<x\leqslant a_2\\ 0, & x>a_2\end{cases} \tag{6-12}$$

（五）构建模糊关系矩阵

模糊关系矩阵 $\boldsymbol{R}$ 是由在第 i 种评价因素作用下，第 j 个样本对于储层质量的隶属度 $r_{ij}(i=1,2,\cdots,n;j=1,2,\cdots,m)$ 所确定和组成的矩阵：

$$\boldsymbol{R}=\begin{bmatrix} r_{11} & r_{12} & \cdots & r_{1m}\\ r_{21} & r_{22} & \cdots & r_{2m}\\ \vdots & \vdots & & \vdots\\ r_{n1} & r_{n2} & \cdots & r_{nm}\end{bmatrix} \tag{6-13}$$

$\boldsymbol{R}$ 是评价因素和评价结果之间的模糊关系，通过它可以使评价因素转化成评价结果。

（六）综合评判

由于各因素地位未必相等，所以需要对各因素加权，使其与 $\boldsymbol{R}$ 合成，构成各因素的综合评判。根据矩阵的复合运算，由 $\boldsymbol{R}$ 就确定了一个变换：根据实际数据给 U 上模糊子

集 $\boldsymbol{A}$，便可以确定 $\boldsymbol{B}$ 上一个模糊子集，即模糊综合评判模式：

$$\boldsymbol{B}=\boldsymbol{A}\circ\boldsymbol{R}=(b_1,b_2,\cdots,b_m) \tag{6-14}$$

式中，$\boldsymbol{A}$ 是由参加评价因子的权重归一化得到的一个（$1\times n$）阶矩阵；$\boldsymbol{R}$ 是由单因素评价行矩组成的一个（$n\times m$）阶矩阵；$\boldsymbol{B}$ 是单因素评价结果，它是一个（$1\times m$）阶矩阵，其中元素 $b_j(j=1,2,\cdots,m)$ 是评判指标。根据模糊综合评判法对评价指标的处理方法，对其评判指标 $b_j(j=1,2,\cdots,m)$ 的处理采用最大隶属度法，即取最大的评判指标 $\max b_j$ 相对应的评价集元素 v_j 为评判的结果。

【例 6-2】 已知四川盆地某套碳酸盐岩储层平均孔隙度 ϕ，平均渗透率 K，平均排驱压力 p_d，平均孔喉半径 R_{50}，储层有效厚度 H，渗透率突进系数 T_k，渗透率变异系数 V_k 和渗透率级差 J_k（表 6-3），按照表 6-4 的评判标准试建立模糊综合评判模型并对该套碳酸盐岩储层质量（或类型）进行综合评判。

表 6-3 储层原始数据

ϕ（%）	K（mD）	p_d（MPa）	R_{50}（μm）	H（m）	V_k	T_k	J_k（对数化后）
12	0.6	7	0.4	8	0.7	3.2	1.2

表 6-4 储层评判标准表

评价参数	好储层	较好储层	中等储层	差储层
孔隙度 ϕ（%）	>10	8~10	4~8	<4
渗透率 K（mD）	>1	0.5~1	0.1~0.5	<0.1
排驱压力 p_d（MPa）	<4	4~8	8~12	≥12
平均孔喉半径 R_{50}（μm）	>0.5	0.2~0.5	0.04~0.2	<0.04
有效厚度 H（m）	>7	4~7	1~4	<1
渗透率变异系数 V_k	<0.4	0.4~0.8	0.8~1.2	≥1.2
渗透率突进系数 T_k	<2	2~3	3~4	≥4
渗透率级差 J_k（对数化后）	<0.5	0.5~1	1~2	≥2

解：（1）确定因素集 U：

$$U=(u_1,u_2,u_3,u_4,u_5,u_6,u_7,u_8)=(\phi,K,p_d,R_{50},H,T_k,V_k,J_k),n=8$$

（2）求取各因素权重系数（这里采用灰色关联法），建立权重集 A：

$$A=(a_1,a_2,a_3,a_4,a_5,a_6,a_7,a_8)$$
$$=(0.196,0.203,0.122,0.162,0.189,0.062,0.047,0.020),n=8$$

（3）根据已有的储层质量分类标准（行业标准），结合四川油气田勘探开发的使用习惯，将碳酸盐岩储层质量划分为四大类，建立评判集 V：

$$V=(\text{Ⅰ},\text{Ⅱ},\text{Ⅲ},\text{Ⅳ})=(\text{好储层},\text{较好储层},\text{中等储层},\text{差储层}),n=4$$

（4）采用“岭形分布中间型”作为隶属函数，建立隶属函数 $\mu_A(x)$：

与储层质量呈正相关性的因素用“升半岭形分布”求取，比如平均孔隙度 ϕ 的求取：

当 $\phi<4$ 时，$\mu_1=0$，$\mu_2=0$，$\mu_3=\dfrac{1}{2}+\dfrac{1}{2}\sin\dfrac{\pi(\phi-2)}{4}$，$\mu_4=1$；

当 $4 \leqslant \phi \leqslant 8$ 时，$\mu_1 = 0$，$\mu_2 = \frac{1}{2} + \frac{1}{2}\sin\frac{\pi(\phi - 6)}{4}$，$\mu_3 = 1$，$\mu_4 = \frac{1}{2} - \frac{1}{2}\sin\frac{\pi(\phi - 6)}{4}$；

当 $8 \leqslant \phi \leqslant 10$ 时，$\mu_1 = \frac{1}{2} + \frac{1}{2}\sin\frac{\pi(\phi - 9)}{2}$，$\mu_2 = 1$，$\mu_3 = \frac{1}{2} - \frac{1}{2}\sin\frac{\pi(\phi - 9)}{2}$，$\mu_4 = 0$；

当 $\phi > 10$ 时，$\mu_1 = 1$，$\mu_2 = \frac{1}{2} - \frac{1}{2}\sin\frac{\pi(\phi - 5)}{10}$，$\mu_3 = 0$，$\mu_4 = 0$。

与储层质量呈负相关性的因素用“降半岭形分布”求取，比如平均排驱压力 p_d 的求取：

当 $p_d \geqslant 12$ 时，$\mu_1 = 0$，$\mu_2 = 0$，$\mu_3 = \frac{1}{2} - \frac{1}{2}\sin\frac{\pi(p_d - 6)}{12}$，$\mu_4 = 1$；

当 $8 \leqslant p_d < 12$ 时，$\mu_1 = 0$，$\mu_2 = \frac{1}{2} - \frac{1}{2}\sin\frac{\pi(p_d - 10)}{4}$，$\mu_3 = 1$，$\mu_4 = \frac{1}{2} + \frac{1}{2}\sin\frac{\pi(p_d - 10)}{4}$；

当 $4 \leqslant p_d < 8$ 时，$\mu_1 = \frac{1}{2} - \frac{1}{2}\sin\frac{\pi(p_d - 6)}{4}$，$\mu_2 = 1$，$\mu_3 = \frac{1}{2} + \frac{1}{2}\sin\frac{\pi(p_d - 6)}{4}$，$\mu_4 = 0$；

当 $p_d < 4$ 时，$\mu_1 = 1$，$\mu_2 = \frac{1}{2} + \frac{1}{2}\sin\frac{\pi(p_d - 2)}{4}$，$\mu_3 = 0$，$\mu_4 = 0$。

（5）将表 6-3 中储层原始数据分别代入对应的隶属函数，求取隶属度，构建模糊关系矩阵 $\boldsymbol{R}$：

$$
\boldsymbol{R} = \begin{bmatrix} 1 & 0.0141 & 0 & 0 \\ 1 & 0.7617 & 0 & 0 \\ 1 & 0.1968 & 0 & 0 \\ 1 & 0.5306 & 0 & 0 \\ 1 & 0.0008 & 0 & 0 \\ 0 & 0 & 0.0039 & 1 \\ 0 & 0 & 0.0043 & 1 \\ 0 & 0 & 0.2936 & 1 \end{bmatrix}
$$

（6）建立模糊综合评判模式：

$$
\boldsymbol{B} = \boldsymbol{A} \circ \boldsymbol{R} = \begin{bmatrix} 0.196 \\ 0.203 \\ 0.122 \\ 0.162 \\ 0.189 \\ 0.062 \\ 0.047 \\ 0.02 \end{bmatrix} \circ \begin{bmatrix} 1 & 0.0141 & 0 & 0 \\ 1 & 0.7617 & 0 & 0 \\ 1 & 0.1968 & 0 & 0 \\ 1 & 0.5306 & 0 & 0 \\ 1 & 0.0008 & 0 & 0 \\ 0 & 0 & 0.0039 & 1 \\ 0 & 0 & 0.0043 & 1 \\ 0 & 0 & 0.2936 & 1 \end{bmatrix} = \begin{bmatrix} 0.8721 \\ 0.2676 \\ 0.0063 \\ 0.1280 \end{bmatrix}
$$

根据最大隶属度法，$B_{\max} = B_1 = 0.8721$，所以该套碳酸盐岩储层的评判结果为 I 类好储层。

第三节　模糊聚类模型

一、模糊聚类的概念

模糊聚类分析是建立在传统的聚类分析和模糊集理论上的一种方法，它的中心思想是应用模糊集理论中的“软划分”方法来处理聚类问题，使聚类具有真正的动态性。所谓“软划分”，就是尽可能地避免人为划分所带来的误差，使划分具有动态性和准确性。由于模糊聚类得到的样本属于各个类别的不确定性程度，表达了样本类属的中介性，即建立起了样本对于类别的不确定性描述，这样更能客观地反映系统的真实情况。

第三章介绍的聚类分析是多元统计分析的一种方法，也是非监督模式识别的一个重要分支。它把一个没有类别标记的样本（或变量）按某种准则划分成若干个子集，使相似的样本（或变量）尽可能归为一类，而不相似的样本（或变量）尽量划分到不同的类中。传统的聚类分析是一种“硬划分”，它把每个待识别的对象严格地划分到某类中，这种类别划分的界限是分明的，具有一定的人为因素。

美国自动化专家 L. A. Zadeh 于 20 世纪 60 年代创立模糊集理论时，首次提出了“软划分”的概念，开创了人们使用模糊的方法来处理聚类问题的先例。

二、模糊聚类模型

模糊聚类分析的基本思想是依据所研究的储层样品（或变量）之间存在的、程度不同的相似性（亲疏关系）对样品（或变量）进行分类。根据一批样品（或变量）的多个观测指标具体找出一些能够度量样品（或变量）之间相似程度的统计量，以这些统计量作为划分地质体类型的依据，把一些相似程度较大的样品（或变量）聚合为一类，把另一些彼此之间相似程度较大的样品（或变量）又聚合为另外一类，依次进行。在分类过程中，采用“软划分”的动态性进行分类，直到把所有样品都聚合完毕为止。这样，把不同的类型一一划分出来，形成一个由大到小的分类模型。建立模糊聚类模型的流程图如图 6-5 所示。

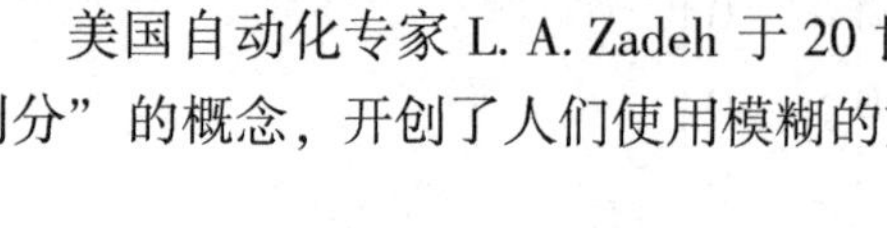

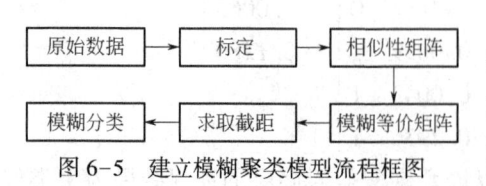

图 6-5　建立模糊聚类模型流程框图

运用模糊聚类模型对地质体质量（或类型）进行评判，其关键在于：（1）相似性矩阵的建立，标定方法的选取直接影响到相似性矩阵建立的可行性，以至于影响到最终的评判结果；（2）要体现聚类的动态性，就是将建立好相似性矩阵转化成模糊等价矩阵，合理的转化方法尤为重要；（3）建立合理可行的评判集，即各个单因素对地质体质量（或类型）的模糊分类。其中，通过标定对相似性矩阵的建立又是重中之重，它直接关系到各样本数据对聚类的不确定性描述，即动态聚类的聚合程度，对最终评价结果有直接影响。

三、计算步骤

（一）标定、求取相似性矩阵

与聚类分析类似，可通过欧氏距离法、夹角余弦法、相关系数法等方法求取相似统计量，建立距离系数矩阵 $\boldsymbol{D}$、相似系数矩阵 $\boldsymbol{Q}$ 或相关系数矩阵 $\boldsymbol{R}$：

$$\boldsymbol{D}=\begin{bmatrix} d_{11} & d_{12} & \cdots & d_{1n} \\ d_{21} & d_{22} & \cdots & d_{2n} \\ \vdots & \vdots & & \vdots \\ d_{n1} & d_{n2} & \cdots & d_{nn} \end{bmatrix} \tag{6-15}$$

式中，$\boldsymbol{D}$ 为实对称矩阵，且 $d_{11}=d_{22}=\cdots=d_{nn}=0$；

$$\boldsymbol{Q}=\begin{bmatrix} \cos\theta_{11} & \cos\theta_{11} & \cdots & \cos\theta_{1n} \\ \cos\theta_{21} & \cos\theta_{22} & \cdots & \cos\theta_{2n} \\ \vdots & \vdots & & \vdots \\ \cos\theta_{n1} & \cos\theta_{n2} & \cdots & \cos\theta_{nn} \end{bmatrix} \tag{6-16}$$

式中，$\cos\theta_{11}=\cos\theta_{22}=\cdots=\cos\theta_{nn}=1$；

$$\boldsymbol{R}=\begin{bmatrix} r_{11} & r_{12} & \cdots & r_{1n} \\ r_{21} & r_{22} & \cdots & r_{2n} \\ \vdots & \vdots & & \vdots \\ r_{n1} & r_{n2} & \cdots & r_{nn} \end{bmatrix} \tag{6-17}$$

式中，$r_{11}=r_{22}=\cdots=r_{nn}=1$。

（二）建立模糊等价关系矩阵

由于标定后的相似性矩阵不一定具有传递性，为了解决在聚类评价中数据具有动态性和随机性，以及在分类过程如何减少人为因素的问题，可以将相似性矩阵改造成模糊等价关系矩阵。通过传递闭包的方法来完成改造，使模糊等价关系矩阵具有传递性和动态性。

传递闭包的方法为采用平方法作相似性矩阵的合成运算：

$$D\rightarrow D^2\rightarrow D^4\rightarrow\cdots\rightarrow D^{2k}; \tag{6-18}$$

$$Q\rightarrow Q^2\rightarrow Q^4\rightarrow\cdots\rightarrow Q^{2k}; \tag{6-19}$$

$$R\rightarrow R^2\rightarrow R^4\rightarrow\cdots\rightarrow R^{2k} \tag{6-20}$$

当 $M^k=M^{2k}$ 时，M^{2k} 即为所求模糊等价关系矩阵 $\widetilde{\boldsymbol{R}}_\lambda$。

（三）求取模糊等价关系的水平截集 λ

将模糊等价关系矩阵 $\widetilde{\boldsymbol{R}}_\lambda$ 的元素转化成表示被分类对象彼此之间的相似程度。将元素从大到小排列作为规定的水平截集 λ，使：

$$C\widetilde{R}_{\lambda}(i,j)=\begin{cases}1, & 若\ \widetilde{R}(i,j)\geqslant\lambda \\ 0, & 若\ \widetilde{R}(i,j)<\lambda\end{cases} \tag{6-21}$$

式中，$0\leqslant\lambda\leqslant1$。

（四）模糊分类

利用求得的模糊等价关系的水平截集 λ 进行分类，分类由粗到细。选取模糊等价关系矩阵$\widetilde{\boldsymbol{R}}_{\lambda}$ 中元素的最小值为 λ 值，则分为一类；选第二个最小值为 λ 值分为两类；选第 k 个最小值为 λ 值就分为 k 类，依次分类，形成一个动态的聚类体系。

【例 6-3】 已知四川盆地某井段（3051.5~3056.5m）碳酸盐岩储层测井解释数据，测井孔隙度 por、测井渗透率 perm、泥质含量 sh 和裂缝孔隙度 PF，如表 6-5 所示，试建立模糊聚类模型，并将该井段碳酸盐岩储层划分为 4 类。

表 6-5 储层测井解释数据

井深（m）	por（%）	perm（mD）	sh（%）	PF（%）
3051.5	1.901	0.035	0	20.901
3052	2.722	0.031	0.006	16.669
3052.5	3.353	0.049	0.069	15.564
3053	4.44	0.098	0.044	14.02
3053.5	4.046	0.064	0	23.449
3054	4.812	0.141	0.265	19.555
3054.5	5.483	0.174	0.116	17.687
3055	7.339	0.503	0.155	15.629
3055.5	8.492	1.138	0.398	10.978
3056	8.049	0.757	0.141	10.887
3056.5	9.983	2.686	0.104	12.102

解：（1）建立相似性矩阵 $\boldsymbol{R}$。

$$\boldsymbol{R}=\begin{bmatrix}1 \\ 0.977 & 1 \\ 0.787 & 0.824 & 1 \\ 0.778 & 0.890 & 0.859 & 1 \\ 0.969 & 0.997 & 0.783 & 0.886 & 1 \\ -0.051 & -0.062 & 0.504 & 0.086 & -0.136 & 1 \\ 0.529 & 0.614 & 0.935 & 0.803 & 0.568 & 0.662 & 1 \\ -0.493 & -0.337 & 0.097 & 0.114 & -0.359 & 0.540 & 0.442 & 1 \\ -0.868 & -0.901 & -0.507 & -0.758 & -0.931 & 0.486 & -0.265 & 0.498 & 1 \\ -0.856 & -0.766 & -0.813 & -0.532 & -0.723 & -0.374 & -0.591 & 0.419 & 0.490 & 1 \\ -0.467 & -0.522 & -0.911 & -0.682 & -0.464 & -0.786 & -0.981 & -0.435 & 0.126 & 0.632 & 1\end{bmatrix}$$

$$R^8=\begin{bmatrix} 1 \\ 0.830 & 1 \\ 0.147 & 0.213 & 1 \\ 0.134 & 0.394 & 0.296 & 1 \\ 0.777 & 0.976 & 0.141 & 0.380 & 1 \\ 0.001 & 0.001 & 0.004 & 0.001 & 0.001 & 1 \\ 0.006 & 0.020 & 0.584 & 0.173 & 0.011 & 0.037 & 1 \\ 0.003 & 0.001 & 0.001 & 0.001 & 0.001 & 0.007 & 0.001 & 1 \\ 0.322 & 0.434 & 0.004 & 0.109 & 0.564 & 0.003 & 0.001 & 0.001 & 1 \\ 0.288 & 0.119 & 0.191 & 0.006 & 0.082 & 0.001 & 0.015 & 0.001 & 0.003 & 1 \\ 0.002 & 0.474 & 0.474 & 0.047 & 0.002 & 0.146 & 0.858 & 0.001 & 0.001 & 0.025 & 1 \end{bmatrix}$$

（2）建立模糊等价关系矩阵$\widetilde{R}_\lambda$。采用传递闭包的方法，当$R^4=R^8$时，可知$\widetilde{R}_\lambda=R^8$。

（3）通过水平截集，模糊分类。如将某井段碳酸盐岩储层划分为4类，水平截集λ的个数应为4，即λ_1，λ_2，λ_3，λ_4。

选取模糊等价关系矩阵$\widetilde{R}_\lambda$中元素	por（%）	perm（mD）	sh（%）	PF（%）	储层评价结果	综合评价结果
3051.5	1.901	0.035	0	20.901	Ⅳ	Ⅳ类储层
3052	2.722	0.031	0.006	16.669	Ⅳ	
3052.5	3.353	0.049	0.069	15.564	Ⅳ	
3053	4.44	0.098	0.044	14.02	Ⅲ	Ⅲ类储层
3053.5	4.046	0.064	0	23.449	Ⅲ	
3054	4.812	0.141	0.265	19.555	Ⅲ	
3054.5	5.483	0.174	0.116	17.687	Ⅲ	
3055	7.339	0.503	0.155	15.629	Ⅱ	Ⅱ类储层
3055.5	8.492	1.138	0.398	10.978	Ⅱ	
3056	8.049	0.757	0.141	10.887	Ⅱ	
3056.5	9.983	2.686	0.104	12.102	Ⅰ	Ⅰ类储层

思考题

1. 简述权重系数的概念。

2. 测得8个样品的气层厚度（H）、孔隙度（ϕ）、渗透率（K）和含气饱和度（S_g）见表6-1，如选取气层厚度（H）为母因素，试用灰色关联法求取以上4个变量的权重系数。

3. 简述专家打分法、灰色关联法和层次分析法求取权重系数的计算步骤。

4. 简述建立模糊综合评判模型的计算步骤。

5. 在储层评价中已知评价参数孔隙度 ϕ 的评价标准（表 6-6），试建立 ϕ 的隶属函数，并求取 $\phi=10\%$ 的隶属度。

表 6-6　孔隙度 ϕ 的评价标准

评价参数	好储层	较好储层	较差储层	非储层
孔隙度（%）	>9	6~9	3~6	<3

6. 简述建立模糊聚类模型的计算步骤。

7. 试对比模糊聚类模型和聚类分析的异同。

第七章　油气数学地质预测模型

[本章学习提要]

本章重点讲述油气资源预测中的翁旋回模型、油田规模序列法、蒙特卡罗模拟。本章难点是不同模型的适用条件及其实际应用。通过本章的学习，要求学生掌握翁旋回模型、油田规模序列法、蒙特卡罗模拟的计算方法与步骤，了解其地质应用。

[本章思政目标及参考]

通过讲授翁文波院士创立翁旋回的过程，激发学生的爱国热情及对科学知识的追求。油田规模序列讲解过程中引导学生思考油田规模序列产生的原因，培养其科学探索精神。

油气资源勘探的最终目的是明确油气的资源量，因此预测油气资源量对于油气勘探至关重要。目前针对油气资源预测有大量的数学模型，比较常用的包括翁旋回模型、油田规模序列法、蒙特卡罗模拟等。

第一节　翁旋回模型及应用

如果某一体系具有兴起到衰亡的全过程，这一过程可称为生命旋回。油气藏（田）的形成是石油地质历史演变的结果，油气藏（田）中的石油、天然气是有限资源，一经投入开发，就形成了一个体系，从投产到枯竭是一个生命旋回，可以用翁旋回进行描述和预测。翁旋回模型是著名科学家翁文波提出的一种对生命总量有限的体系进行描述和预测的模型。

一、翁旋回模型中的名词

体系：若干互相联系的事物或意识构成的一个整体，如防御体系、工业体系、思想体系、矿产资源开采体系等。体系为要素构成的整体，记为 Q。

生命旋回：Q 从兴起到衰亡的全过程为一个生命旋回，代表了生命的全过程。如一个油田的开发，它要经历从建设投产、产量递增期、稳产期、产量递减期到产量枯竭期这样一个全过程。

生命量：截止时间为 t 时 Q 的产出量，记为 $\sum_{t} Q_t$ 。如某油田投产后前 5 年的总产量

(时间段内的和)。

生命总量：t 为∞时 Q 的产出量（生命旋回产出量之和），记为 $\sum_{\infty} Q_t$。如某油田从投产到枯竭时的总产量。

二、翁旋回模型

若 Q 在时间 $t \leqslant 0$ 时不存在，那么它是个不连续的体系，记为

$$Q=\begin{cases}0, & t \leqslant 0 \\ Q, & t>0\end{cases}$$

若设 Q 的发展速度 $\mathrm{d}Q/\mathrm{d}t$ 与 Q 的当前状态关系为

$$\mathrm{d}Q/\mathrm{d}t=Q[(x/t)-1] \quad (t>0)$$

式中，$[(x/t)-1]$ 是比例因子，x 是 Q 达到顶峰期的时间拟合系数（某一正实数）。由上式得

$$\ln Q=x\ln t-t+\ln A \quad (t>0)$$

式中 A 为积分常数。上式可以写成

$$Q=At^x \mathrm{e}^{-t}$$

这就是翁旋回模型。

Q 的兴起正比于时间 t 的 x 次方（兴起因子）；Q 的衰亡正比于时间 t 的负指数函数（衰亡因子）。

Q 是时间 t 的函数，而 t 又可看成是时间间隔（$T-T_0$）与 C 的比值。因此翁旋回模型又可写为

$$\begin{cases}Q_t=At^x \mathrm{e}^{-t} \\ t=(T-T_0)/C\end{cases}$$

式中 T_0——生命起始时刻；

T——生命过程中的某时刻；

x，C，A——待确定的拟合系数。

三、翁旋回模型的性质

（1）$\mathrm{d}Q_t/\mathrm{d}t=At^{x-1}-At^x \mathrm{e}^{-t}=At^x \mathrm{e}^{-t}\left(\frac{x}{t}-1\right)=Q_t\left(\frac{x}{t}-1\right)$。

故模型具有以下特点：

$$\begin{cases}\mathrm{d}Q_t/\mathrm{d}t>0, & t<x\text{(发展期)} \\ \mathrm{d}Q_t/\mathrm{d}t=0, & t=x\text{(稳定期)} \\ \mathrm{d}Q_t/\mathrm{d}t<0, & t>x\text{(衰亡期)}\end{cases}$$

（2）$\mathrm{d}^2Q_t/\mathrm{d}t^2=Q_t t^{-2}[(t-x)^2-x]$。

由上可知，当 $t=x-\sqrt{x}$ 或 $t=x+\sqrt{x}$ 时，$\mathrm{d}^2Q_t/\mathrm{d}t^2=0$。

（3）若模型中的 x 为正整数，当 $t\to\infty$ 时，对 Q_t 积分得体系的生命总量为

$$\sum_{\infty} Q_t = \int_0^{\infty} Q_t \mathrm{d}t = A\Gamma(x+1) = Ax!$$

而体系截止时间为 t 时的生命量为

$$\sum_{t} Q_t = \int_0^t Q_t \mathrm{d}t = \int_0^t At^x \mathrm{e}^{-t} \mathrm{d}t$$

(4) 由上可推得

$$\sum_{t} Q_t / \sum_{\infty} Q_t = 1 - \mathrm{e}^{-t} \sum_{i=0}^{x} t^i / i!$$

当 $t=0$ 时，上式右端等于 0，即体系截止时间为 0 时的生命量为 0；$t=\infty$ 时，上式等于 1，表明体系的生命总量是存在的，并且

$$\sum_{\infty} Q_t = \sum_{t} Q_t \Big/ \left(1 - \mathrm{e}^{-t} \sum_{i=0}^{x} t^i / i!\right)$$

可证上式收敛，它适合于生命有限体系的描述和预测，可用于预测油气田的最终可采储量等。

四、油田产量及最终可采储量的预测

油气田从投产到枯竭是一个生命旋回。因此根据油田从投产年份开始的逐年实际产量，确定模型中的参数 x、C、A 后，则可用式：

$$\begin{cases} Q_t = At^x \mathrm{e}^{-t} \\ t = (T - T_0)/C \end{cases} \quad (t>0)$$

预测油气田未来产量的变化，具体的计算过程有以下几步。

（一）确定参数的原则

根据逐年产量 $Q_i(i=1,2,\cdots,m)$ 与翁旋回模型中的 $t^x\mathrm{e}^{-t}$ 相关系数最大，以及预测产量 Q_t 与近期产量 Q_i 尽可能接近的原则确定有关参数。

（二）确定参数的具体步骤

1. 确定 C 的初值

据油田逐年产量的变化，给出 C 的初始估计值。

2. 确定参数 x 的最佳估计值

给定 C 的初值后，再确定 x 的最佳估计值。用迭代的方法，令 $x=1$，2，…，计算：

$$\begin{cases} y_i = t^x \mathrm{e}^{-t} \\ t = (T - T_0)/C \end{cases} \quad (t>0; i=1,2,\cdots,m)$$

的值，当 y_i 与逐年产量 $Q_i(i=1,2,\cdots,m)$ 的相关系数为最大时，确定 x 的最佳估计值。

3. 修正参数 C

x 的最佳估计值确定后，取：

$$C=C+k\Delta C \quad (k=1,2,\cdots;0<\Delta C<1)$$

再计算 y_i，当 y_i 与逐年产量 Q_i 达到最大相关时，相应的 C 为最佳估计值。

4. 确定参数 A

设 Q_{t_i} 为逐年产量 Q_i 的预测值，并记

$$S=\sum_{i=1}^{m}(Q_i-Q_{t_i})^2=\sum_{i=1}^{m}(Q_i-At_i^x e^{-t})^2$$

求 S 对 A 的导数，并令其等于 0：

$$dS/dA=2\sum_{i=1}^{m}(Q_i-At_i^x e^{-t_i})(-t_i^x e^{-t_i})=0$$

整理后得

$$A=\sum_{i=1}^{m}Q_i t_i^x e^{-t_i}\Big/\sum_{i=1}^{m}(t_i^x e^{-t_i})^2$$

由上式可求出 A。

【例 7-1】 罗马什金油田是苏联的大型油田之一。该油田发现于 1948 年，自 1952 年开始投产。表 7-1 为该油田从 1952 年至 1979 年的实际产量数据。基于该数据，利用翁旋回对其产量进行预测。

表 7-1　罗马什金油田产量预测表

年份	实际年产量 (10^4t)	预测年产量 (10^4t)	年份	实际年产量 (10^4t)	预测年产量 (10^4t)
1952	200	16.62	1967	7000	7449.04
1953	300	114.71	1968	7600	7709.6
1954	500	334.06	1969	7900	7896.74
1955	1000	683.26	1970	8150	8013.75
1956	1400	1151.48	1971	8000	8065.1
1957	1900	1716.91	1972	8000	8056.05
1958	2400	2352.51	1973	8000	7992.4
1959	3050	3030.07	1974	8000	7880.2
1960	3800	3722.67	1975	8000	7725.6
1961	4400	4406.28	1976	7775	7534.66
1962	5000	5060.52	1977	7500	7313.21
1963	5600	5668.98	1978	7230	7066.82
1964	6040	6219.23	1979	6800	6800.67
1965	6600	6702.47	1980		6519.53
1966	6800	7113.27	1981		6227.75

根据 28 年的实际年产量，经计算确定参数：

三个参数分别为：$A=6002.24$，$C=6.78$，$x=3$

据此得出该油田的翁旋回表达式为

$$\begin{cases} Q_t = 6002.24t^3 e^{-t} \\ t = (T-1951)/6.78 \end{cases}$$

式中，T 为预测年份。预测产量与产量的相关系数 $R=0.9984$。预测的逐年产量见表 7-1 和图 7-1。

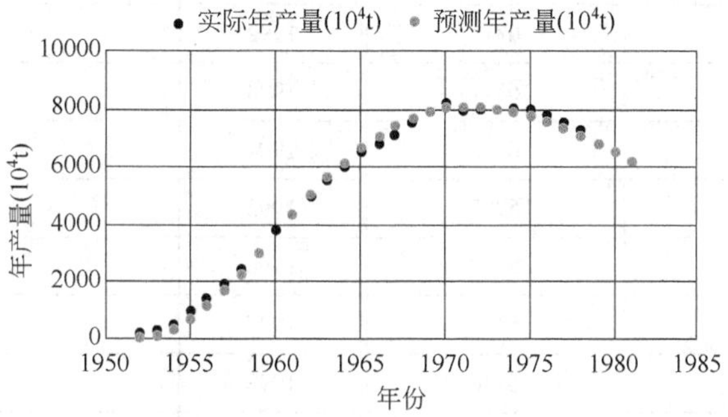

图 7-1　罗马什金油田实际年产量和预测年产量变化趋势图

油气的最终可采储量为：$\sum\limits_{\infty} Q_t = 24.9882 \times 10^8 \text{t}$

赵旭东（1986）对翁旋回模型进行了修订，同样用该模型对罗马什金油田的产量进行了预测。基于生产数据拟合计算得出的翁旋回表达式为

$$\begin{cases} \hat{Q}_t = 252.369 + 5809.827t^8 e^{-t} \\ t = (T-1951)/7 \end{cases}$$

式中 T 为预测年份。预测产量与产量的相关系数 $R=0.999$。预测的逐年产量见表 7-2 和图 7-2。

表 7-2　罗马什金油田产量预测表（据赵旭东，1986）

年份	实际年产量（10^4t）	预测年产量（10^4t）	年份	实际年产量（10^4t）	预测年产量（10^4t）
1952	200	267	1965	6600	6543
1953	300	354	1966	6800	6959
1954	500	550	1967	7000	7308
1955	1000	865	1968	7600	7589
1956	1400	1280	1969	7900	7802
1957	1900	1805	1970	8150	7950
1958	2400	2390	1971	8000	8035
1959	3050	3018	1972	8000	8062
1960	3800	3666	1973	8000	8037
1961	4400	4312	1974	8000	7963
1962	5000	4936	1975	8000	7847
1963	5600	5524	1976	7775	7694
1964	6040	6062	1977	7500	7508

续表

年份	实际年产量（10^4t）	预测年产量（10^4t）	年份	实际年产量（10^4t）	预测年产量（10^4t）
1978	7230	7296	1990		4076
1979	6800	7063	1991		3828
1980		6811	1992		3590
1981		6547	1993		3363
1982		6273	1994		3146
1983		5993	1995		2940
1984		5710	1996		2745
1985		5427	1997		2560
1986		5146	1998		2386
1987		4868	1999		2223
1988		4597	2000		2070
1989		4332			

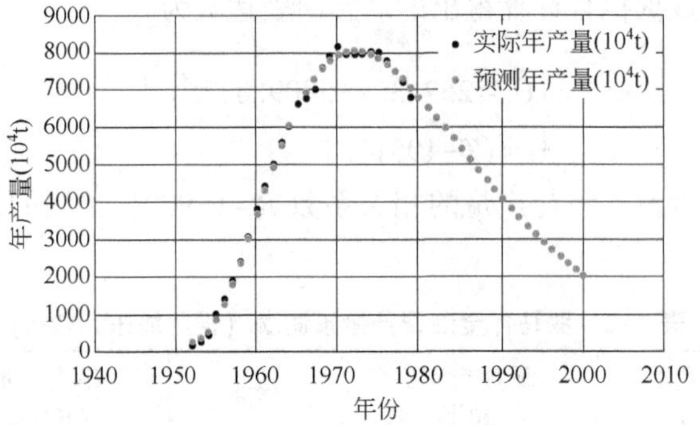

图 7-2　罗马什金油田实际年产量和预测年产量变化趋势图

油气的最终可采储量为：$\sum_{\infty} Q_t = 26.29 \times 10^8 \mathrm{t}$

第二节　油田规模序列法及应用

一、基本原理

油田规模序列法是一种常用的资源评价方法，具有资料要求少、原理和过程分析简单等特点。其中油田规模是指油田的最终可采储量；油田规模序列是指含油区内的油田最终可采储量从大到小排出的序列。

该方法是将已发现的油气田按由大到小进行排列，得到油气田规模序列后，根据离散型随机变量的分布规律预测尚未发现的油气资源量。

假设 Q_1，Q_2，…，Q_n 是某含油区内 n 个油田的规模序列，并且 $Q_1 \geqslant Q_2 \geqslant \cdots \geqslant Q_n$。如果以 $\ln Q_k$、$\ln k$ 为纵坐标、横坐标作散点图，那么各点大致分布在一条直线上，如图 7-3 所示。

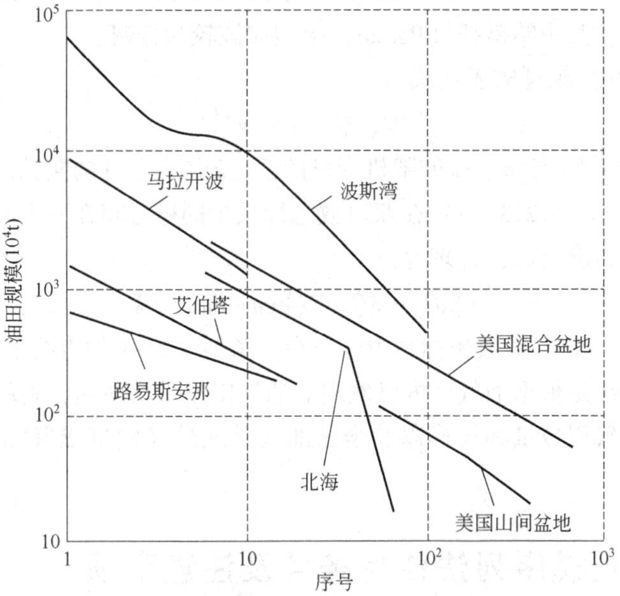

图 7-3　全球不同盆地的油田规模序列

油田规模序列分布在一定范围内具有

$$Q_n = Q_1 n^{-k}$$

的幂函数关系。当 $k=1$ 时，有

$$Q_n = Q_1 / n \quad (n=1,2,\cdots,N)$$

两边取对数，得

$$\ln Q_n = \ln Q_1 - k\ln n$$

令

$$y = \ln Q_n, b = \ln Q_1, x = \ln n$$

则有

$$y = b - kx$$

式中　x——油田大小序号的对数；

k——直线的斜率；

b——盆地中最大油田储量的对数；

y——油田规模序号为 n 的储量的对数。

上式表明，在双对数坐标系中油田规模序列呈直线分布，这一结论与世界油田规模分布相一致。

有学者研究指出，k 分三种情况：$k<1$，$k=1$，$k>1$ 分别代表分散型、过渡型和集中型盆地油田储量的分布。

油田规模序列具有下列统计分布规律：在双对数坐标系中，油田规模的分布大致为直线，并在一定范围内呈直线递减，直线段往往包含了油区 90% 以上的储量，直线的急剧下倾，反映油田规模随油田数目的增多而迅速下降。

二、油田规模序列法

含油气区内一组油气田的石油储量是一组离散型随机变量，它们的分布规律可以用概率分布模型来描述，其中帕雷托（Pareto）模型应该较为普遍。

帕雷托（Pareto）模型的表达式为

$$Q_m/Q_n=(n/m)^k$$

式中，Q_n、Q_m 为序号等于 n、m 的随机变量的值，k 是大于 0 的实数。

可以证明，$Q_n(n=1,2,3,\cdots)$ 在双对数坐标系中同样分布在一条直线上。

另，对上式两边求对数，整理得

$$(\ln Q_m-\ln Q_n)/(\ln m-\ln n)=-k$$

即 $Q_n(n=1,2,3,\cdots)$ 在双对数坐标系中分布在一条斜率为$-k$ 的直线上。

油田规模序列法是根据油气区内已发现的油气田数量及规模，利用帕雷托定律预测油区内尚未发现的油气田数量和规模以及全区油气总规模（储量或资源量）的一种油气资源估算方法。

三、油田规模序列法使用条件及注意事项

（一）使用条件

虽然世界上多数油气区的油田规模序列一定程度上符合帕雷托定律，但到目前尚不能从油气田形成的地质理论上合理解释油田规模序列的地质成因。事实表明，对于一个完整而独立的石油地质体系，油田规模序列法的预测效果较好。所谓一个完整而独立的石油地质体系，是指该体系内的油气生成、运移、聚集以及其后的地质变迁都是在同一石油地质演化历史条件下发生的，即含油气区内油气田（或油气藏）应具有统一的地质成因。

另外，该方法适用于含油气区勘探初期至晚期。

（二）注意事项

利用油田规模序列法预测未发现油田时，要注意含油气区内油田的成油期。油田规模分布系数的不同，反映了油田规模序列的多样性。当一个大的含油气地区具有多期成油过程时，就可能存在多个油田规模序列。因此，应先把含油气区内的油田分类，然后按类应用油田规模序列法。

四、油田规模序列法的计算过程

油田规模序列法的计算主要是根据已发现的油田规模，确定系数 k 和已知油气田在规模序列中的序号，预测未发现的油田规模及全区石油总储量。具体的计算过程如下。

（一）排序及选择推算点

若已发现 t 个油田，按其规模（储量）$Q_{ri}(i=1,2,\cdots,t)$ 由大到小进行排序，取 Q_{r1} 作为推算点（预测油田规模序列的基准点），假设 Q_{r1}、Q_{ri}（$i\neq1$）在油田规模预测模型中的序号分别为 r_1、r_i。

（二）选择油田规模分布系数 k

若能确定已发现油田中两个以上的规模序号，由于其在双对数坐标系中分布在一条直线上，因此可据其近似求出该直线的斜率，以此确定 k 值。

采取变换 k 值的方法，进行多次油田规模序列的拟合计算，根据预测结果和实际对比，确定最佳 k 值。

（三）确定油田规模序列的预测模型

预测模型为：$Q_{ri}/Q_{r1}=(r_1/r_i)^{k_s}$。对于初选的油田规模分布系数 k_s，进一步确定油田规模在预测模型中的序号 r_1、r_i。

对于确定 r_1、r_i 的具体步骤如下：

1. 计算 A_i

$$r_1/r_i=(Q_{ri}/Q_{r1})^{1/k_s}$$

令上式右端为 $A_i=(Q_{ri}/Q_{r1})^{1/k_s}(i=1,2,\cdots,t)$，故 $r_1=A_i\cdot r_i$。

r_1 是欲求的 Q_{r1} 的序号，依次取 $r_1=1$，2，3，…，并每次分别尝试取 r_i，使 t 个 $A_i\cdot r_i$ 均最大限度等于所取的 r_1。

2. 计算矩阵

$$\boldsymbol{B}=\begin{bmatrix} b_{11} & b_{12} & \cdots & b_{1t} \\ b_{21} & b_{22} & \cdots & b_{2t} \\ b_{31} & b_{32} & \cdots & b_{3t} \\ \vdots & \vdots & \vdots & \vdots \end{bmatrix}$$

矩阵 $\boldsymbol{B}$ 中的元素：$b_{ji}=A_i\cdot r_i \quad (j=1,2,3,\cdots;i=1,2,\cdots,t)$

r_i 是使每个 b_{ji} 最大限度地接近矩阵 $\boldsymbol{B}$ 行号的正整数（每行中 r_i 的值可能有多个）。如矩阵 $\boldsymbol{B}$ 的行数不能确定，可取“足够大”。

在计算的过程中还得计算各行的标准偏差：

$$\sigma_j=\left(\frac{1}{t}\sum_{i=1}^{t}(b_{ji}-\bar{b}_j)^2\right)^{1/2} \quad (j=1,2,3,\cdots)$$

$$\bar{b}_j=\frac{1}{t}\sum_{i=1}^{t}b_{ji}$$

若矩阵 $\boldsymbol{B}$ 中第 m 行的 σ 小于给定的误差 ε，则取 $r_1=m$，即 r_1 在允许的误差范围内符合帕雷托定律。可将矩阵 $\boldsymbol{B}$ 的第 m 行作为油田规模序列的预测行。

（四）计算已发现油田规模的序号

由 $r_1 = A_i \cdot r_i$，可求得已发现的其他油田在油田规模序列中的序号 $r_i(i=2,3,\cdots,t)$。

（五）预测最大油田规模

预测的最大油田规模（储量）为

$$\hat{Q}_{\max} = Q_{ri} r_i^{k_s} \quad (i=1,2,\cdots,t)$$

即预测的最大油田规模为任一已发现油田的规模 Q_{ri} 乘以预测序号 r_i 的 k_s 次幂。

若认为已发现的所有油田规模均可靠，则可取

$$\hat{Q}_{\max} = \frac{1}{t} \sum_{i=1}^{t} Q_{ri} r_i^{k_s}$$

为预测的最大油田规模（储量）。

（六）计算油区内预测的油田规模序列

由帕雷托定律，在已知最大规模油田的基础上，预测的油田规模序列为

$$\hat{Q}_j = \hat{Q}_{\max} \cdot j^{-k_s} \quad (j=1,2,\cdots,p)$$

p 值取决于认定的油区内最小经济油田规模。

（七）预测油田规模序列的循环计算

对所取的多个 k_s，重复 3、4、5、6 步的计算，可得多个预测油田规模序列。若开始有把握确定 k_s，则无须重复。

若计算了 L 个预测油田规模序列，则选择标准偏差

$$\alpha_r = \left(\frac{1}{t} \sum_{i=1}^{t} (Q_{r,i} - \hat{Q}_{r,i})^2 \right)^{1/2} \quad (r=1,2,\cdots,L)$$

中最小者对应的序列作为最终的油田规模序列。

（八）计算油区石油总储量

由已确定的油田规模序列计算油区石油总储量：

$$Q_z = \hat{Q}_1 + \hat{Q}_2 + \cdots + \hat{Q}_p$$

上述计算结果是否合理，还应与熟悉油区地质情况的研究人员商讨。

【例 7-2】 已知某含油区为一个独立的地质凹陷，面积较小，经勘探已经发现了 4 个小油田，储量分别为：149.143×10^4t、61.567×10^4t、34.375×10^4t、27.277×10^4t。用油田规模序列法预测探区油田规模序列。

具体的求解过程如下：

（1）假设已能够确定 $k = \tan 60° \approx 1.7321$

（2）已发现的 4 个油田按储量大小排列为：

$$Q_1 = 149.143 \times 10^4 \text{t}, Q_2 = 61.567 \times 10^4 \text{t}, Q_3 = 34.375 \times 10^4 \text{t}, Q_4 = 27.277 \times 10^4 \text{t}$$

以最大的油田储量 Q_1 作为推算点。

（3）求A_i：

$$A_1=(Q_1/Q_1)^{1/k}=1.0, A_2=(Q_2/Q_1)^{1/k}=0.6$$

$$A_3=(Q_3/Q_1)^{1/k}=0.4268, A_4=(Q_4/Q_1)^{1/k}=0.375$$

（4）把$A_i(i=1,2,3,4)$依次乘以某正整数r_i，使$A_i \cdot r_i$最大限度接近下列矩阵$\boldsymbol{B}$的行号，并记入矩阵$\boldsymbol{B}$：

$$\boldsymbol{B}=\begin{bmatrix} 1.0 & 1.2 & 0.8572 & 1.125 \\ 2.0 & 1.8 & 2.143 & 1.875 \\ 3.0 & 3.0 & 3.000 & 3.000 \end{bmatrix}$$

矩阵的第1行：$b_{11}=1.0\times1=1.0$；$b_{12}=0.6\times2=1.2$；$b_{13}=0.4286\times2=0.8572$；$b_{14}=0.375\times3=1.125$。

矩阵的第2行：$b_{21}=1.0\times2=2.0$；$b_{22}=0.6\times3=1.8$；$b_{23}=0.4286\times5=2.143$；$b_{24}=0.375\times5=1.875$。

矩阵的第3行：$b_{31}=1.0\times3=3.0$；$b_{32}=0.6\times5=3.0$；$b_{33}=0.4286\times7=3.0002$；$b_{34}=0.375\times8=3.0$。

很明显，矩阵$\boldsymbol{B}$计算到第3行时$\sigma=0.00063<<EP=0.05$，认为已符合帕雷托定律，故将第3行作为预测行。

（5）确定已发现的油田的规模序列号：

矩阵$\boldsymbol{B}$第3行所乘的3、5、7、8，即为已发现的油田的规模序列号。

（6）最大油田储量求取：

$$\hat{Q}_{1\max}=149.143\times10^4\times3^k=1000.0026\times10^4(\text{t})$$

$$\hat{Q}_{2\max}=61.567\times10^4\times5^k=999.999\times10^4(\text{t})$$

$$\hat{Q}_{3\max}=34.375\times10^4\times7^k=999.999\times10^4(\text{t})$$

$$\hat{Q}_{4\max}=27.277\times10^4\times8^k=999.987\times10^4(\text{t})$$

$$\hat{Q}_{\max}=\frac{1}{t}\sum_{i=1}^{t}Q_{i\max}=1000\times10^4(\text{t})$$

（7）含油气区中油田规模序列确定：

若将最小经济油田定为10×10^4t，则得表7-3的油田规模序列。

表7-3　某含油区的油田规模序列表

序号	油田规模（10^4t）	序号	油田规模（10^4t）
1	1000	8	27.277
2	301.022	9	22.243
3	149.142	10	18.533
4	90.615	11	15.713
5	61.567	12	13.513
6	44.895	13	11.765
7	34.375	14	10.348

基于该油田的规模序列，可以在双对数坐标纸上作出油田规模序列分布图（图 7-4）。

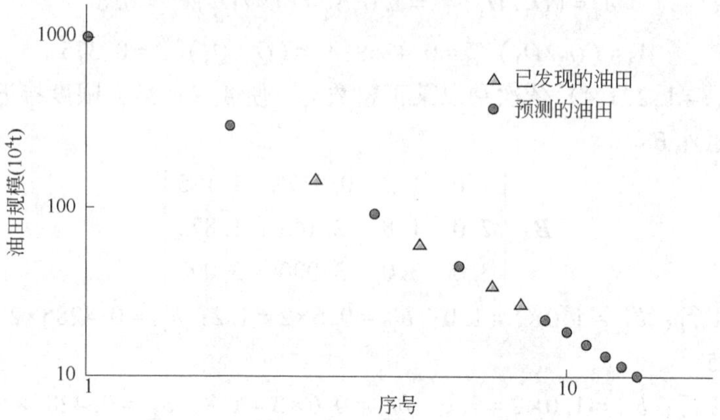

图 7-4　某含油区的油田规模序列分布图

第三节　蒙特卡罗模拟及应用

在油气田勘探开发工作中，储层评价是一项十分重要的工作，储层评价的结果最终都归结为石油天然气储量的估算。在实际生产中，特别是在油气田勘探初期，为了取得某一区块的勘探风险投资，通常需要提供该区块的储量。在这种情况下，因为资料较少，用传统的容积法很难计算储量，这时就可以利用数理统计方法进行储量估算以满足实际生产工作需要。

蒙特卡罗法（Monte Carlo）是以数值解不确定问题为对象，对计算模型中的各变量进行随机抽样（随机试验），进而求问题概率解的一种统计学方法。蒙特卡罗法是以概率论与数理统计理论为指导的、有着广泛应用领域的通用性统计学方法，其核心是对随机变量的抽样。常用于油气资源量预测。

一、基本原理

假设有一个随机变量 x，为了描述这个随机变量，在数学上通常使用密度函数 $P(x)$ 和分布函数 $f(x)$ 这两个概念；但在实际工作中通常用大于累积分布函数 $F(x)=1-f(x)$ 计算储量期望曲线，通过储量期望曲线进行实际应用。

为了得到随机变量 x 与大于累积分布函数 $F(x)$ 之间的关系，通常需要借助一定的数学模型。对于油气资源量的计算，需要在概念模型清楚的基础上，首先要构造表示所研究问题概率解的数学模型（计算模型）。

对一个实际地区的油气资源总量而言，它是各局部含油气地质单元油气资源量之和。而局部含油气地质单元既可以是生油凹陷中的一个生油层系，也可以是次一级构造单元中的生油层系，还可以是局部构造等。

虽然“局部地质单元”含义不同，但任何一个局部含油气地质单元的油气资源量都可归纳为与油气资源量相关的地质常数和变量的乘积，即

$$Q_j = \prod_{i=1}^{v} D_i \prod_{l=1}^{n} X_{jl} = c_j \prod_{l=1}^{n} X_{jl}$$

式中 Q_j——第 j 个局部地质单元油气资源量（$j=1,2,\cdots,m$）；

X_{jl}——第 j 个局部地质单元第 l 个地质变量；

c_j——第 j 个局部地质单元中 v 个地质常数 D_i 之积。

各个局部地质单元的油气资源量确定之后，那么整个盆地或者地区的油气总资源量为

$$Q = \sum_{j=1}^{m} Q_j$$

因此，求油气资源量的问题，就归结为求上述两个计算模型的概率解问题。

蒙特卡罗的基本思想可概括为：求研究问题的概率解，构造一个表示所研究问题概率解的数学模型（计算模型），记为

$$Y=u(X_1,X_2,\cdots,X_n)$$

依据计算模型中各随机变量 X_i 所服从的分布进行随机抽样，并按计算模型计算 Y 的多个估计值，最终用频率统计法求出 Y 的概率解。

该方法的核心是随机抽样，而随机抽样的关键在于产生［0，1］区间上均匀分布的随机数。因为服从其他分布的随机数一般可通过该随机数变换得到。

二、求取过程

按照蒙特卡罗法的原理，其求解过程大致可分为四步：

（1）分析并拟定给定问题中的随机变量，构造表示给定问题概率解的数学模型；

（2）对模型中的随机变量 $X_1,X_2,\cdots,X_n$ 各进行 L 次随机抽样，获得 L 组抽样值：x_{1k}，$x_{2k},\cdots,x_{nk}(k=1,2,\cdots,L)$；

（3）把 L 组抽样值代入计算模型，求出随机变量 Y 的 L 个估计值 $Y_1,Y_2,\cdots,Y_L$；

（4）利用频率统计法，由 Y 的估计值 $Y_1,Y_2,\cdots,Y_L$ 求出描述 Y 分布特征的分布曲线（概率解）。

当将蒙特卡罗方法运用于油气资源量计算时，借鉴其求解过程，可以得出油气资源量的计算大致分为以下几步：

（1）确定局部地质单元资源量的概率模型。

如前所述，局部含油气地质单元是估算资源量的基本地质体。对第 j 个局部地质单元来说，其油气资源量的数学模型计算式为

$$Q_j = c_j \prod_{i=1}^{n} X_{ji}$$

式中 Q_j——第 j 个局部地质单元的油气资源量；

X_{ji}——第 j 个局部地质单元第 i 个地质随机变量；

c_j——第 j 个局部地质单元中所有常数之积。

（2）求取各个地质单元的油气资源量。

为了求资源量的分布曲线，在资源量计算之前，先求出资源量的最大、最小可能值和累积频率小区间的端值。

最大可能值的计算公式为

$$Q_{j\max} = c_j \prod_{i=1}^{n} x_{ji\max} \quad (j = 1,2,\cdots,m)$$

最小可能值的计算公式为

$$Q_{j\min} = c_j \prod_{i=1}^{n} x_{ji\min} \quad (j = 1,2,\cdots,m)$$

区间端值的计算公式为

$$Q_{jh} = Q_{j\min} + \frac{Q_{j\max} - Q_{j\min}}{k}(h-1) \quad (h=1,2,\cdots,k+1)$$

式中，k 是小区间个数。

在确定了资源量最大可能值、最小可能值和区间端值之后，就可以对资源量进行随机抽样计算了。具体的过程为：

对 n 个随机变量 $X_{ji}(i=1,2,\cdots,n)$ 各进行一次抽样，得第一次抽样值 $x_{ji1}(i=1,2,\cdots,n)$，由第一次抽样值的积得到资源量的第 1 个估计值，即

$$Q_{j1} = k_j \prod_{i=1}^{n} x_{ji1}$$

对随机变量 $X_{ji}(i=1,2,\cdots,n)$ 再各进行一次抽样，得第二次抽样值 $x_{ji2}(i=1,2,\cdots,n)$，由第二次抽样值的积得到资源量的第 2 个估计值，即

$$Q_{j2} = k_j \prod_{i=1}^{n} x_{ji2}$$

重复以上方法，可得到 Q_{j1}、Q_{j2}，Q_{j3}，…，Q_{jn}。具体的随机抽样次数可以根据实际情况自行决定。

在得到某个地质单元的随机抽样 n 次的资源量计算结果之后，根据区间间隔值，用概率统计的方法可以求出该地质单元 Q_j 的分布函数 $AF(Q_j)$（图 7-5）。

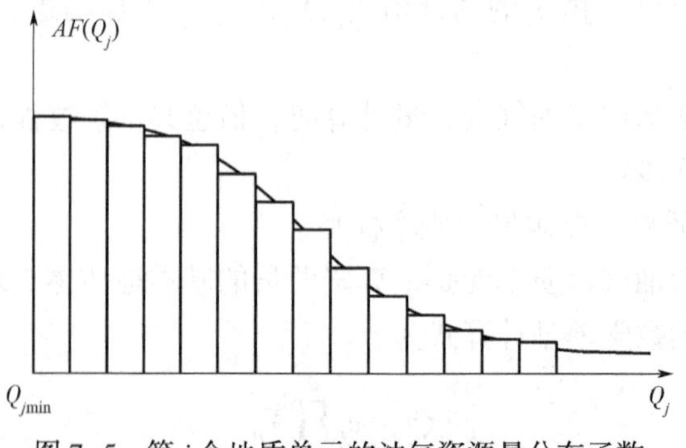

图 7-5　第 j 个地质单元的油气资源量分布函数

（3）求取总的油气资源量。

总的油气资源量是局部地质单元油气资源量的概率和（对各资源量分布函数的随机

抽样和）。

【例 7-3】 某沉积盆地中的一个地质凹陷有三套生油层系。用氯仿沥青法估算该凹陷的远景石油资源量，各层系的石油资源量估算公式如下：

$$Q_j = S_j \cdot H_j \cdot D \cdot A_j \cdot k_1 \cdot k_2$$

式中 Q_j——第 $j(j=1,2,3)$ 套生油层系的石油资源量；

S_j——生油岩的分布面积；

H_j——生油岩的厚度；

D——生油岩密度；

A_j——生油岩氯仿沥青含量；

k_1——排烃系数；

k_2——聚集系数。

凹陷石油资源量为三套生油层系资源量的和。三套生油层系的地质参数见表 7-4。

表 7-4 三套生油层系的地质参数表

地质参数 \ 层系		层系 1	层系 2	层系 3
生油岩分布面积（km^2）		14000	7000	3000
生油岩密度（g/cm^3）		23	23	23
排烃系数		0. 44	0. 48	0. 43
聚集系数		0. 111	0. 111	0. 111
生油岩厚度（m）	数据个数	140	70	30
	取值范围	0. 1~1. 0	0. 1~1. 0	0. 1~0. 5
氯仿沥青含量（%）	数据个数	37	37	21
	取值范围	0. 03~1. 74	0. 02~2. 08	0. 03~1. 70

基于蒙特卡罗方法对该盆地三套生油层系的油气资源量和盆地总体的资源量进行计算，可得到各生油层的石油资源量概率分布图（图 7-6）和统计表（表 7-5）。

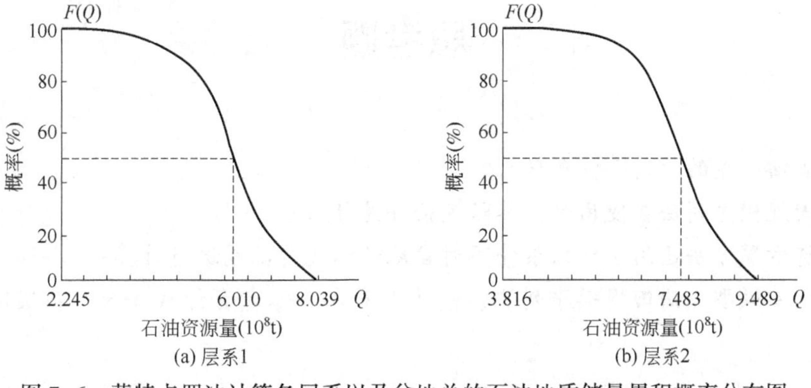

图 7-6 蒙特卡罗法计算各层系以及盆地总的石油地质储量累积概率分布图

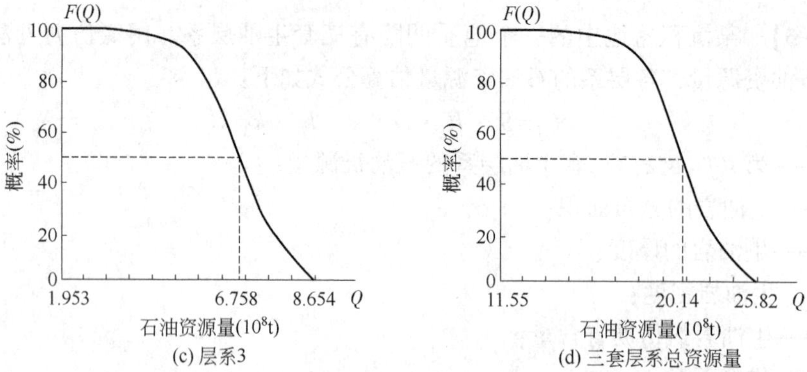

图 7-6　蒙特卡罗法计算各层系以及盆地总的石油地质储量累积概率分布图（续）

表 7-5　各生油层及全凹陷石油资源量汇总表

概率（%）	第一套生油岩石油资源量（10^8t）	第二套生油岩石油资源量（10^8t）	第三套生油岩石油资源量（10^8t）	全凹陷石油总资源量（10^8t）
100	2.2445	3.8159	1.9527	11.5468
90	4.5621	5.8788	4.9986	16.6687
80	5.0836	6.3945	5.6754	17.9492
70	5.4312	6.7956	6.0815	18.8638
60	5.7209	7.1967	6.4876	19.5955
50	6.0106	7.4832	6.7584	20.1443
40	6.3003	7.7697	7.0968	20.6931
30	6.5900	8.0562	7.3675	21.2418
20	6.8797	8.3427	7.5706	21.9735
10	7.1694	8.6865	7.8413	22.7053
0	8.0385	9.4887	8.6536	25.8150

思考题

1. 翁旋回模型的适用条件是什么？

2. 油田规模序列法在使用时，其限定条件是什么？

3. 蒙特卡罗方法适用于什么条件下对盆地的油气资源量进行计算？

4. 翁旋回模型、油田规模序列法、蒙特卡罗方法三者有什么异同？在实际应用中应如何选择？

第八章　常用油气数学地质软件

[本章学习提要]

本章重点讲述SPSS、Origin等常用油气数学地质软件，进行数据分析和编制所需的各种地质类图件。本章难点主要在于软件功能的详细介绍和应用范围的解释。需要理解它们的核心功能、专业用途以及在地质学领域的应用案例。因此，需要花费一定的时间和精力来学习和掌握这些软件的操作方法和应用技巧，以提高在地质研究和工作中的效率和准确性。

[本章思政目标及参考]

通过讲授常用油气数学地质软件的开发更新历史和数学地质软件的重要性，旨在引导学生深入理解技术创新的重要性，认识专业知识的价值，培养创新思维和实践能力。

第一节　概述

在石油地质工作研究中，各类地质现象可以通过图形来展示，所以地质分析逐步由二维到三维，由定性到半定量、定量以及可视化发展，掌握数学地质软件也是现代石油地质工作者必备的技能之一。其中，SPSS、Origin等软件无疑是业内公认的“常青树”，广泛应用于行业内各类专业人士的日常工作中。本节通过对数学地质软件操作过程的逐步演示，讲解了如何借助通用软件或者行业软件来进行地质分析。这些软件凭借其强大的功能和出色的性能，为油气企业提供了有力的数据分析和决策支持。

一、SPSS

SPSS是一款功能强大的统计分析软件，广泛应用于地质学研究中。主要用于对钻井数据、地质样品数据、地球物理数据等进行各种统计分析，SPSS的核心功能包括描述性统计分析、相关性分析、回归分析、方差分析等。以钻井数据分析为例，SPSS可帮助工程师快速了解井况特征，如钻井速度、井斜角、钻井液性质等指标的统计分布。通过对比不同井样本的均值和标准差，可发现异常情况，为问题诊断提供依据。进一步的相关性分析，还能挖掘各参数之间的相互关系，为优化钻井方案提供决策支持。SPSS凭借其强大的数据处理能力、灵活的统计分析模型和友好的图形界面，在油气行业广受欢迎，是不可或缺的数据分析利器。

二、Origin

Origin 是一款带有强大数据分析功能和专业刊物绘图能力的，为科研人员及工程师的需求定制的应用软件。区别于其他应用程序，Origin 可以轻松地自定义或自动地导入数据、分析、绘图和输出报告。自定义的范围可以从简单修改数据图并保存作为“模板”在之后的绘图中应用，到复杂的定制数据分析，生成报告并保存为分析模板。并且还支持批量绘图和分析操作，其中模板可用于多个文件或数据集的重复分析。

第二节　SPSS 软件的使用

SPSS（statistical package for the social sciences）是一款广受认可的统计分析软件，在油气行业中扮演着举足轻重的角色。作为一款功能强大、操作简便的数据分析工具，SPSS 为油气勘探、开发和生产等各个环节提供了有力的支持。

SPSS 的核心在于其丰富的统计分析功能。从基础的描述性统计，到复杂的相关性分析、回归分析、方差分析等，SPSS 应有尽有。除了强大的分析功能，SPSS 的用户友好性也是其一大优势。软件界面清晰直观，拥有丰富的图表展示选项，使得分析结果直观生动。同时，SPSS 提供了全面的操作指导和案例示范，大大降低了使用门槛，即使是统计基础较弱的用户也能快速上手。

一、导入数据

（1）在 SPSS 主界面的菜单栏中，选择“文件夹”（图 8-1）。

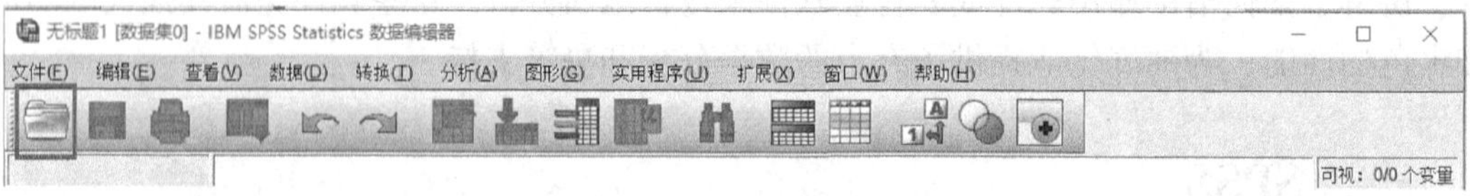

图 8-1　“文件夹”示意图

（2）选择“文件夹”类型并选择文件（图 8-2）。

（3）选择一个 csv 文件，选择过后按照步骤一步一步进行设置，大部分步骤都是默认，不需要更改（图 8-3）。

最终导入的数据就类似 Excel 的表格一样，不过每一列都是一个变量，也就是 SPSS 中最小的统计单位（图 8-4）。

（4）在弹出的“无标题—数据编辑器”窗口中，可以开始输入数据。

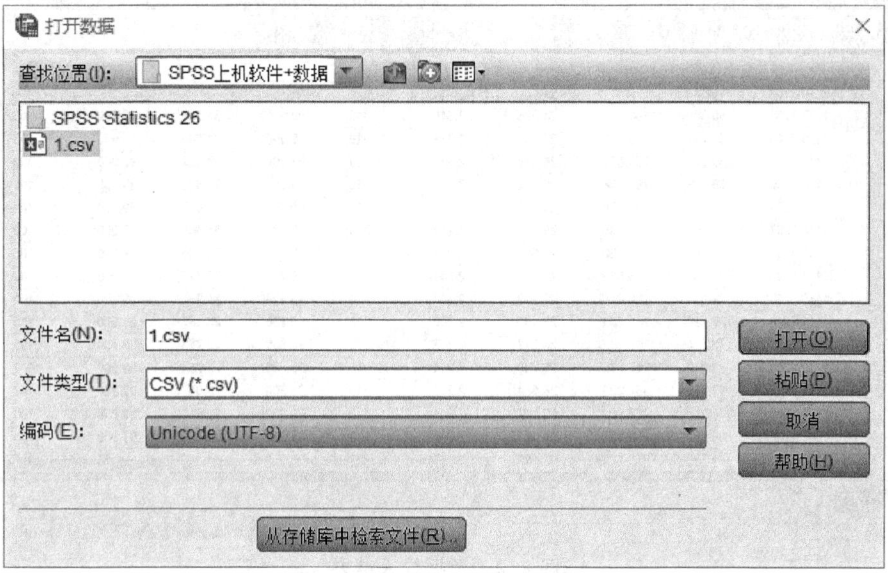

图 8-2　选择文件示意图

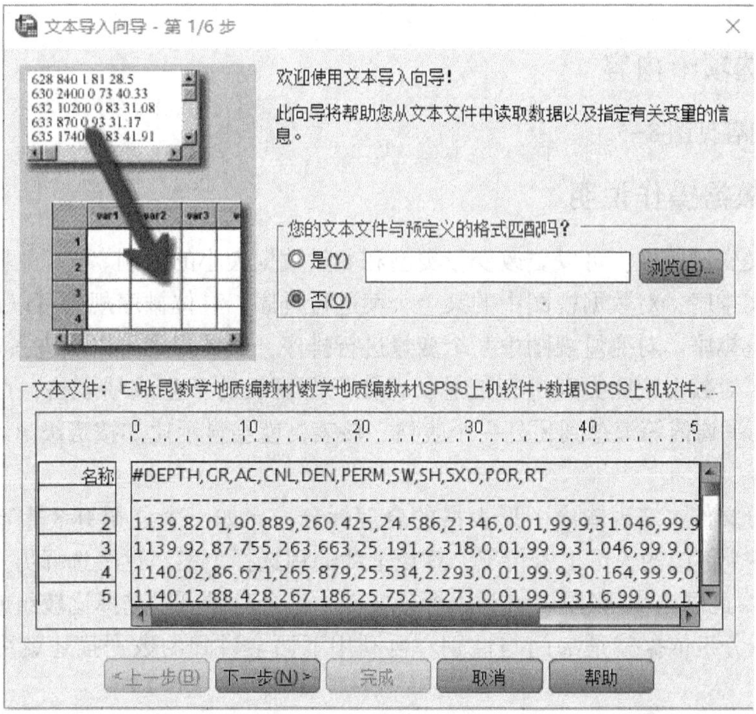

图 8-3　文本导入向导

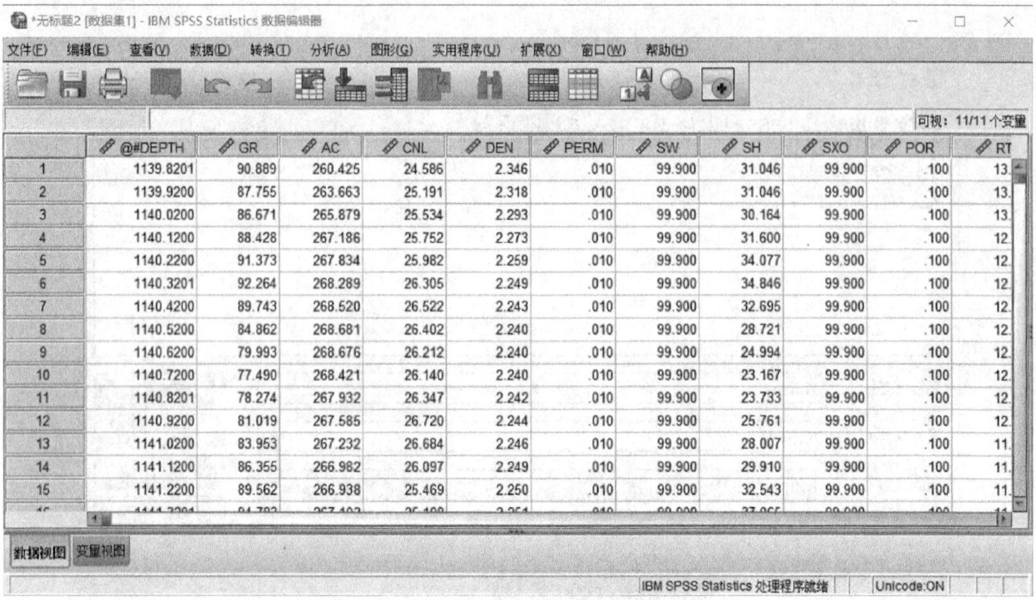

图 8-4 数据导入结果

二、数据选项卡

（一）选项卡内容

选项卡内容见图 8-5。

（二）数据操作说明

（1）定义变量属性：可以更改变量类型和变量数据大小的限制。

（2）个案排序：对数据视图中的某个个案进行排序，具体排序规则可以点进去选择。

（3）变量排序：对变量视图中某个变量进行排序，具体规则可以点进去选择。

（4）总：对数据按照类别进行汇总，比如三个班级的学生成绩表格，可以按照班级把学生成绩的平均值等汇总到另外一个表格，该表格就会显示比如按班级显示各个班级的成绩平均值等。

（5）拆分文件：实现输出图形表格的合理拆分，比如一个公司有 8 个部门，现要求分男女比较各个部门的人员工资情况，理论上我们用选择个案，逐个选择男女与部门需要操作 28 次，由此画出 28 张图表。利用拆分文件，这个时候可以选择比较组或者按组来组织输出，然后分组依据就是部门与性别，再利用下面会讲到的数据描述就可以实现预期效果。

（6）转置：行与列进行转换，也就是行转列+列转行。

（7）合并文件：有两种文件的合并，添加个案可以实现两个文件的纵向合并，添加变量可以两个文件横向合并。

（8）选择个案：实现选择表格中符合条件的个案然后对其进行相应操作，点击进去

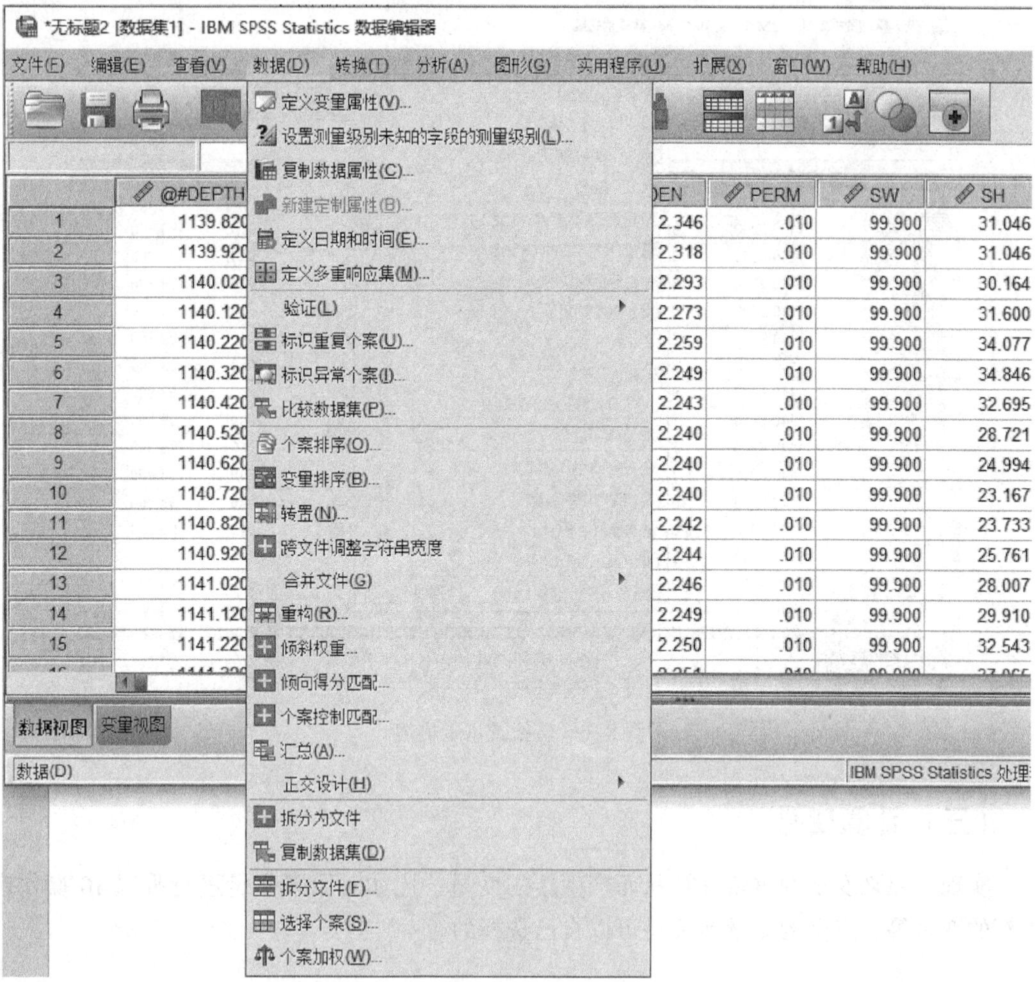

图 8-5　数据选项卡内容

后会有各种选择方式，比如如果满足什么条件才选择，随机选择百分之多少等。

（9）重构：实现把一个表格的若干个变量变为同一个变量等进行表格的合适转换。

三、转换选项卡

（一）选项卡内容

选项卡内容见图 8-6。

（二）重新编码为不同变量

可以把原来的变量或者变量的范围重新定义为新的变量，比如现有一个班级的学生成绩，要求分数在 50~70 分、70~90 分、90~100 分的同学所占比例、平均值等，现在就可以利用重新编码为不同变量，把上述范围重新编码为新的变量（名字可以自己任意选取）。

图 8-6　转换选项卡内容

（三）计算变量

实现对原来变量的重新计算从而产生新的变量，比如对原来变量进行乘以 10 操作产生新的变量等，产生的变量名都是可以自己选择的。

四、分析选项卡

（一）选项卡内容

选项卡内容见图 8-7。

（二）描述统计（实现对表格中变量的各种类型的描述统计）

（1）频率：实现某一变量的频率统计，可以显示其平均值等，也可选择用条形图或者其他图形进行描述，例如，可分别统计不同区间的孔隙度所占全区间孔隙度的频率，用于分析孔隙度的分布特征。通过频数分布表、直方图，以及集中趋势和离散趋势的各种统计量，描述数据的分布特征。

（2）描述：实现某一变量的具体描述，比如具体描述某一变量的平均值、峰值、中位数等，对于上述的频率则是注重于该变量某属性所占份额即频率的描述。通过描述性统计，可以计算描述数据的集中趋势和离散趋势的各种统计量，还可以做标准化变换（变成均值为 0、方差为 1 的数据）。

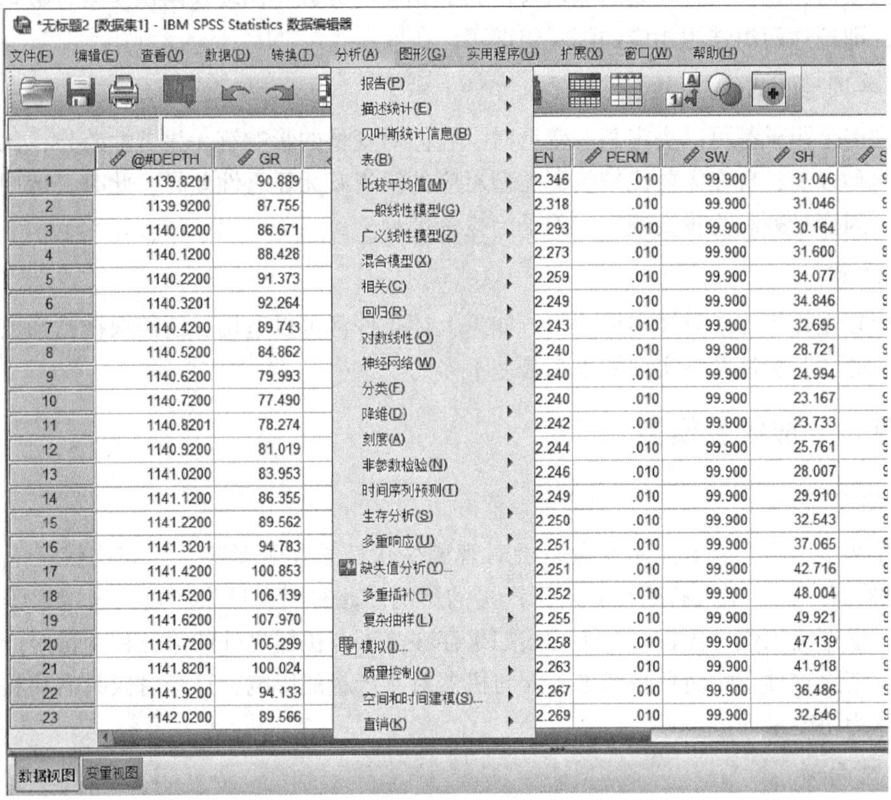

图 8-7　分析选项卡内容

（3）探索：实现分因子列表对因变量列表的描述，例如可以实现分部门（此时部门为因子列表中元素），对各个部门的工资画直方图、茎叶图或者进行相关数据的统计操作，且一次操作可以达到显示所有部门的效果。通过探索性分析，可以判断数据有无离群点（outliers）、极端值（extreme values）。

（三）比较平均值

1. 单样本 T 检验

实现某一已知数据与另外的给定数据进行检验判断有没有显著性差异，比如已知某区某套储层的某一岩样的孔隙度，另外已知该套储层的测井孔隙度，采用单样本 T 检验就可以明确该岩样孔隙度与该套储层的测井孔隙度是否有显著差异。

2. 独立样本 T 检验

实现相互独立的样本（两组样本个案数目可以不同，个案顺序可以随意调整）的均值显著性差异检验，比如给出投资类型有两种，需要比较它们对应的投资是否有显著性差异，检验变量为投资额度，分组变量为投资类型。

3. 成对样本 T 检验

实现配对的两个样本（两组样本的样本数必须相同，两组样本观测值的先后顺序是一一对应的，不能随意改变）之间均值的显著性差异。比如对于两份调查问卷，给相同的一些人填写，每份调查问卷对应填写得到的相应的分数，比较这两份所得分数均值是否有差异，即把这两组选为相应的配对组即可。

4. 单因素 ANOVA 检验

实现多个因子都可以决定某一变量时，它们对变量的影响有无显著性差异，比如投资类型有两种以上，现在需要比较投资类型对应的投资有无显著性差异，此时，运用该检验方法时，因变量列表为投资额度，因子为投资类型。

5. 注意

比较独立样本与成对样本检验中，如果上述条件都可以适用，还需根据已知数据的形式进行选择，其实这两种实现效果都是差不多的。

（四）一般线性模型

1. 单变量

研究两个及两个以上控制变量是否对观测变量产生显著影响。比如比较工人与机器（其中机器有三种，工人有四种）对于产量的影响。此时因变量为产量，固定因子为工人与机器，根据输出便可比较。这个时候如果存在工人与机器之外的第三种变量对产量有影响，为了消除这种影响而只是考虑工人与机器对于产量的影响，这个时候只需要将这第三种变量作为协变量即可。

2. 双向量

检验两个变量是否相关，比如检验身高与体重的相关性，这个时候也可以先画一个散点图，点进去之后具体的检验函数都可以自由选择。

3. 偏相关

由于其他变量的影响，在检验两个变量是否相关的时候，通过相关系数难以得出具体准确的结果，这时就需要剔除该变量的影响。比如检验商业投资与地区经济增长相关性时，游客增长会对此产生影响。所以利用偏相关检验时，变量为商业投资与地区经济增长，控制变量为游客增长，这样便可以消除游客增长对于检验的影响。

（五）相关分析

（1）双变量相关分析：分析两个变量之间是否存在相关关系。

（2）偏相关分析：剔除其他变量影响的情况下，计算两变量之间的相关系数。

（六）回归分析

1. 线性

实现因变量与自变量的线性回归关系，也可以给出具体的线性回归方程。比如得出现在工资与工龄之间的线性关系，这里因变量是工资，自变量是工龄。当然自变量也可以是多个，比如影响工资的还有职位，当求多个自变量与因变量的关系时，只是在自变量那里填多个自变量即可，不过这里需要把因变量下面的选择由原来的输入改为步进（原来自变量只有一个时选择步进）。

2. 曲线估计

当两个变量之间关系无法用线性表示就可以化为曲线估计，可以先求出这两个变量数据的散点图，然后根据散点图拟合曲线。

3. 线性回归

一个因变量（dependent）与多个自变量（independents）之间存在线性数量关系。

4. 曲线拟合

可以完成 11 种曲线的自动拟合（根据需要进行选择），并进行参数估计与检验，绘制拟合图形等。自变量（independent）只能选一个或者使用时间作为自变量，即只能做一元函数的曲线拟合。因变量（dependent）可以选多个，将分别做多个一元函数的拟合。

5. 二分类 Logistic 回归

对于因变量为二分类的定性数据（如性别）所采取的一种回归分析方法。

6. 非线性回归

一个因变量（dependent）与多个自变量之间存在非线性数量关系。利用下测的计算板和函数框输入模型的表达式，模型表达式中应至少包含一个自变量。对于使用的参数，要输入其名称和初始值。

五、生成图表

（1）在 SPSS 主界面的菜单栏中，选择“图形”→“图形画板模板选择器”（图 8-8）。

（2）在图形画板模板选择器对话框中，选择需要生成的图表类型，并设置相关参数。

（3）点击“完成”后，图表会显示在输出窗口中。

（4）可以对生成的图表进行进一步的编辑和优化。

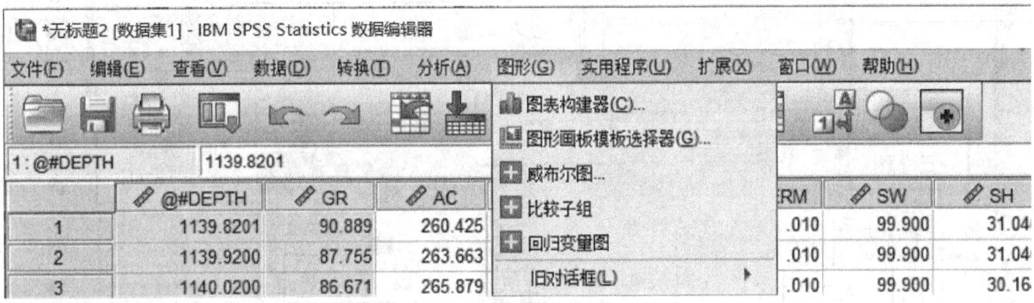

图 8-8 生成图表

六、保存分析结果

（1）在输出窗口中，选择“文件”→“保存”或“另存为”，指定保存路径和文件名。

（2）可以选择保存为 . spv 或 . htm 等格式，以便于后续查看和分享。

第三节　Origin 软件的使用

Origin 软件是一款专为科研人员和工程师设计的应用软件，具有强大的数据分析功能和专业的绘图能力。与其他应用程序相比，Origin 的独特之处在于其能够轻松地自定义和自动化数据导入、分析、绘图和报告任务。用户可以根据自己的需求，灵活地进行数据处理和图表制作。从简单的修改数据图表到复杂的定制数据分析和生成报告，Origin 都能够满足用户的需求。此外，Origin 还支持批量绘图和分析操作，用户可以将模板用于多个文件或数据集的重复分析，提高了工作效率和准确性。这些特点使 Origin 成为科研领域和工程领域中不可或缺的工具，帮助用户更快速、更方便地进行数据处理和分析工作。

一、Origin 的工作区域

窗口大小和位置会自动调整以适应不同的显示。这样就可以更轻松地在笔记本电脑和更高分辨率的显示器之间切换，而无需对每个窗口和对话框进行调整大小或重新定位。同时添加了一个系统变量来控制重新缩放行为：@ SRWS（0＝以前的行为；1＝适合宽度，缩放 y；2＝适合高度，缩放 X；3（默认）＝适合宽度和高度）（图 8-9）。

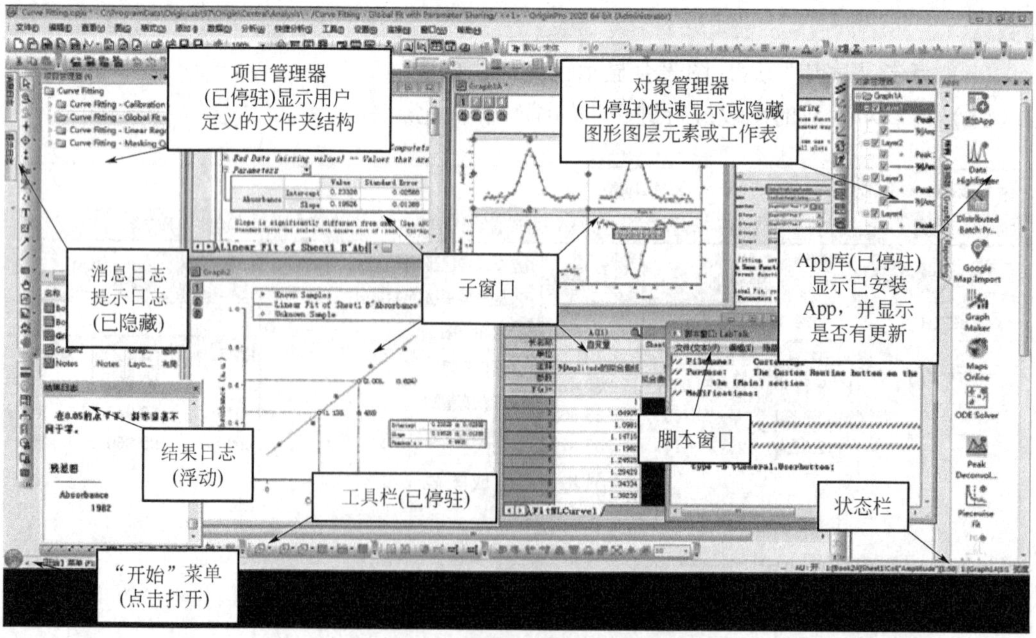

图 8-9　Origin 的工作区域

（一）Windows 文件资源管理器预览

虽然不是 Origin 用户界面的一部分，但可以使用 Windows 文件资源管理器（以前是“Windows 资源管理器”）预览项目文件中包含图形（图 8-10）。

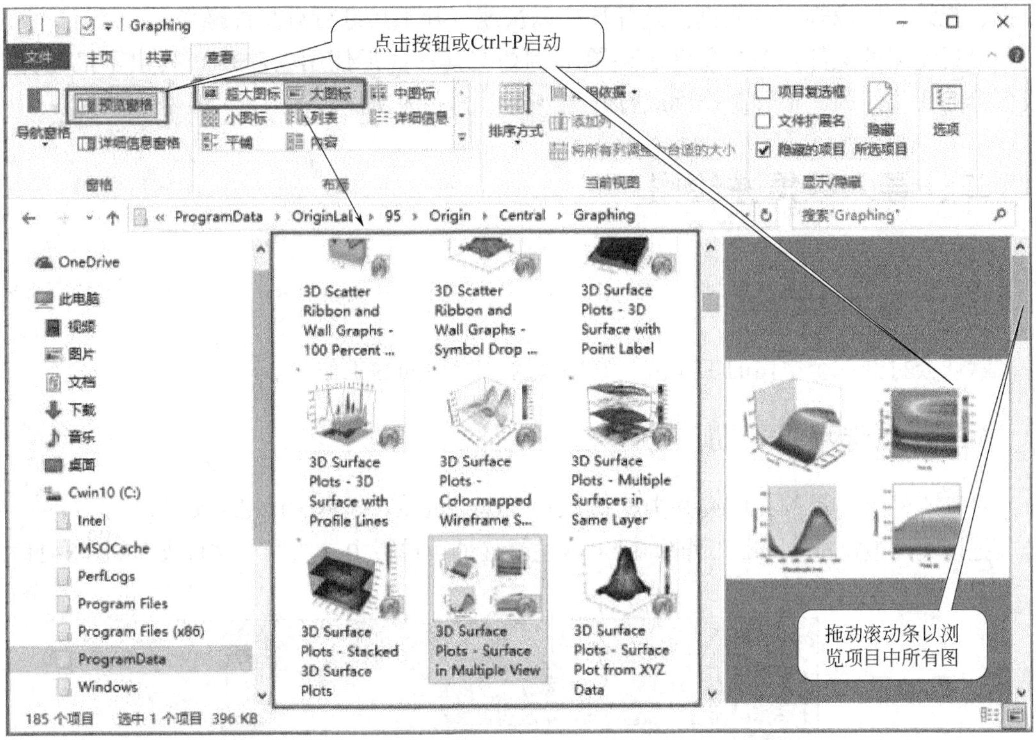

图 8-10　预览项目文件

Windows 资源管理器的大或超大图标中可以显示文件中最后激活图形的预览图片（在文件资源管理器中右键单击，然后选择查看大图标或超大图标），在预览窗口（ALT+P）可以显示更大的图形预览图片，并利用其垂直滚动条，以浏览 OPU 项目文件中所有图形的图片。

（二）Origin 的菜单和菜单命令

不同使用环境下的菜单栏和菜单：菜单栏和菜单命令会根据使用环境变化；它们会根据窗口类型变化而变换（比如，从工作表转换到图形再到矩阵）。只有跟活动窗口匹配的菜单会显示。

菜单位图，工具栏按钮和快捷键：一些菜单命令带有位图，显示在菜单命令的左侧。另外，可能会在菜单右侧看到一个热键组合。按键式位图和热键表明可以用不同的方法来打开该功能。

快捷菜单命令：很多命令可从快捷菜单打开。如果想要打开快捷菜单，需要右击一个 Origin 对象（比如工作表窗口、图的轴、文本对象等）。当然，也只有与当前对象相关联的命令才会显示。

可折叠菜单：Origin 的主菜单和快捷菜单会默认折叠起来，也就是只有简单的菜单序列会显示。当一个最初“被隐藏”的菜单命令被使用，它便会在折叠菜单可见。如果想要总是看到所有的菜单项，点击设置：选项—其他选项卡，清除启用折叠菜单项。

最近使用的分析菜单命令：最近使用的菜单命令会显示在分析菜单（比如，工作表、分析、统计、图像等）的底部。这样便可以快速打开工具进行重复性操作。

最近使用的文件：多个文件子菜单（例如文件—最近使用的项目）列出了最近打开或保存的文件。因此很容易找到或打开当前使用的一些文件。

二、导入数据并绘图

（一）打开 Origin

默认会打开一个空白的工作簿，其中包含一个两列的工作表。

（二）点选菜单帮助

打开文件夹：示例文件夹并浏览找到 \ Curve Fitting \ Sensor01. dat 文件。

把该文件拖拉进 Origin 工作簿在 SPSS 主界面的菜单栏中，选择“文件夹”（图 8-11）。

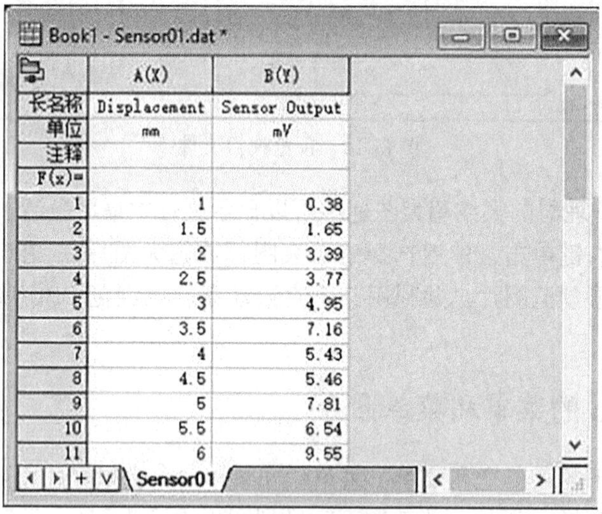

	A(X)	B(Y)
长名称	Displacement	Sensor Output
单位	mm	mV
注释		
F(x)=		
1	1	0.38
2	1.5	1.65
3	2	3.39
4	2.5	3.77
5	3	4.95
6	3.5	7.16
7	4	5.43
8	4.5	5.46
9	5	7.81
10	5.5	6.54
11	6	9.55

图 8-11　数据导入

（三）绘图

点击 B 列的标题以选中整列，然后点击位于界面左下方的 2D 图形工具栏上的折线图按钮画出一张曲线图（图 8-12）。

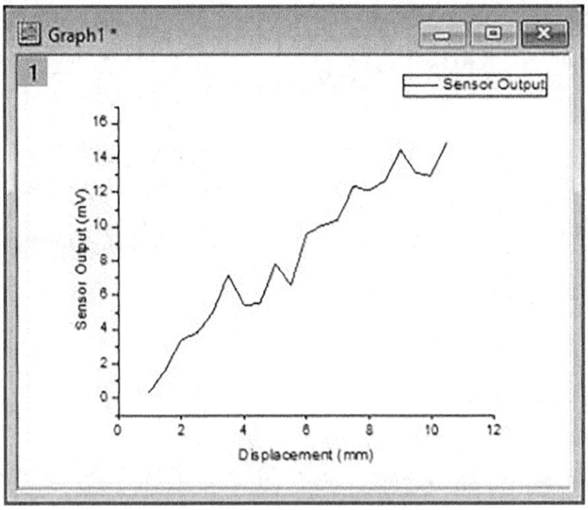

图 8-12　曲线图

三、修改图形

（一）对曲线图进行简单的修改

单击 *X* 轴，在弹出的迷你工具栏中，点击显示网格线按钮在下拉菜单中选择两者。这样就给 *X* 轴添加了网格。对 *Y* 轴也做相同的操作（图 8-13）。

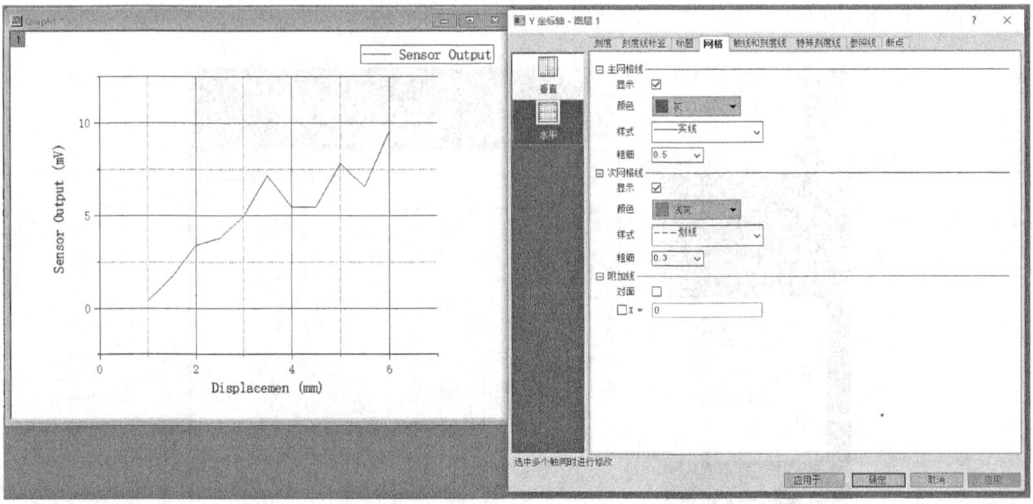

图 8-13　曲线图修改示意图（1）

（二）颜色更改

单击曲线，在弹出的迷你工具栏中，点击线条颜色按钮更改曲线颜色为蓝色（图 8-14）。

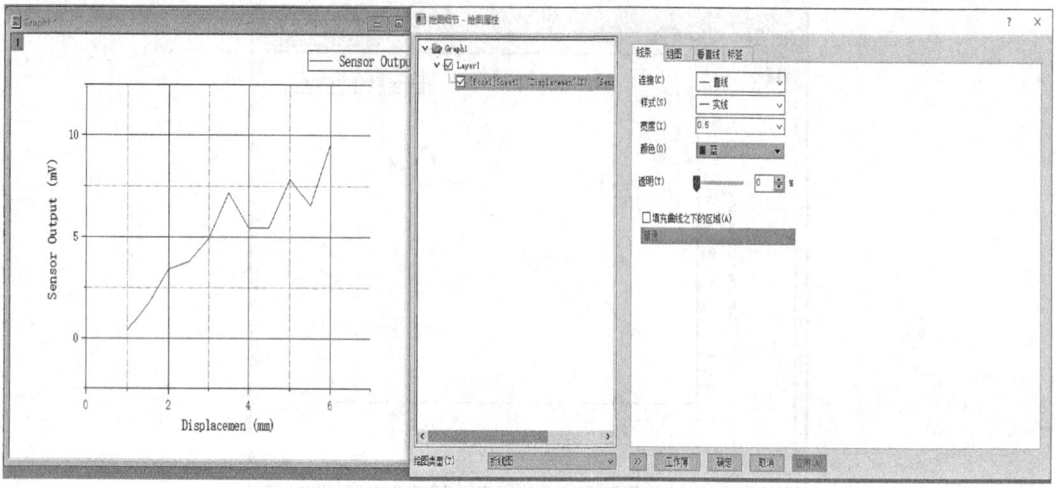

图 8-14　曲线图修改示意图（2）

（三）线条宽度

使用迷你工具栏的线条宽度下拉菜单可设置线条宽度。

（四）背景颜色

在图层内的空白处（注意避开网格和曲线）点击一下以选择整个图层。可能需要先单击一下空白处来取消对曲线的选择，然后再单击一次才能选到整个图层。当图层周围出现 8 个缩放控点，就可以确定选到了整个图层。点击样式工具栏中的填充颜色按钮更改图层背景色（图 8-15）。

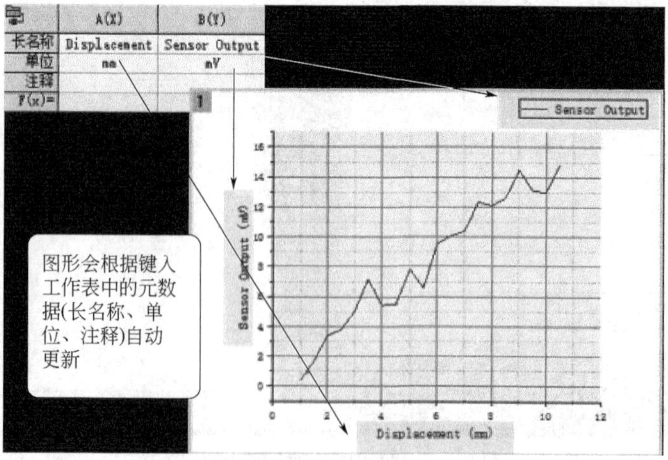

图 8-15　曲线图修改示意图（3）

四、保存项目文件

（1）把鼠标移动到工作区左侧的项目管理器标题栏上，展开项目管理器面板。

（2）在上方的文件夹面板中，右键单击 Folder1 并从弹出菜单中选择重命名。重命名文件夹为 My First Graph。

（3）选择菜单文件：保存项目来保存这个项目文件。将项目命名为类似这样的名字：Getting Started Tutorials。

用户所建的文件，例如图形模板、拟合方程等，默认保存在用户文件夹（UFF）里面。可以打开工具：选项对话框，在系统路径选项卡上查到 UFF 和其他有用的文件夹的路径。

思考题

1. 请简述数学地质软件的优势。
2. 请简述使用 SPSS 软件的特点及其基本功能。
3. 如何使用 SPSS 软件进行多元线性回归分析和逐步回归分析？请简述其过程。

附表

附表1 标准正态分布表

$$\Phi(z) = \int_{-\infty}^{z} \frac{1}{\sqrt{2\pi}} e^{-u^2/2} du = P(P \leqslant z)$$

z	0	1	2	3	4	5	6	7	8	9
−3.0	0.0013	0.0010	0.0007	0.0005	0.0003	0.0002	0.0002	0.0001	0.0001	0.0000
−2.9	0.0019	0.0018	0.0017	0.0017	0.0016	0.0016	0.0015	0.0015	0.0014	0.0014
−2.8	0.0026	0.0025	0.0024	0.0023	0.0023	0.0022	0.0021	0.0021	0.0020	0.0019
−2.7	0.0035	0.0034	0.0033	0.0032	0.0031	0.0030	0.0029	0.0028	0.0027	0.0026
−2.6	0.0047	0.0045	0.0044	0.0043	0.0041	0.0040	0.0039	0.0038	0.0037	0.0036
−2.5	0.0062	0.0060	0.0059	0.0057	0.0055	0.0054	0.0052	0.0051	0.0049	0.0048
−2.4	0.0082	0.0080	0.0078	0.0075	0.0073	0.0071	0.0069	0.0068	0.0066	0.0064
−2.3	0.0107	0.0104	0.0102	0.0099	0.0096	0.0094	0.0091	0.0089	0.0087	0.0084
−2.2	0.0139	0.0136	0.0132	0.0129	0.0126	0.0122	0.0119	0.0116	0.0113	0.0110
−2.1	0.0179	0.0174	0.0170	0.0166	0.0162	0.0158	0.0154	0.0150	0.0146	0.0143
−2.0	0.0228	0.0222	0.0217	0.0212	0.0207	0.0202	0.0197	0.0192	0.0188	0.0183
−1.9	0.0287	0.0281	0.0274	0.0268	0.0262	0.0256	0.0250	0.0244	0.0238	0.0233
−1.8	0.0350	0.0350	0.0344	0.0336	0.0329	0.0322	0.0314	0.0307	0.0300	0.0294
−1.7	0.0446	0.0436	0.0427	0.0418	0.0409	0.0401	0.0391	0.0384	0.0375	0.0367
−1.6	0.0548	0.0537	0.0526	0.0516	0.0505	0.0495	0.0485	0.0475	0.0465	0.0455
−1.5	0.0668	0.0655	0.0643	0.0630	0.0618	0.0603	0.0594	0.0582	0.0570	0.0559
−1.4	0.0808	0.0793	0.0778	0.0764	0.0749	0.0735	0.0722	0.0708	0.0694	0.0681
−1.3	0.0635	0.0951	0.0934	0.0918	0.0901	0.0885	0.0869	0.0853	0.0838	0.0823
−1.2	0.1151	0.1131	0.1112	0.1093	0.1075	0.1056	0.1038	0.1020	0.1003	0.0985
−1.1	0.1357	0.1335	0.1314	0.1292	0.1271	0.1251	0.1230	0.1210	0.1190	0.1170
−1.0	0.1587	0.1562	0.1539	0.1515	0.1492	0.1469	0.1446	0.1423	0.1401	0.1379
−0.9	0.1841	0.1814	0.1788	0.1762	0.1736	0.1711	0.1685	0.1660	0.1635	0.1611
−0.8	0.2119	0.2090	0.2061	0.2033	0.2005	0.1977	0.1949	0.1922	0.1894	0.1867
−0.7	0.2420	0.2389	0.2358	0.2327	0.2297	0.2266	0.2236	0.2206	0.2177	0.2148
−0.6	0.2743	0.2709	0.2676	0.2643	0.2611	0.2578	0.2546	0.2514	0.2483	0.2451

续表

z	0	1	2	3	4	5	6	7	8	9
−0.5	0.3085	0.3050	0.3015	0.2981	0.2946	0.2912	0.2877	0.2843	0.2810	0.2776
−0.4	0.3446	0.3409	0.3372	0.3336	0.3300	0.3264	0.3228	0.3192	0.3156	0.3121
−0.3	0.3821	0.3783	0.3745	0.3707	0.3669	0.3632	0.3594	0.3557	0.3520	0.3483
−0.2	0.4207	0.4168	0.4129	0.4090	0.4052	0.4013	0.3974	0.3936	0.3897	0.3859
−0.1	0.4602	0.4562	0.4522	0.4483	0.4443	0.4404	0.4364	0.4325	0.4286	0.4247
−0.0	0.5000	0.4960	0.4920	0.4880	0.4840	0.4804	0.4761	0.4721	0.4681	0.4641
0.0	0.5000	0.5040	0.5080	0.5120	0.5160	0.5199	0.5239	0.5279	0.5319	0.5359
0.1	0.5398	0.5438	0.5478	0.5517	0.5557	0.5596	0.5636	0.5675	0.5714	0.5753
0.2	0.2793	0.5832	0.5871	0.5910	0.5948	0.5987	0.6026	0.6064	0.6103	0.6141
0.3	0.6179	0.6217	0.6355	0.6293	0.6331	0.6368	0.6406	0.6443	0.6480	0.6517
0.4	0.6554	0.6591	0.6628	0.6664	0.6700	0.6736	0.6772	0.6808	0.6844	0.6879
0.5	0.6915	0.6950	0.6985	0.7019	0.7054	0.7088	0.7123	0.7157	0.7190	0.7224
0.6	0.7257	0.7291	0.7324	0.7357	0.7389	0.7422	0.7454	0.7486	0.7517	0.7549
0.7	0.7580	0.7611	0.7642	0.7673	0.7703	0.7734	0.9964	0.7794	0.7823	0.4752
0.8	0.7881	0.7910	0.7939	0.7967	0.7995	0.8023	0.8051	0.8078	0.8106	0.8133
0.9	0.8159	0.8186	0.8212	0.8238	0.8264	0.8289	0.8315	0.8340	0.9365	0.8389
1.0	0.8413	0.8438	0.8461	0.8485	0.8508	0.8531	0.8554	0.8577	0.8599	0.8621
1.1	0.8643	0.8665	0.8686	0.8708	0.8729	0.8749	0.8770	0.8790	0.8810	0.8830
1.2	0.8849	0.8869	0.8888	0.8907	0.8925	0.8944	0.5630	0.8980	0.8997	0.9015
1.3	0.9032	0.9049	0.9066	0.9082	0.9099	0.9115	0.9131	0.9147	0.9162	0.9177
1.4	0.9192	0.9207	0.9222	0.9236	0.9251	0.9265	0.9278	0.9292	0.9306	0.9319
1.5	0.9332	0.9345	0.9357	0.9370	0.9382	0.9394	0.9406	0.9418	0.9760	0.9441
1.6	0.9452	0.9463	0.9474	0.9484	0.9495	0.9505	0.9515	0.9525	0.9535	0.9545
1.7	0.9554	0.9564	0.9573	0.9582	0.9591	0.9599	0.9608	0.9616	0.9625	0.9633
1.8	0.9641	0.9648	0.9656	0.9664	0.9671	0.9678	0.9686	0.9693	0.9700	0.9706
1.9	0.9713	0.9719	0.9726	0.9732	0.9738	0.9744	0.9750	0.9756	0.9762	0.9767
2.0	0.9772	0.9778	0.9783	0.9788	0.9793	0.9798	0.9803	0.9808	0.9812	0.9817
2.1	0.9821	0.9826	0.9830	0.9834	0.9838	0.9842	0.9846	0.9850	0.9854	0.9857
2.2	0.9861	0.9864	0.9868	0.9871	0.9874	0.9878	0.9881	0.9884	0.9887	0.9890
2.3	0.9893	0.9896	0.9898	0.9901	0.9904	0.9906	0.9909	0.9911	0.9913	0.9916
2.4	0.9918	0.9920	0.9922	0.9925	0.9927	0.9929	0.9931	0.9932	0.9934	0.9936
2.5	0.9938	0.9940	0.9941	0.9943	0.9945	0.9946	0.9948	0.9949	0.9951	0.9952
2.6	0.9953	0.9955	0.9956	0.9957	0.9959	0.9960	0.9961	0.9962	0.9963	0.9964
2.7	0.9965	0.9966	0.9967	0.9968	0.9969	0.9970	0.9971	0.9972	0.9973	0.9974
2.8	0.9974	0.9975	0.9976	0.9977	0.9977	0.9978	0.9979	0.9979	0.9980	0.9981
2.9	0.9981	0.3382	0.9982	0.9983	0.9984	0.9984	0.9985	0.9985	0.9986	0.9986
3.0	0.9987	0.9990	0.9993	0.9995	0.9997	0.9998	0.9998	0.9999	0.9999	1.0000

附表 2 t 分布表

$P\{t(n)>t_\alpha(n)\}=\alpha$

n	$\alpha=0.25$	0.10	0.05	0.025	0.01	0.005
1	1.0000	3.0777	6.3138	12.7062	31.8207	63.6574
2	0.8165	1.8856	2.9200	4.3027	6.9646	9.9248
3	0.7649	1.6377	2.3534	3.1824	4.5407	5.8409
4	0.7407	1.5332	2.1318	2.7764	3.7469	4.6041
5	0.7267	1.4759	2.0150	2.5706	3.3649	4.0322
6	0.7176	1.4398	1.9432	2.4469	3.1427	3.7074
7	0.7111	1.4149	1.8946	2.3646	2.9980	3.4995
8	0.7064	1.3968	1.8595	2.3060	2.8965	3.3554
9	0.7027	1.3830	1.8331	2.2622	2.8214	3.2498
10	0.6998	1.3722	1.8125	2.2281	2.7638	3.1693
11	0.6974	1.3634	1.7959	2.2010	2.7181	3.1058
12	0.6955	1.3562	1.7823	2.1788	2.6810	3.0545
13	0.6938	1.3502	1.7709	2.1604	2.6503	3.0123
14	0.6924	0.3450	1.7613	2.1448	2.6245	2.9768
15	0.6912	1.3406	1.7531	2.1315	2.6025	2.9467
16	0.6901	1.3368	1.7459	2.1199	2.5835	2.9208
17	0.6892	1.3334	1.7396	2.1098	2.5669	2.8982
18	0.6884	1.3304	1.7341	2.1009	2.5524	2.8784
19	0.6876	1.3277	1.7291	2.0930	2.5395	2.8609
20	0.6870	1.3253	1.7247	2.0860	2.5280	2.8453
21	0.6864	1.3232	1.7207	2.0796	2.5177	2.8314
22	0.6858	1.3212	1.7171	2.0739	2.5083	2.8188
23	0.6853	1.3195	1.7139	2.0687	2.4999	2.8073
24	0.6948	1.3178	1.7109	2.0639	2.4922	2.7969
25	0.6844	1.3163	1.7081	2.0595	2.4851	2.7874
26	0.6840	1.3150	1.7056	2.0555	2.4786	2.7787
27	0.6837	1.3137	1.7033	2.0518	2.4727	2.7707
28	0.6834	1.3125	1.7011	2.484	2.4671	2.7633
29	0.6830	1.3114	1.6991	2.0452	2.4620	2.7564
30	0.6828	1.3104	1.6973	2.0423	2.4573	2.7500

续表

n	α=0. 25	0. 10	0. 05	0. 025	0. 01	0. 005
31	0. 3825	1. 3095	1. 6955	2. 0395	2. 4528	2. 7440
32	0. 6822	1. 3086	1. 6939	2. 0369	2. 4487	2. 7385
33	0. 6820	1. 3077	1. 6924	2. 0345	2. 4448	2. 7333
34	0. 6818	1. 3070	1. 6909	2. 0322	2. 4411	2. 7284
35	0. 6816	1. 3062	1. 6896	2. 0301	2. 4377	2. 7238
36	0. 6814	1. 3055	1. 6883	2. 0281	2. 4345	2. 7195
37	0. 6812	1. 3049	1. 6871	2. 0262	2. 4314	2. 7154
38	0. 6810	1. 3042	1. 6860	2. 0244	2. 4286	2. 7116
39	0. 6808	1. 3036	1. 6849	2. 0227	2. 4258	2. 7079
40	0. 6807	1. 3031	1. 6839	2. 0211	2. 4233	2. 7045
41	0. 6805	1. 3025	1. 6829	2. 0195	2. 4208	2. 7012
42	0. 6804	1. 3020	1. 6820	2. 0181	2. 4185	2. 6981
43	0. 6802	1. 3016	1. 6811	2. 0167	2. 4163	2. 6951
44	0. 6801	1. 3011	1. 6802	2. 0254	2. 4141	2. 6923
45	0. 6800	1. 3006	1. 6794	2. 0141	2. 4121	2. 6896

附表 3　x^2 分布表

$P\{x^2(n)>x_{\alpha}^2(n)\}=\alpha$

n	α=0. 995	0. 99	0. 975	0. 95	0. 90	0. 75
1	—	—	0. 001	0. 004	0. 016	0. 102
2	0. 010	0. 020	0. 051	0. 103	0. 211	0. 575
3	0. 072	0. 115	0. 216	0. 352	0. 584	1. 213
4	0. 207	0. 297	0. 484	0. 711	1. 064	1. 923
5	0. 412	0. 554	0. 831	1. 145	1. 610	2. 675
6	0. 676	0. 872	1. 237	1. 635	2. 204	3. 455
7	0. 989	1. 239	1. 690	2. 167	2. 833	4. 255
8	1. 344	1. 646	2. 180	2. 733	3. 490	5. 071
9	1. 735	2. 088	2. 700	3. 325	4. 168	5. 899
10	2. 156	2. 558	3. 247	3. 940	4. 865	6. 737
11	2. 603	3. 053	3. 816	4. 575	5. 578	7. 584
12	3. 074	3. 571	4. 404	5. 226	6. 304	8. 438
13	3. 565	4. 107	5. 009	5. 892	7. 042	9. 299
14	4. 075	4. 660	5. 629	6. 571	7. 790	10. 165
15	4. 601	5. 229	6. 262	7. 261	8. 547	11. 037
16	5. 142	5. 812	6. 908	7. 962	9. 312	11. 912
17	5. 697	6. 408	7. 564	8. 672	10. 085	12. 792
18	6. 265	7. 015	0. 8231	9. 390	10. 865	13. 675
19	6. 844	7. 633	8. 907	10. 117	11. 651	14. 562
20	70434	8. 260	9. 591	10. 851	12. 443	15. 452
21	8. 034	8. 897	10. 283	11. 591	13. 240	16. 344
22	8. 643	9. 542	10. 982	12. 338	14. 042	17. 240
23	9. 260	10. 196	11. 689	13. 091	14. 818	18. 137
24	9. 886	10. 856	12. 401	18. 848	15. 659	19. 037
25	10. 520	11. 524	13. 120	14. 611	16. 473	19. 939
26	11. 160	12. 198	03. 844	15. 379	17. 292	20. 843
27	11. 808	12. 879	14. 573	16. 151	18. 114	21. 749
28	12. 461	13. 565	15. 308	16. 928	18. 939	22. 657
29	13. 121	14. 257	16. 047	17. 708	19. 768	23. 567
30	13. 787	14. 954	16. 791	18. 493	20. 599	24. 478

续表

n	α=0. 995	0. 99	0. 975	0. 95	0. 90	0. 75
31	14. 458	15. 655	17. 539	19. 281	21. 434	25. 390
32	15. 134	16. 362	18. 291	20. 072	22. 271	26. 304
33	15. 814	17. 074	19. 047	20. 867	23. 110	27. 219
34	16. 501	17. 789	19. 805	21. 664	23. 952	28. 136
35	17. 192	18. 509	20. 569	22. 465	24. 797	29. 054
36	17. 887	19. 233	21. 336	23. 269	125. 643	29. 973
37	18. 586	19. 960	22. 10	24. 075	26. 492	30. 893
38	19. 289	20. 691	22. 878	24. 884	27. 343	31. 815
39	19. 996	21. 426	23. 654	25. 695	28. 196	32. 737
40	20. 707	22. 164	24. 433	26. 509	29. 051	33. 660
41	21. 421	22. 906	25. 215	27. 326	29. 907	34. 585
42	22. 138	23. 650	25. 999	28. 144	30. 765	35. 510
43	22. 859	24. 398	26. 785	28. 965	31. 625	36. 436
44	23. 584	25. 148	27. 575	29. 787	32. 487	37. 363
45	24. 311	25. 901	28. 366	30. 612	33. 350	38. 291
n	α=0. 25	0. 10	0. 05	0. 025	0. 01	0. 005
1	1. 323	2. 703	3. 841	5. 024	6. 635	7. 879
2	2. 773	4. 605	5. 991	7. 378	9. 210	10. 597
3	4. 108	6. 251	7. 815	9. 348	11. 345	12. 838
4	5. 385	7. 779	9. 488	11. 143	13. 277	14. 860
5	6. 626	9. 236	11. 071	12. 833	15. 086	16. 750
6	7. 841	10. 645	12. 592	14. 449	16. 812	18. 548
7	9. 037	12. 017	14. 067	16. 013	18. 475	20. 278
8	10. 219	13. 362	15. 507	17. 535	20. 090	21. 955
9	11. 389	14. 684	16. 919	19. 023	21. 666	23. 589
10	12. 549	15. 987	18. 307	20. 483	23. 209	25. 188
11	13. 701	17. 275	19. 675	21. 920	24. 725	26. 757
12	14. 845	18. 549	21. 026	23. 337	26. 217	28. 299
13	15. 984	19. 812	22. 362	24. 736	27. 688	29. 819
14	17. 117	21. 064	23. 685	26. 119	29. 141	31. 319
15	18. 245	22. 307	24. 996	27. 488	30. 578	32. 802
16	19. 369	23. 542	26. 296	28. 845	32. 000	34. 267
17	20. 489	24. 769	27. 587	30. 191	33. 409	35. 718
18	21. 605	25. 989	28. 896	31. 526	34. 805	37. 156
19	22. 718	27. 204	30. 144	32. 852	36. 191	38. 582
20	23. 828	28. 412	31. 410	34. 170	37. 566	39. 997

续表

n	α=0. 25	0. 10	0. 05	0. 025	0. 01	0. 005
21	24. 935	29. 615	32. 671	35. 479	38. 932	41. 401
22	26. 039	30. 813	33. 924	36. 781	40. 289	42. 796
23	27. 141	32. 007	350172	38. 076	41. 638	44. 181
24	28. 241	33. 196	36. 415	39. 364	42. 980	45. 559
25	29. 339	34. 382	37. 652	40. 646	44. 314	46. 928
26	30. 435	35. 563	38. 885	41. 923	45. 642	48. 290
27	31. 528	36. 741	40. 113	43. 194	46. 963	49. 645
28	32. 628	37. 916	41. 337	44. 461	48. 278	50. 993
29	33. 711	39. 087	42. 557	45. 722	49. 588	52. 336
30	34. 800	40. 256	43. 773	46. 979	50. 892	53. 672
31	35. 887	41. 422	44. 985	48. 232	52. 191	55. 003
32	36. 973	42. 585	46. 194	49. 480	53. 486	56. 328
33	38. 058	43. 745	47. 400	50. 725	54. 776	57. 648
34	39. 141	44. 903	48. 602	51. 966	56. 061	58. 964
35	40. 223	46. 059	49. 802	53. 203	57. 342	60. 275
36	41. 304	47. 212	50. 998	54. 437	58. 619	61. 581
37	42. 383	48. 363	52. 192	55. 668	59. 892	62. 883
38	43. 462	49. 513	53. 384	56. 896	61. 162	64. 181
39	44. 539	50. 660	54. 572	58. 120	62. 428	65. 476
40	45. 616	51. 805	55. 758	59. 342	63. 691	66. 766
41	46. 692	52. 949	56. 942	60. 561	64. 950	68. 053
42	47. 766	54. 090	58. 124	61. 777	66. 206	69. 336
43	48. 840	55. 230	59. 304	62. 990	67. 459	70. 616
44	49. 913	56. 369	60. 481	64. 201	68. 710	71. 893
45	50. 985	57. 505	61. 656	65. 410	69. 957	73. 166

附表 4　F 分布表

$P\{F(n_1,n_2)>F_\alpha(n_1,n_2)\}=\alpha$

$\alpha=0.10$

n_2 \ n_1	1	2	3	4	5	6	7	8	9	10	12	15	20	24	30	40	60	120	∞
1	39.86	49.50	53.59	55.83	57.24	58.20	58.91	59.44	59.86	60.19	60.71	61.22	61.74	62.00	62.26	62.53	62.79	63.06	63.33
2	8.53	9.00	9.16	9.24	9.29	9.33	9.35	9.37	9.38	9.39	9.41	9.42	9.44	9.45	9.46	9.47	9.47	9.48	9.49
3	5.54	5.46	5.39	5.34	5.31	5.28	5.27	5.25	5.24	5.23	5.22	5.20	5.18	5.18	5.17	5.16	5.15	5.14	5.13
4	5.54	4.32	4.19	4.11	4.05	4.01	3.98	3.95	3.94	3.92	3.90	3.87	3.84	3.83	3.82	3.80	3.79	3.78	3.76
5	4.06	3.78	3.62	3.52	3.45	3.40	3.37	3.34	3.32	3.30	3.27	3.24	3.21	3.19	3.17	3.16	3.14	3.12	3.10
6	3.78	3.46	3.29	3.18	3.11	3.05	3.01	2.98	2.96	2.94	2.90	2.87	2.84	2.82	2.80	2.78	2.76	2.74	2.72
7	3.59	3.26	3.07	3.96	2.88	2.83	2.78	2.75	2.72	2.70	2.67	2.63	2.59	2.58	2.56	2.54	2.51	2.49	2.47
8	3.46	3.11	2.92	2.81	2.73	2.67	2.62	2.59	2.56	2.54	2.50	2.46	2.42	2.40	2.38	2.36	2.34	2.32	2.29
9	3.36	3.01	2.81	2.69	2.61	2.55	2.51	2.47	2.44	2.42	2.38	2.34	2.30	2.28	2.25	2.23	2.21	2.18	2.16
10	3.29	2.92	2.73	2.61	2.52	2.46	2.41	2.38	2.35	2.32	2.28	2.24	2.20	2.18	2.16	2.13	2.11	2.08	2.06
11	3.23	2.86	2.66	2.54	2.45	2.39	2.34	2.30	2.27	2.25	2.21	2.17	2.12	2.10	2.08	2.05	2.03	2.00	1.97
12	3.18	2.81	2.61	2.48	2.39	2.33	2.28	2.24	2.21	2.19	2.15	2.10	2.06	2.04	2.01	1.99	1.96	1.93	1.90
13	3.14	2.76	2.56	2.43	2.35	2.28	2.23	2.20	2.16	2.14	2.10	2.05	2.01	1.98	1.96	1.93	1.90	1.88	1.85
14	3.10	2.73	2.52	2.39	2.31	2.24	2.19	2.15	2.12	2.10	2.05	2.01	1.96	1.94	1.91	1.89	1.86	1.83	1.80

续表

n_2 \ n_1	1	2	3	4	5	6	7	8	9	10	12	15	20	24	30	40	60	120	∞
15	3.07	2.70	2.49	2.36	2.27	2.21	2.16	2.12	2.09	2.06	2.02	1.97	1.92	1.90	1.87	1.85	1.82	1.79	1.76
16	3.05	2.76	2.46	2.33	2.24	2.18	2.16	2.09	2.06	2.03	1.99	1.91	1.89	1.87	1.84	1.81	1.78	1.75	1.72
17	3.03	2.64	2.44	2.31	2.22	2.15	2.10	2.06	2.03	2.00	1.96	1.91	1.86	1.84	1.81	1.78	1.75	1.72	1.69
18	3.01	2.62	2.42	2.29	2.20	2.13	2.08	2.04	2.00	1.98	1.93	1.89	1.84	1.81	1.78	1.75	1.72	1.69	1.66
19	2.99	2.61	2.40	2.27	2.18	2.11	2.06	2.02	1.98	1.96	1.91	1.86	1.81	1.79	1.76	1.73	1.70	1.67	1.63
20	2.97	2.59	2.38	2.25	2.16	2.09	2.04	2.00	1.96	1.94	1.89	1.84	1.79	1.77	1.74	1.71	1.68	1.64	1.61
21	2.96	2.57	2.36	2.23	2.14	2.08	2.02	1.98	1.95	1.92	1.87	1.83	1.78	1.75	1.72	1.69	1.66	1.62	1.59
22	2.95	2.56	2.35	2.22	2.13	2.06	2.01	1.97	1.93	1.90	1.86	1.81	1.76	1.73	1.70	1.67	1.64	1.60	1.57
23	2.94	2.55	2.34	2.21	2.11	2.05	1.99	1.95	1.92	1.89	1.84	1.80	1.74	1.72	1.69	1.66	1.62	1.59	1.55
24	2.93	2.54	2.33	2.19	2.10	2.04	1.98	1.94	1.91	1.88	1.83	1.78	1.73	1.70	1.67	1.64	1.61	1.57	1.53
25	2.92	2.53	2.32	2.18	2.09	2.02	1.97	1.93	1.89	1.87	1.82	1.77	1.72	1.69	1.66	1.63	1.59	1.56	1.52
26	2.91	2.52	2.31	2.17	2.08	2.01	1.96	1.92	1.88	1.86	1.81	1.76	1.71	1.68	1.65	1.61	1.58	1.54	1.59
27	2.90	2.51	2.30	2.17	2.07	2.00	1.95	1.91	1.87	1.85	1.80	1.75	1.70	1.67	1.64	1.60	1.57	1.53	1.49
28	2.89	2.50	2.28	2.15	2.06	1.99	1.93	1.89	1.86	1.83	1.78	1.73	1.68	1.65	1.62	1.58	1.55	1.51	1.47
29	2.89	2.50	2.28	2.15	2.06	1.99	1.93	1.89	1.86	1.83	1.78	1.73	1.68	1.65	1.62	1.58	1.55	1.51	1.47
30	2.88	2.49	2.28	2.14	2.05	1.98	1.93	1.88	1.85	1.82	1.77	1.72	1.67	1.64	1.61	1.57	1.54	1.50	1.46
40	2.84	2.44	2.23	2.09	2.00	1.93	1.87	1.83	1.79	1.76	1.71	1.66	1.61	1.57	1.54	1.51	1.47	1.42	1.38
60	2.79	2.39	2.18	2.04	1.95	1.87	1.82	1.77	1.74	1.71	1.66	1.60	1.54	1.51	1.48	1.44	1.40	1.35	1.29
120	2.75	2.35	2.13	1.99	1.90	1.82	1.77	1.72	1.68	1.65	1.60	1.55	1.48	1.45	1.41	1.37	1.32	1.26	1.19
∞	2.71	2.30	2.08	1.94	1.85	1.77	1.72	1.67	1.63	1.60	1.55	1.49	1.42	1.38	1.34	1.30	1.24	1.17	1.00

$\alpha = 0.05$

续表

n_2 \ n_1	1	2	3	4	5	6	7	8	9	10	12	15	20	24	30	40	60	120	∞
1	161.4	199.5	215.7	224.6	230.2	234.0	236.8	238.9	240.5	241.9	243.9	245.9	248.0	249.1	250.1	251.1	252.2	253.3	254.3
2	18.51	19.00	19.16	19.25	19.30	19.33	19.35	19.37	19.38	19.40	19.41	19.43	19.45	19.45	19.46	19.47	19.48	19.49	19.50
3	10.13	9.55	9.28	9.12	9.01	8.94	8.89	8.85	8.81	8.79	8.74	8.70	8.66	8.64	8.62	8.59	8.57	8.55	8.53
4	7.71	6.94	6.59	6.39	6.26	6.16	6.09	6.04	6.00	5.96	5.91	5.86	5.80	5.77	5.75	5.72	5.69	5.65	5.63
5	6.61	5.79	5.41	5.19	5.05	4.95	4.88	4.82	4.77	4.74	4.68	4.62	4.56	4.53	4.50	4.46	4.43	4.40	4.36
6	5.99	5.14	4.76	4.53	4.39	4.28	4.21	4.15	4.10	4.06	4.00	3.94	3.87	3.84	3.81	3.77	3.74	3.70	3.67
7	5.59	4.74	4.35	4.12	3.97	3.87	3.79	3.73	3.68	3.64	3.57	3.51	3.44	3.41	3.38	3.34	3.30	3.27	3.23
8	5.32	4.46	4.07	3.84	3.69	3.58	3.50	3.44	3.39	3.35	3.28	3.22	3.15	3.12	3.08	3.04	3.01	2.97	2.93
9	5.12	4.26	3.86	3.63	3.48	3.37	3.29	3.23	3.18	3.14	3.07	3.01	2.94	2.90	2.86	2.83	2.79	2.75	2.71
10	4.96	4.10	3.71	3.48	3.33	3.22	3.14	3.07	3.02	2.98	2.91	2.85	2.77	2.74	2.70	2.66	2.62	2.58	2.54
11	4.84	3.98	3.59	3.36	3.20	3.09	3.01	2.95	2.90	2.85	2.79	2.72	2.65	2.61	2.57	2.53	2.49	2.45	2.40
12	4.75	3.89	3.49	3.26	3.11	3.00	2.91	2.85	2.80	2.75	2.69	2.62	2.54	2.51	2.47	2.43	2.38	2.34	2.30
13	4.67	3.81	3.41	3.18	3.03	2.92	2.83	2.77	2.71	2.67	2.60	2.53	2.46	2.42	2.38	2.34	2.30	2.25	2.21
14	4.60	3.74	3.34	3.11	2.96	2.85	2.76	2.70	2.65	2.60	2.53	2.46	2.39	2.35	2.31	2.27	2.22	2.18	2.13
15	4.54	3.68	3.29	3.06	2.90	2.79	2.71	2.64	2.59	2.54	2.48	2.40	2.33	2.29	2.25	2.20	2.16	2.11	2.07
16	4.49	3.63	3.24	3.01	2.85	2.74	2.66	2.59	2.54	2.49	2.42	2.35	2.28	2.24	2.19	2.15	2.11	2.06	2.01
17	4.45	3.59	3.20	2.96	2.81	2.70	2.61	2.55	2.49	2.45	2.38	2.31	2.23	2.19	2.15	2.10	2.06	2.01	1.96

续表

n_2 \ n_1	1	2	3	4	5	6	7	8	9	10	12	15	20	24	30	40	60	120	∞
18	4.41	3.55	3.16	2.93	2.77	2.66	2.58	2.51	2.46	2.41	2.34	2.27	2.19	2.15	2.11	2.06	2.02	1.97	1.92
19	4.38	3.52	3.13	2.90	2.74	2.63	2.54	2.48	2.42	2.38	2.31	2.23	2.16	2.11	2.07	2.03	1.98	1.93	1.88
20	4.35	3.49	3.10	2.87	2.71	2.60	2.51	2.45	2.39	2.35	2.28	2.20	2.12	2.08	2.04	1.99	1.95	1.90	1.84
21	4.32	3.47	3.07	2.84	2.68	2.57	2.49	2.42	2.37	2.32	2.25	2.18	2.10	2.05	2.01	1.96	1.92	1.87	1.81
22	4.30	3.44	3.05	2.82	2.66	2.55	2.46	2.40	2.34	2.30	2.23	2.15	2.07	2.03	1.98	1.94	1.89	1.84	1.78
23	4.28	3.42	3.03	2.80	2.64	2.53	2.44	2.37	2.32	2.27	2.20	2.13	2.05	2.01	1.96	1.91	1.86	1.81	1.76
24	4.26	3.40	3.01	2.78	2.62	2.51	2.42	2.36	2.30	2.25	2.18	2.11	2.03	1.98	1.94	1.89	1.84	1.79	1.73
25	4.24	3.39	2.99	2.76	2.60	2.49	2.40	2.34	2.28	2.24	2.16	2.09	2.01	1.96	1.92	1.87	1.82	1.77	1.71
26	4.23	3.37	2.98	2.74	2.59	2.47	2.39	2.32	2.27	2.22	2.15	2.07	1.99	1.95	1.90	1.85	1.80	1.75	1.69
27	4.21	3.35	2.96	2.73	2.57	2.46	2.37	2.31	2.25	2.20	2.13	2.06	1.97	1.93	1.88	1.84	1.79	1.73	1.67
28	4.20	3.34	2.95	2.71	2.56	2.45	2.36	2.29	2.24	2.19	2.12	2.04	1.96	1.91	1.87	1.82	1.77	1.71	1.65
29	4.18	3.33	2.93	2.70	2.55	2.43	2.35	2.28	2.22	2.18	2.10	2.03	1.94	1.90	1.85	1.81	1.75	1.70	1.64
30	4.17	3.32	2.92	2.69	2.23	2.42	2.33	2.27	2.21	2.16	2.09	2.01	1.93	1.89	1.84	1.79	1.74	1.68	1.62
40	4.08	3.23	2.84	2.61	2.45	2.34	2.25	2.18	2.12	2.08	2.00	1.92	1.84	1.79	1.74	1.69	1.64	1.58	1.51
60	4.00	3.15	2.76	2.53	2.37	2.25	2.17	2.10	2.04	1.99	1.92	1.84	1.75	1.70	1.65	1.59	1.53	1.47	1.39
120	3.92	3.07	2.68	2.45	2.29	2.17	2.09	2.02	1.96	1.91	1.83	1.75	1.66	1.61	1.55	1.50	1.43	1.35	1.25
∞	3.84	3.00	2.60	2.37	2.21	2.10	2.01	1.94	1.88	1.83	1.75	1.67	1.57	1.52	1.39	1.39	1.32	1.22	1.00

$\alpha=0.025$

续表

n_2 \ n_1	1	2	3	4	5	6	7	8	9	10	12	15	20	24	30	40	60	120	∞
1	647. 8	799. 5	864. 2	899. 6	921. 8	937. 1	948. 2	956. 7	963. 3	968. 6	976. 7	984. 9	993. 1	997. 2	1001	1006	1010	1014	1018
2	38. 51	39. 00	39. 17	39. 25	39. 30	39. 33	39. 36	39. 37	39. 39	39. 40	39. 41	39. 43	39. 45	39. 46	39. 46	39. 47	39. 48	39. 49	39. 50
3	17. 4	16. 04	15. 44	15. 10	14. 88	14. 73	14. 62	14. 54	14. 47	14. 42	14. 34	14. 25	14. 17	14. 12	14. 08	14. 04	13. 99	13. 95	13. 90
4	12. 22	10. 69	9. 98	9. 60	9. 36	9. 20	9. 07	8. 98	8. 90	8. 84	8. 75	8. 66	8. 56	8. 51	8. 46	8. 41	8. 36	8. 31	8. 26
5	10. 01	8. 43	7. 76	7. 39	7. 15	6. 98	6. 85	6. 76	6. 68	6. 62	6. 52	6. 43	6. 33	6. 28	6. 23	6. 18	6. 12	6. 07	0. 2
6	8. 81	7. 26	6. 60	6. 23	5. 99	5. 82	5. 70	5. 60	5. 52	5. 46	5. 37	5. 27	5. 17	5. 12	5. 07	5. 01	4. 96	4. 90	4. 85
7	8. 07	6. 54	5. 89	5. 52	5. 29	5. 12	4. 99	4. 90	4. 82	4. 76	4. 67	4. 57	4. 47	4. 42	4. 36	4. 31	4. 25	4. 20	4. 14
8	7. 57	6. 06	5. 40	5. 05	4. 82	4. 65	4. 53	4. 43	4. 36	4. 30	4. 20	4. 10	4. 00	3. 95	3. 89	3. 84	3. 78	3. 73	3. 67
9	7. 21	5. 71	5. 08	4. 72	4. 48	4. 32	4. 20	4. 10	4. 03	3. 96	3. 87	3. 77	3. 67	3. 61	3. 56	3. 51	3. 45	3. 39	3. 33
10	6. 94	5. 46	4. 83	4. 47	4. 24	4. 07	3. 95	3. 85	3. 78	3. 72	3. 62	3. 52	3. 42	3. 37	3. 31	3. 26	3. 20	3. 14	3. 08
11	6. 72	5. 26	4. 63	4. 28	4. 04	3. 88	3. 76	3. 66	2. 59	3. 53	3. 43	3. 33	3. 23	3. 17	3. 12	3. 06	3. 00	2. 94	2. 88
12	6. 55	5. 10	4. 47	4. 12	3. 89	3. 73	3. 61	3. 51	3. 44	3. 37	3. 28	3. 18	3. 07	3. 02	2. 96	2. 91	2. 85	2. 79	2. 72
13	6. 41	4. 97	4. 35	4. 00	3. 77	3. 60	3. 48	3. 39	3. 31	3. 25	3. 15	3. 05	2. 95	2. 89	2. 84	2. 78	2. 72	2. 66	2. 60
14	6. 30	4. 86	4. 24	3. 89	3. 66	3. 50	3. 38	3. 29	3. 21	3. 15	3. 05	2. 95	2. 84	2. 79	2. 73	2. 67	2. 61	2. 55	2. 49
15	6. 20	4. 77	4. 15	3. 80	3. 58	3. 41	3. 29	3. 20	3. 12	3. 06	2. 96	2. 86	2. 76	2. 70	2. 64	2. 59	2. 52	2. 46	2. 40
16	6. 12	4. 69	4. 08	3. 73	3. 50	3. 34	3. 22	3. 12	3. 05	2. 99	3. 89	2. 79	2. 68	2. 63	2. 57	2. 51	2. 45	2. 38	2. 32
17	6. 04	4. 62	4. 01	3. 66	3. 44	3. 28	3. 16	3. 06	2. 98	2. 92	2. 82	2. 72	2. 62	2. 56	2. 50	2. 44	2. 38	2. 32	2. 25

续表

n_2 \ n_1	1	2	3	4	5	6	7	8	9	10	12	15	20	24	30	40	60	120	∞
18	5. 98	4. 56	3. 95	3. 61	3. 38	3. 22	3. 10	3. 01	2. 93	2. 87	2. 77	2. 67	2. 56	2. 50	2. 44	2. 38	2. 32	2. 26	2. 19
19	5. 92	4. 51	3. 90	3. 56	3. 33	3. 17	3. 05	2. 96	2. 88	2. 82	2. 72	2. 62	2. 51	2. 45	2. 39	2. 33	2. 27	2. 20	2. 13
20	5. 87	4. 46	3. 86	3. 51	3. 29	3. 13	3. 01	2. 91	2. 84	2. 77	2. 68	2. 57	2. 46	2. 41	2. 35	2. 29	2. 22	2. 16	2. 09
21	5. 83	4. 42	3. 82	3. 48	3. 25	3. 09	2. 97	2. 87	2. 80	2. 73	2. 64	2. 53	2. 42	2. 37	2. 31	2. 25	2. 18	2. 11	2. 04
22	5. 79	4. 38	3. 78	3. 40	3. 22	3. 05	2. 93	2. 84	2. 76	2. 70	2. 60	2. 50	2. 39	2. 33	2. 27	2. 21	2. 14	2. 08	2. 00
23	5. 75	4. 35	3. 75	3. 41	3. 18	3. 02	2. 90	2. 81	2. 73	2. 67	2. 57	2. 47	2. 36	2. 30	2. 24	2. 18	2. 11	2. 04	1. 97
24	5. 72	4. 32	3. 72	3. 38	3. 15	2. 99	2. 87	2. 78	2. 70	2. 64	2. 54	2. 44	2. 33	2. 27	2. 21	2. 15	2. 08	2. 01	1. 94
25	5. 69	4. 29	3. 69	3. 35	3. 13	2. 97	2. 85	2. 75	2. 68	2. 61	2. 51	2. 41	2. 30	2. 24	2. 18	2. 12	2. 05	1. 98	1. 91
26	5. 66	4. 27	3. 67	3. 33	3. 10	2. 94	2. 82	2. 73	2. 65	2. 59	2. 49	2. 39	2. 28	2. 22	2. 16	2. 09	2. 03	1. 95	1. 88
27	5. 63	4. 24	3. 65	3. 31	3. 08	2. 92	2. 80	2. 71	2. 63	2. 57	2. 47	2. 36	2. 25	2. 19	2. 13	2. 07	2. 00	1. 93	1. 85
28	5. 61	4. 22	3. 63	3. 29	3. 06	3. 90	2. 78	2. 69	2. 61	2. 55	2. 45	2. 34	2. 23	2. 17	2. 11	2. 05	1. 98	1. 91	1. 83
29	5. 59	4. 20	3. 61	3. 27	3. 04	2. 88	2. 76	2. 67	2. 59	2. 53	2. 43	2. 32	2. 21	2. 15	2. 09	2. 03	1. 96	1. 89	1. 81
30	5. 57	4. 18	3. 59	3. 25	3. 03	2. 87	2. 75	2. 65	2. 57	2. 51	2. 41	2. 31	2. 20	2. 14	2. 07	2. 01	1. 94	1. 87	1. 79
40	5. 42	4. 05	3. 46	3. 13	2. 90	2. 74	2. 62	2. 53	2. 45	2. 39	2. 29	2. 18	2. 07	2. 01	1. 94	1. 88	1. 80	1. 72	1. 64
60	5. 29	3. 93	3. 34	3. 01	2. 79	2. 63	2. 51	2. 45	2. 33	2. 27	2. 17	2. 06	1. 94	1. 88	1. 82	1. 74	1. 67	1. 58	1. 48
120	5. 15	3. 80	3. 23	2. 89	2. 67	2. 52	2. 39	2. 30	2. 22	2. 16	2. 05	1. 94	1. 82	1. 76	1. 69	1. 61	1. 53	1. 43	1. 31
∞	5. 02	3. 69	3. 12	2. 79	2. 57	2. 41	2. 29	2. 19	2. 11	2. 05	1. 94	1. 83	1. 71	1. 64	1. 57	1. 48	1. 39	1. 27	1. 00

$\alpha = 0.01$

续表

n_2 \ n_1	1	2	3	4	5	6	7	8	9	10	12	15	20	24	30	40	60	120	∞
1	4052	4999.5	5403	5626	5764	5859	5928	5982	6022	6056	6106	6157	6209	6235	6261	6287	6313	6339	6366
2	98.50	99.00	99.17	99.25	99.30	99.33	99.36	99.37	99.39	99.40	99.42	99.43	99.45	99.46	99.47	99.47	99.48	99.49	99.50
3	34.12	30.82	29.46	28.71	28.24	27.91	27.67	27.49	27.35	27.23	27.05	26.87	26.69	26.60	26.50	26.41	2632	26.22	26.13
4	21.20	18.00	16.69	15.98	15.52	15.21	14.98	14.80	14.66	14.55	14.37	14.20	14.03	13.93	13.84	13.75	13.65	13.56	13.46
5	16.26	13.27	12.06	11.39	10.97	10.67	10.46	10.29	10.16	10.05	9.89	9.72	9.55	9.47	9.38	9.29	9.20	9.11	9.02
6	13.75	10.92	9.78	9.15	8.75	8.47	8.26	8.10	7.98	7.87	7.72	7.56	7.40	7.31	7.28	7.14	7.06	6.97	6.88
7	12.25	9.55	8.45	7.85	7.46	7.19	6.99	6.84	6.72	6.62	6.47	6.31	6.16	6.07	5.99	5.91	5.82	2.74	5.65
8	11.26	8.65	7.59	7.01	6.63	6.37	6.18	6.03	5.91	5.81	5.67	5.52	5.36	5.28	5.20	5.12	5.03	4.95	4.86
9	10.56	8.02	6.99	6.42	6.06	5.80	5.61	5.47	5.35	5.26	5.11	4.96	4.81	4.73	4.65	4.57	4.48	4.40	4.31
10	10.04	7.56	6.55	5.99	5.64	5.39	5.20	5.06	4.94	4.85	4.71	4.56	4.41	4.33	4.25	4.17	4.08	4.00	3.91
11	9.65	7.21	6.22	5.67	5.32	5.07	4.89	4.74	4.63	4.54	4.40	4.25	4.10	4.02	3.94	3.86	4.78	3.69	3.60
12	9.33	6.93	5.95	5.41	5.06	4.82	4.64	4.50	4.39	4.30	4.16	4.01	3.86	3.78	3.70	3.62	3.54	3.45	3.36
13	9.07	6.70	5.74	5.21	4.86	4.62	4.44	4.30	4.19	3.10	3.96	3.82	3.66	3.59	3.51	3.43	3.34	3.25	3.17
14	8.86	6.51	5.56	5.04	4.69	4.46	4.28	4.14	4.03	3.94	3.80	3.66	3.51	3.43	3.35	3.27	3.18	3.09	3.00
15	8.68	6.36	5.42	4.89	4.56	4.32	4.14	4.00	3.89	3.80	3.67	3.52	3.37	3.29	3.21	3.13	3.05	2.96	2.87
16	8.53	6.23	5.29	4.77	4.44	4.20	4.03	3.89	3.78	3.69	3.55	3.41	3.26	3.18	3.10	3.02	2.93	2.84	2.75
17	8.40	6.11	5.18	4.67	4.34	4.10	3.93	3.79	3.68	3.59	3.46	3.31	3.16	3.08	3.00	2.92	2.83	2.75	2.65

续表

n_2 \ n_1	1	2	3	4	5	6	7	8	9	10	12	15	20	24	30	40	60	120	∞
18	8. 29	6. 01	5. 09	4. 58	4. 25	4. 01	3. 84	3. 71	3. 60	3. 51	3. 37	3. 23	3. 08	3. 00	2. 92	2. 84	2. 75	2. 66	2. 57
19	8. 18	5. 93	5. 01	4. 50	4. 17	3. 94	3. 77	3. 63	3. 52	3. 43	3. 30	3. 15	3. 00	2. 92	2. 84	2. 76	2. 67	2. 58	2. 49
20	8. 10	5. 85	4. 94	4. 43	4. 10	3. 87	3. 70	3. 56	3. 46	3. 37	3. 23	3. 09	2. 94	2. 86	2. 78	2. 69	2. 61	2. 52	2. 42
21	8. 02	5. 78	4. 87	4. 37	4. 04	3. 81	3. 64	3. 51	3. 40	3. 31	3. 17	3. 03	2. 88	2. 80	2. 72	2. 64	2. 55	2. 46	2. 36
22	7. 95	5. 72	4. 82	4. 31	3. 99	3. 76	3. 59	3. 45	3. 35	3. 26	3. 12	2. 98	2. 83	2. 75	2. 67	2. 58	2. 50	2. 40	2. 31
23	7. 88	5. 66	4. 76	4. 26	3. 94	3. 71	3. 54	3. 41	3. 30	3. 21	3. 07	2. 93	2. 78	2. 70	2. 62	2. 54	2. 45	2. 35	2. 26
24	7. 82	5. 61	4. 72	4. 22	3. 90	3. 67	3. 50	3. 36	3. 26	3. 17	3. 03	2. 89	2. 74	2. 66	2. 58	2. 49	2. 40	2. 31	2. 21
25	7. 77	5. 57	4. 68	4. 18	3. 85	3. 63	3. 46	3. 32	3. 22	3. 13	2. 99	2. 85	2. 70	2. 62	2. 54	2. 45	2. 36	2. 27	2. 17
26	7. 72	5. 53	4. 64	4. 14	3. 82	3. 59	3. 42	3. 29	3. 18	3. 09	2. 96	2. 81	2. 66	2. 58	2. 50	2. 42	2. 33	2. 23	2. 13
27	7. 68	5. 49	4. 60	4. 11	3. 78	3. 56	3. 39	3. 26	3. 15	3. 06	2. 93	2. 78	2. 63	2. 55	2. 47	2. 38	2. 29	2. 20	2. 10
28	7. 64	5. 45	4. 57	4. 07	3. 75	3. 53	3. 36	3. 23	3. 12	3. 03	2. 90	2. 75	2. 60	2. 52	2. 44	2. 35	2. 26	2. 17	2. 06
29	7. 60	5. 42	4. 54	4. 04	3. 73	3. 50	3. 33	3. 20	3. 09	3. 00	3. 87	2. 73	2. 57	2. 49	2. 41	2. 33	2. 23	2. 14	2. 03
30	7. 56	5. 39	4. 51	4. 02	3. 70	3. 47	3. 30	3. 17	3. 07	2. 98	2. 84	2. 70	2. 55	2. 47	2. 39	2. 30	2. 21	2. 11	2. 01
40	7. 31	5. 18	4. 31	3. 83	3. 51	3. 29	3. 12	2. 99	2. 89	2. 80	2. 66	2. 52	2. 37	2. 29	2. 20	2. 11	2. 02	1. 92	1. 80
60	7. 08	4. 98	4. 13	3. 65	3. 34	3. 12	2. 95	2. 82	2. 80	2. 63	2. 50	2. 35	2. 20	2. 12	2. 03	1. 94	1. 84	1. 73	1. 60
120	6. 85	4. 79	3. 95	3. 48	3. 17	2. 96	279	2. 66	2. 63	2. 47	2. 34	2. 19	2. 03	1. 95	1. 86	1. 76	1. 66	1. 53	1. 38
∞	6. 63	4. 61	3. 78	3. 78	3. 02	2. 80	2. 64	2. 51	2. 47	2. 32	2. 18	2. 04	1. 88	1. 79	1. 70	1. 59	1. 47	1. 32	1. 00

$\alpha = 0.005$

续表

n_2 \ n_1	1	2	3	4	5	6	7	8	9	10	12	15	20	24	30	40	60	120	∞
1	16211	20000	21615	22500	23056	23437	23715	23925	24091	24224	24426	24630	24836	24940	25044	25148	2525	25359	25465
2	198. 5	199. 0	199. 2	199. 2	199. 3	199. 3	199. 4	199. 4	199. 4	199. 4	199. 4	199. 4	199. 4	199. 5	199. 5	199. 5	199. 5	199. 5	199. 5
3	55. 55	49. 80	47. 47	46. 19	45. 39	44. 84	44. 43	44. 13	43. 88	43. 69	43. 39	43. 08	42. 78	42. 62	42. 47	42. 31	42. 15	41. 99	41. 83
4	31. 33	26. 28	24. 26	23. 15	22. 46	21. 97	21. 62	21. 35	21. 14	20. 97	20. 70	20. 44	20. 17	20. 03	19. 89	19. 75	19. 61	19. 47	19. 32
5	22. 78	18. 31	16. 53	15. 56	14. 94	14. 51	14. 20	13. 96	13. 77	13. 62	13. 38	13. 15	12. 90	12. 78	12. 66	12. 53	12. 40	12. 27	12. 14
6	18. 63	14. 54	12. 92	12. 03	11. 46	11. 07	10. 79	10. 57	10. 39	10. 03	10. 09	9. 81	9. 59	9. 47	9. 36	9. 24	9. 12	9. 00	8. 88
7	16. 24	12. 40	10. 80	10. 05	9. 52	9. 16	8. 89	8. 68	8. 51	8. 38	8. 18	7. 97	7. 75	7. 65	7. 53	7. 42	7. 31	7. 19	7. 08
8	14. 69	11. 04	9. 60	8. 81	8. 30	7. 95	7. 69	7. 50	7. 34	7. 21	7. 01	6. 81	6. 61	6. 50	6. 40	6. 29	6. 18	6. 06	5. 95
9	13. 61	10. 11	8. 72	7. 96	7. 47	7. 13	6. 88	6. 69	6. 54	6. 42	6. 23	6. 03	5. 83	5. 73	5. 62	5. 52	5. 41	5. 30	5. 19
10	12. 83	9. 43	8. 08	7. 34	6. 87	6. 54	6. 30	6. 12	5. 97	5. 85	5. 66	5. 47	5. 27	5. 17	5. 07	4. 97	4. 86	4. 75	4. 64
11	12. 23	8. 91	7. 60	6. 88	6. 42	6. 10	5. 86	5. 68	5. 54	5. 42	5. 24	5. 05	4. 86	4. 76	4. 65	4. 55	4. 44	4. 34	4. 23
12	11. 75	8. 51	7. 23	6. 52	6. 07	5. 76	5. 52	5. 35	5. 20	5. 09	4. 91	4. 72	4. 53	4. 43	4. 33	4. 23	4. 12	4. 01	3. 90
13	11. 37	8. 19	6. 93	6. 23	5. 79	5. 48	5. 25	5. 08	4. 94	4. 82	4. 64	4. 46	4. 27	4. 17	4. 07	3. 97	3. 87	3. 76	3. 65
14	11. 06	7. 92	6. 68	6. 00	5. 56	5. 26	5. 03	4. 86	4. 72	4. 60	4. 43	4. 25	4. 06	3. 96	3. 86	3. 76	3. 66	3. 55	3. 44
15	10. 80	7. 70	6. 48	5. 80	5. 37	5. 07	4. 85	4. 67	4. 54	4. 42	4. 25	4. 07	3. 88	3. 79	3. 69	3. 58	3. 48	3. 37	3. 26
16	10. 58	7. 51	6. 30	5. 64	5. 21	4. 91	4. 69	4. 52	4. 38	4. 27	4. 10	3. 92	3. 73	3. 64	3. 54	3. 44	3. 33	3. 22	3. 44
17	10. 38	7. 35	3. 16	5. 50	5. 07	4. 78	4. 56	4. 39	4. 25	4. 14	3. 97	3. 79	3. 61	3. 51	3. 41	3. 31	3. 21	3. 10	2. 98

续表

n_2 \ n_1	1	2	3	4	5	6	7	8	9	10	12	15	20	24	30	40	60	120	∞
18	10. 22	7. 21	6. 03	5. 37	4. 96	4. 66	4. 44	4. 28	4. 14	4. 03	3. 86	3. 68	3. 50	3. 40	3. 30	3. 20	3. 10	2. 99	2. 87
19	10. 7	7. 09	5. 92	5. 27	4. 85	4. 56	4. 34	4. 18	4. 04	3. 93	3. 76	3. 59	3. 40	3. 31	3. 21	3. 11	3. 00	2. 89	2. 78
20	9. 94	6. 99	5. 82	5. 17	4. 76	4. 47	4. 26	4. 09	3. 96	3. 85	3. 68	3. 50	3. 32	3. 00	3. 12	3. 02	2. 92	2. 81	2. 69
21	9. 83	6. 89	5. 73	5. 09	4. 68	4. 39	4. 18	4. 01	3. 88	3. 77	3. 60	3. 43	3. 24	3. 15	3. 05	2. 95	2. 84	2. 73	2. 61
22	9. 73	6. 81	5. 65	5. 02	4. 61	4. 32	4. 11	3. 94	3. 81	3. 70	3. 54	3. 36	3. 18	3. 08	2. 98	2. 88	2. 77	2. 66	2. 55
23	9. 63	6. 73	5. 58	4. 95	4. 54	4. 26	4. 05	3. 88	3. 75	3. 64	3. 47	3. 30	3. 12	3. 02	2. 92	2. 82	2. 71	2. 60	2. 48
24	9. 55	6. 66	5. 52	4. 89	4. 49	4. 20	3. 99	3. 83	3. 69	3. 59	3. 42	3. 25	3. 06	2. 97	2. 87	2. 77	2. 66	2. 55	2. 43
25	9. 48	6. 60	5. 46	4. 84	4. 43	4. 15	3. 94	3. 78	3. 64	3. 54	3. 37	3. 20	3. 01	2. 92	2. 82	2. 72	2. 61	2. 50	2. 38
26	9. 41	6. 54	5. 41	4. 79	4. 38	4. 10	3. 89	3. 73	3. 60	3. 49	3. 33	3. 15	2. 97	2. 87	2. 77	2. 67	2. 56	2. 45	2. 33
27	9. 34	6. 49	5. 36	4. 74	4. 34	4. 06	3. 85	3. 69	3. 56	3. 45	3. 28	3. 11	2. 93	2. 83	2. 73	2. 63	2. 52	2. 41	2. 29
28	9. 28	6. 44	5. 32	4. 70	4. 30	4. 03	3. 81	3. 65	3. 52	3. 41	3. 25	3. 07	2. 89	2. 79	2. 69	2. 59	2. 48	2. 37	2. 25
29	9. 23	6. 40	5. 28	4. 66	4. 26	3. 98	3. 77	3. 61	3. 48	3. 38	3. 21	3. 04	2. 86	2. 76	2. 66	2. 56	2. 45	2. 33	2. 21
30	9. 18	6. 35	5. 24	4. 62	4. 23	3. 95	3. 74	3. 58	3. 45	3. 34	3. 18	3. 01	2. 82	2. 73	2. 63	2. 52	2. 42	2. 30	2. 18
40	8. 83	3. 07	4. 98	4. 37	3. 99	3. 71	3. 51	3. 35	3. 22	3. 12	2. 95	2. 78	2. 60	2. 50	2. 40	2. 30	2. 18	2. 06	1. 93
60	8. 49	5. 79	4. 73	4. 14	3. 76	3. 49	3. 29	3. 13	3. 01	2. 90	2. 74	2. 57	2. 39	2. 29	2. 19	2. 08	1. 96	1. 83	1. 69
120	8. 18	5. 54	4. 50	3. 92	3. 55	3. 28	3. 09	2. 93	2. 81	2. 71	2. 54	2. 37	2. 19	2. 09	1. 98	1. 87	1. 75	1. 61	1. 43
∞	7. 88	5. 30	4. 28	3. 72	3. 35	3. 09	2. 90	2. 74	2. 62	2. 52	2. 36	2. 19	2. 00	1. 90	1. 79	1. 67	1. 53	1. 36	1. 00

$\alpha=0.001$

续表

n_2 \ n_1	1	2	3	4	5	6	7	8	9	10	12	15	20	24	30	40	60	120	∞
1	4053↑	5000↑	5404↑	5625↑	5764↑	5859↑	5929↑	5981↑	6023↑	6056↑	6107↑	6158↑	6209↑	6235↑	6261↑	6287↑	6313↑	6340↑	6366↑
2	998.5	999.0	999.2	999.2	999.3	999.3	999.4	999.4	999.4	999.4	999.4	999.4	999.4	999.5	999.5	999.5	999.5	999.5	999.5
3	167.0	148.5	141.1	137.1	134.6	132.8	131.6	130.6	129.9	129.2	128.3	127.4	126.4	125.9	125.4	125.0	124.5	124.0	123.5
4	74.14	61.25	56.18	53.4	51.71	50.53	49.66	49.00	48.47	48.05	47.41	46.74	46.10	45.77	45.43	45.09	44.75	44.40	44.05
5	47.18	37.12	33.20	3.109	29.75	28.84	28.16	27.64	27.24	26.92	26.42	25.91	25.39	25.14	24.87	24.60	24.33	24.06	23.79
6	35.51	27.00	23.70	21.92	20.81	20.03	19.46	19.03	18.69	18.41	17.99	17.56	17.12	16.89	16.67	16.44	16.21	15.99	15.75
7	29.25	21.69	18.77	17.19	16.21	15.52	15.02	14.63	14.33	14.08	13.71	13.32	12.93	12.73	12.53	12.33	12.12	11.91	11.70
8	25.42	18.49	15.83	14.39	13.49	12.86	12.40	12.04	11.77	11.54	11.19	10.84	10.48	10.30	10.11	9.92	9.73	9.53	9.33
9	22.86	16.39	13.90	12.56	11.71	11.13	10.70	10.37	10.11	9.89	9.57	9.24	8.90	8.72	8.55	8.37	8.19	8.00	7.81
10	21.40	14.91	12.55	11.28	10.48	9.92	9.52	9.20	8.96	8.75	8.45	8.13	7.80	7.64	7.47	7.30	7.12	6.94	6.76
11	19.69	13.81	11.56	10.35	9.58	9.05	8.66	8.35	8.12	7.92	7.63	7.32	7.01	6.85	6.68	6.52	6.35	6.17	6.00
12	18.64	12.97	10.80	9.63	8.89	8.38	8.00	7.71	7.48	7.29	7.00	6.71	6.40	6.25	6.09	5.93	5.76	5.59	5.42
13	17.81	12.31	10.21	9.07	8.35	7.86	7.49	7.21	6.98	6.80	6.52	6.23	5.93	5.78	5.63	5.47	5.30	5.14	4.97
14	17.14	11.78	9.73	8.62	7.92	7.43	7.08	6.80	6.58	6.40	6.13	5.85	5.56	5.41	5.25	5.10	4.94	4.77	4.60
15	16.59	11.34	9.34	8.25	7.57	7.09	6.74	6.47	6.26	6.08	5.81	5.54	5.25	5.10	4.95	4.80	4.64	4.47	4.31
16	16.12	10.97	9.00	7.94	7.27	6.81	6.46	6.19	5.98	5.81	5.55	5.27	4.99	4.85	4.70	4.54	4.39	4.23	4.06
17	15.75	10.66	8.73	7.68	7.20	7.56	6.22	5.96	5.75	5.58	5.32	5.05	4.78	4.63	4.48	4.33	4.18	4.02	3.85

续表

n_2 \ n_1	1	2	3	4	5	6	7	8	9	10	12	15	20	24	30	40	60	120	∞
18	15.38	10.39	8.49	7.46	6.81	6.35	6.02	5.76	5.56	5.39	5.13	4.87	4.59	4.45	4.30	4.15	4.00	3.84	3.67
19	15.08	10.16	8.28	7.26	6.82	6.18	5.85	5.59	5.39	5.22	4.97	4.70	4.43	4.29	4.14	3.99	3.84	3.68	3.51
20	14.82	9.95	8.10	7.10	6.46	6.02	5.69	5.44	5.24	5.08	4.82	4.56	4.29	4.15	4.00	3.86	3.70	3.54	3.38
21	14.59	9.77	7.94	3.95	6.32	5.88	5.56	5.31	5.11	4.95	4.70	4.44	4.17	4.03	3.88	3.74	3.58	3.42	3.26
22	14.38	9.61	7.80	6.81	6.19	5.76	5.44	5.19	4.99	4.83	4.58	4.33	4.06	3.92	3.78	3.63	3.48	3.32	3.15
23	14.19	9.47	7.67	6.69	6.08	5.65	5.33	5.09	4.89	4.73	4.48	4.23	3.96	3.82	3.68	3.53	3.38	3.22	3.05
24	14.03	9.34	7.55	6.59	5.98	5.55	5.23	4.99	4.80	4.64	4.39	4.14	3.87	3.74	3.59	3.45	3.29	3.14	2.97
25	13.88	9.22	7.45	6.49	5.88	5.46	5.15	4.91	4.71	4.56	4.31	4.06	3.79	3.66	3.52	3.37	3.22	3.06	2.89
26	13.74	9.12	7.36	6.41	5.80	5.38	5.07	4.83	4.64	4.48	4.24	3.99	3.72	3.59	3.44	3.30	3.15	2.99	2.82
27	13.61	9.02	7.27	6.33	5.73	5.31	5.00	4.76	4.57	4.41	4.17	3.92	3.66	3.52	3.38	3.23	3.08	2.92	2.75
28	13.50	8.93	7.19	6.25	5.66	5.24	4.93	4.69	4.50	4.35	4.11	3.86	3.60	3.46	3.32	3.18	3.02	2.86	2.69
29	13.39	8.85	7.12	6.19	5.59	5.18	4.87	4.64	4.45	4.29	4.05	3.80	3.54	3.41	3.27	3.12	2.97	2.81	2.64
30	13.29	8.77	7.05	6.12	5.33	5.12	4.82	4.58	4.39	4.24	4.00	3.75	3.49	3.36	3.22	3.07	2.92	2.76	2.59
40	12.61	8.25	6.60	5.70	5.13	4.73	4.44	4.21	4.02	3.87	3.64	3.40	3.15	3.01	2.87	2.73	2.57	2.41	2.23
60	11.97	7.76	6.17	5.31	4.76	4.37	4.09	3.87	3.69	3.54	3.31	3.08	2.83	2.69	2.55	2.41	2.25	2.08	1.89
120	11.38	7.32	5.79	4.95	4.42	4.04	3.77	3.55	3.38	3.24	3.02	2.78	2.53	2.40	2.26	2.11	1.95	1.76	1.54
∞	10.83	6.91	5.42	4.62	4.10	3.74	3.47	3.27	3.10	2.96	2.74	2.51	2.27	2.13	1.99	1.84	1.66	1.45	1.00

附表 5　相关系数检验表

$P(|r|>r_{\alpha})=\alpha$

$f=n-2$ \ α	0.10	0.05	0.01
1	0.98769	0.99692	0.999877
2	0.90000	0.95000	0.99000
3	0.8054	0.8783	0.95873
4	0.7293	0.8114	0.91720
5	0.6694	0.7545	0.8745
6	0.6215	0.7067	0.8343
7	0.5822	0.6664	0.7977
8	0.5494	0.6319	0.7646
9	0.5214	0.6021	0.7348
10	0.4973	0.5760	0.7079
11	0.4762	0.5529	0.6835
12	0.4575	0.5324	0.6614
13	0.4409	0.5139	0.6411
14	0.4259	0.4973	0.6226
15	0.4124	0.4821	0.6055
16	0.4000	0.4683	0.5897
17	0.3887	0.4555	0.5751
18	0.3783	0.4438	0.5614
19	0.3687	0.4329	0.5487
20	0.3598	0.4227	0.5368
25	0.3233	0.3809	0.4869
30	0.2960	0.3494	0.4487
35	0.2746	0.3246	0.4182
40	0.2573	0.3044	0.3932
45	0.2428	0.2875	0.3721
50	0.2306	0.2732	0.3541
60	0.2108	0.2500	0.3248
70	0.1954	0.2319	0.3017
80	0.1829	0.2172	0.2830
90	0.1726	0.2050	0.2673
100	0.1638	0.1946	0.2540

参 考 文 献

[1] 王雅春，朱焕来．油气数学地质［M］．北京：石油工业出版社，2015.

[2] 盛秀杰，金之钧，鄢琦，等．成藏体系油气资源评价中的统计方法体系［J］．石油与天然气地质，2013，34（6）：827-833，854.

[3] 刘红霞．基于模糊数学的松南地区诸盆地油气选区评价［J］．矿物岩石地球化学通报，2017，36（5）：807-812.

[4] 张蔚，刘成林，吴晓智，等．中国不同类型盆地油气资源丰度统计特征及预测模型［J］．地质与勘探，2019，55（6）：1518-1527.

[5] 柳庄小雪，郑民，于京都，等．油气资源评价中石油运聚系数的量化分析与预测模型［J］．海相油气地质，2021，26（1）：35-42.

[6] 陈付德．数学理念在地质工作中的探索及初步应用［J］．建井技术，2021，42（4）：52-57.

[7] 周敏，王涵，张娜，等．基于多元线性回归的开发井绝对无阻流量预测［J］．长江大学学报（自然科学版），2021，18（5）：48-55.

[8] 于志钧，赵旭东．石油数学地质［M］．北京：石油工业出版社，1986.

[9] 吕国祥，廖明光．石油数学地质［M］．成都：电子科技大学出版社，1995.

[10] 卢传贤．实用计算机图形学［M］．成都：西南交通大学出版社，1989.

[11] 中山大学数学力学系．概率论与数理统计［M］．北京：高等教育出版社，1980.

[12] 熊全淹，叶明训．线性代数［M］．北京：高等教育出版社，1985.

[13] 马立文，窦齐丰，等．用Q型聚类分析和判别函数法进行储层评价［J］．西北大学学报（自然科学版），2003，33（1）：83-86.

[14] 彭仕宓，熊琦华，等．储层综合评价的主成分分析方法［J］．石油学报，1994，15（增刊）：187-192.

[15] 汪荣鑫．数理统计［M］．西安：西安交通大学出版社，2004.

[16] 徐振邦，等．数学地质基础［M］．北京：北京大学出版社，1994.

[17] 袁志发，周静芋．多元统计分析［M］．北京：科学出版社，2002.

[18] 赵旭东．石油数学地质概论［M］．北京：石油工业出版社，1990.

[19] 陆明德，田时芸．石油天然气数学地质［M］．武汉：中国地质大学出版社，1991.

[20] 康永尚．现代数学地质［M］．北京：石油工业出版社，2005.

[21] 刘绍平，汤军，许晓宏．数学地质方法及应用［M］．北京：石油工业出版社，2011.